技工院校“十四五”规划服装设计与制作专业系列教材
中等职业技术学校“十四五”规划艺术设计专业系列教材

服装打版与制作

高慧兰 张婷 陈思敏 吴建敏 主编
梁泉 副主编

華中科技大學出版社
http://www.hustp.com
中国·武汉

内容简介

本书是将服装打版与制作的工作过程按实际项目进行整合而编写的专业课教材。本书共分六个项目：项目一为课程概述，让学生了解服装打版与制作的基本概念、整体流程和前期准备工作；项目二至项目六分别以半身裙、裤子、衬衫、连衣裙、外套五大服装品种为例，对其打版与制作过程进行深入剖析与训练。各项目从经典款式入手，以服装工艺单的形式进行产品分析，从制图、打版、备料、排料裁剪、样衣缝制到成品质量检验，清晰且完整地展示了各款服装打版与制作的全过程。各项目还通过列举变化款的案例，进一步分析各类服装的款式特点、结构原理、版型及工艺细节，从而提升学生举一反三、灵活变通的能力。

本书以综合职业能力培养为目标，兼顾打版与制作过程实例以及变款原理，内容全面，条理清晰，环环相扣，注重理论与实践相结合，每个项目都设置了真实直观的实操示范步骤及相应练习。本教材适合职业院校服装专业师生使用，也可作为服装设计或制版从业人员的入门教材。

图书在版编目（CIP）数据

服装打版与制作 / 高慧兰等主编 . 一武汉：华中科技大学出版社，2022.1

ISBN 978-7-5680-7864-1

Ⅰ . ①服… Ⅱ . ①高… Ⅲ . ①服装设计 - 打样②服装缝制 Ⅳ . ① TS941.2 ② TS941.634

中国版本图书馆 CIP 数据核字 (2022) 第 003178 号

服装打版与制作

Fuzhuang Daban yu Zhizuo

高慧兰 张婷 陈思敏 吴建敏 主编

策划编辑：金 紫

责任编辑：朱 霞

装帧设计：金 金

责任校对：李 琴

责任监印：朱 玢

出版发行：华中科技大学出版社（中国·武汉） 电 话：（027）81321913

武汉市东湖新技术开发区华工科技园 邮 编：430223

录 排：天津清格印象文化传播有限公司

印 刷：湖北新华印务有限公司

开 本：889mm×1194mm 1/16

印 张：10.5

字 数：348 千字

版 次：2022 年 1 月第 1 版第 1 次印刷

定 价：59.80 元

技工院校“十四五”规划服装设计与制作专业系列教材
中等职业技术学校“十四五”规划艺术设计专业系列教材
编写委员会名单

编写委员会主任委员

编委会委员

总主编

文健，教授，高级工艺美术师，国家一级建筑装饰设计师。全国优秀教师，2008 年、2009 年和 2010 年连续三年获评广东省技术能手。2015 年被广东省人力资源和社会保障厅认定为首批广东省室内设计技能大师，2019 年被广东省教育厅认定为建筑装饰设计技能大师。中山大学客座教授，华南理工大学客座教授，广州大学建筑设计研究院室内设计研究中心客座教授。出版艺术设计类专业教材 120 种，拥有具有自主知识产权的专利技术 130 项。主持省级品牌专业建设、省级实训基地建设、省级教学团队建设 3 项。主持 100 余项室内设计项目的设计、预算和施工，项目涉及高端住宅空间、办公空间、餐饮空间、酒店、娱乐会所、教育培训机构等，获得国家级和省级室内设计一等奖 5 项。

合作编写单位

（1）合作编写院校

广州市工贸技师学院
佛山市技师学院
广东省交通城建技师学院
广东省轻工业技师学院
广州市轻工技师学院
广州白云工商技师学院
广州市公用事业技师学院
山东技师学院
江苏省常州技师学院
广东省技师学院
台山敬修职业技术学校
广东省国防科技技师学院
广州华立学院
广东省华立技师学院
广东花城工商高级技工学校
广东岭南现代技师学院
广东省岭南工商第一技师学院
阳江市第一职业技术学校
阳江技师学院
广东省粤东技师学院
惠州市技师学院
中山市技师学院
东莞市技师学院
江门市新会技师学院
台山市技工学校
肇庆市技师学院
河源技师学院
广州市蓝天高级技工学校
茂名市交通高级技工学校
广州城建技工学校
清远市技师学院
梅州市技师学院
茂名市高级技工学校
汕头技师学院
广东省电子信息高级技工学校
东莞实验技工学校
珠海市技师学院
广东省机械技师学院
广东省工商高级技工学校
深圳市携创高级技工学校
广东江南理工高级技工学校
广东羊城技工学校
广州市从化区高级技工学校
肇庆市商业技工学校
广州造船厂技工学校
海南省技师学院
贵州省电子信息技师学院
广东省民政职业技术学校
广州市交通技师学院
广东机电职业技术学院
中山市工贸技工学校
河源职业技术学院

（2）合作编写组织

广州市赢彩彩印有限公司
广州市壹管念广告有限公司
广州市璐鸣展览策划有限责任公司
广州波镨展览设计有限公司
广州市风雅颂广告有限公司
广州质本建筑工程有限公司
广东艺博教育现代化研究院
广州正雅装饰设计有限公司
广州唐寅装饰设计工程有限公司
广东建安居集团有限公司
广东岸芷汀兰装饰工程有限公司
广州市金洋广告有限公司
深圳市千千广告有限公司
广东飞墨文化传播有限公司
北京迪生数字娱乐科技股份有限公司
广州易动文化传播有限公司
广州市云图动漫设计有限公司
广东原创动力文化传播有限公司
菲逊服装技术研究院
广州珈钰服装设计有限公司
佛山市印艺广告有限公司
广州道恩广告摄影有限公司
佛山市正和凯歌品牌设计有限公司
广州泽西摄影有限公司
Master 广州市熳大师艺术摄影有限公司
广州昕宸企业管理咨询有限公司

序言

技工教育和中职中专教育是中国职业技术教育的重要组成部分，主要承担培养高技能产业工人和技术工人的任务。随着“中国制造 2025”战略的逐步实施，建设一支高素质的技能人才队伍是实现规划目标的必备条件。如今，国家对职业教育越来越重视，技工和中职中专院校的办学水平已经得到很大的提高，进一步提高技工和中职中专院校的教育、教学和实训水平，提升学生的职业技能，弘扬和培育工匠精神，已成为技工院校和中职中专院校的共同目标。而高水平专业教材建设无疑是技工院校和中职中专院校教育特色发展的重要抓手。

本套规划教材以国家职业标准为依据，以综合职业能力培养为目标，以典型工作任务为载体，以学生为中心，根据典型工作任务和工作过程设计教学项目和学习任务。同时，按照工作过程和学生自主学习的要求进行内容设计，实现理论教学与实践教学合一、能力培养与工作岗位对接合一、实习实训与顶岗工作合一。

本套规划教材的特色在于，在编写体例上与技工院校倡导的“教学设计项目化、任务化，课程设计教、学、做一体化，工作任务典型化，知识和技能要求具体化”紧密结合，体现任务引领实践的课程设计思想，以典型工作任务和职业活动为主线设计教材结构，以职业能力培养为核心，将理论教学与技能操作相融合作为课程设计的抓手。本套规划教材在理论讲解环节做到简洁实用、深入浅出；在实践操作训练环节体现以学生为主体的特点，创设工作情境，强化教学互动，让实训的方式、方法和步骤清晰，可操作性强，并能激发学生的学习兴趣，促进学生主动学习。

本套规划教材由全国 50 余所技工院校和中职中专院校服装设计专业共 60 余名一线骨干教师与 20 余家服装设计公司一线服装设计师联合编写。校企双方的编写团队紧密合作，取长补短，建言献策，让本套规划教材更加贴近专业岗位的技能需求，也让本套规划教材的质量得到了充分的保证。衷心希望本套规划教材能够为我国职业教育的改革与发展贡献力量。

技工院校“十四五”规划服装设计与制作专业系列教材
中等职业技术学校“十四五”规划艺术设计专业系列教材 总主编

教授 / 高级技师 文健

2021 年 5 月

前言

服装打版与制作是服装设计、生产过程中的两大重要环节，包含服装产品分析、制图打版和工艺制作等多项内容，相互间承前启后、环环相接。传统的服装专业教学出于对体系结构划分的考虑，一般将其分成服装结构和服装工艺两门课程，教学实践中容易造成相关内容脱节，影响学生学习效果。按当前职业院校课程改革的思路和方向，通常会将这两部分内容合二为一，整合为一个完整的教学模块，重视学生对服装款式、结构、工艺的整体认知与融会贯通，有效提升学生服装打版与制作的综合应用能力。

本书按照课程整合的思想，以项目式教学模式，将服装打版与制作整个过程拆分成六个教学项目：项目一为课程概述，让学生了解服装打版与制作的基本概念、整体流程和前期准备工作；项目二至项目六分别以半身裙、裤子、衬衫、连衣裙、外套五大服装品种为例，对其打版与制作过程进行深入剖析与训练。各项目从经典款式入手，以服装工艺单的形式进行产品分析，从制图、打版、备料、排料裁剪、样衣缝制到成品质量检验，清晰且完整地展示了各款服装打版与制作的全过程。各项目还通过列举变化款的案例，进一步分析各类服装的款式特点、结构原理、版型及工艺细节，从而提升学生举一反三、灵活变通的能力。

本书在编写体例上践行了职业院校倡导的教学设计项目化、课程设计教实一体化、工作任务典型化、知识和技能要求具体化等思想，体现任务引领、实践导向的课程设计特色，以典型工作任务和职业活动为主线设计教材结构，以综合职业能力培养为目标，以理论教学与技能操作融会贯通为课程设计的抓手。本教材理论部分力求精简概括，深入浅出；实例操作部分经典实用，难易适度，脉络完整，环环相扣。教材贯彻以学生为中心的思想，重视师生互动环节，引导学生主动学习，力求激发学生学习积极性。

本教材在编写过程中得到了广东省轻工业技师学院、惠州市技师学院、广东省交通城建技师学院、东莞市技师学院等兄弟院校相关专业师生的大力支持与帮助，在此表示衷心感谢。本教材项目一、项目三由高慧兰编写，项目二由陈思敏编写，项目四由张婷编写，项目五由梁泉编写，项目六由吴建敏编写。由于编者水平有限，本书难免会出现错漏和不足，敬请读者批评指正。

高慧兰

2021.9.12

课时安排（建议课时 240）

项目	课程内容	课时	
项目一 服装打版与制作的概述	学习任务一　服装打版与制作的概念及流程	2	6
	学习任务二　服装打版与制作的相关准备	4	
项目二 半身裙打版与制作	学习任务一　西裙打版与制作	18	42
	学习任务二　变化裙款打版与工艺分析	6	
	学习任务三　育克褶裙打版与制作	18	
项目三 裤子打版与制作	学习任务一　男西裤打版与制作	24	50
	学习任务二　女式时装裤打版与工艺分析	6	
	学习任务三　牛仔裤打版与制作	20	
项目四 衬衫打版与制作	学习任务一　男衬衫打版与制作	20	52
	学习任务二　女上衣原型绘制及省转移	6	
	学习任务三　女衬衫打版与制作	20	
	学习任务四　衬衫领、袖结构变化与工艺分析	6	
项目五 连衣裙打版与制作	学习任务一　连腰式连衣裙打版与制作	20	40
	学习任务二　断腰式连衣裙打版与制作	20	
项目六 外套打版与制作	学习任务一　女西服打版与制作	30	50
	学习任务二　茄克衫打版与制作	20	

目录

项目一 服装打版与制作的概述

项目二 半身裙打版与制作

项目三 裤子打版与制作

项目四 衬衫打版与制作

项目五 连衣裙打版与制作

项目六 外套打版与制作

项目一

服装打版与制作的概述

学习任务一　服装打版与制作的概念及流程

学习任务二　服装打版与制作的相关准备

服装打版与制作的概念及流程

教学目标

（1）专业能力：了解服装打版与制作的相关概念，认知服装打版与制作的基本流程。

（2）社会能力：引导学生热爱专业，能收集服装款式及相关信息，并从专业角度进行观察分析。

（3）方法能力：提升信息和资料收集能力、看图填表和表达能力、总结与反思的能力。

学习目标

（1）知识目标：能厘清服装打版与制作的相关概念，了解操作流程，认识打版与制作的依据。

（2）技能目标：能收集服装有关信息并进行产品分析，看懂和填写服装工艺单并制作 PPT。

（3）素质目标：能按时完成作业练习，积极思考，乐于表达，提升自身综合职业能力。

教学建议

1. 教师活动

（1）教师运用多媒体课件展示和实例过程演示，讲授服装打版与制作的流程及要求。

（2）教师通过展示服装图片或样衣，结合服装工艺单，让学生从专业角度观察服装。

2. 学生活动

观察教师提供的服装图片或样衣，思考该服装的款式、结构、工艺和材料，说出自己的观点。

一、学习问题导入

各位同学，大家好！ 今天我们来学习服装打版与制作的知识。现在我们每天看得见、摸得着、穿得上的各式漂亮衣服，它们是怎么从无到有做出来的呢？ 显然这些衣服是需要经过服装技术人员打版与制作，才能从纸面上的设计图稿变为可穿用的服装实样，如图 1-1 所示。本次课我们将理一理服装打版与制作的相关概念，了解打版与制作的基本流程。

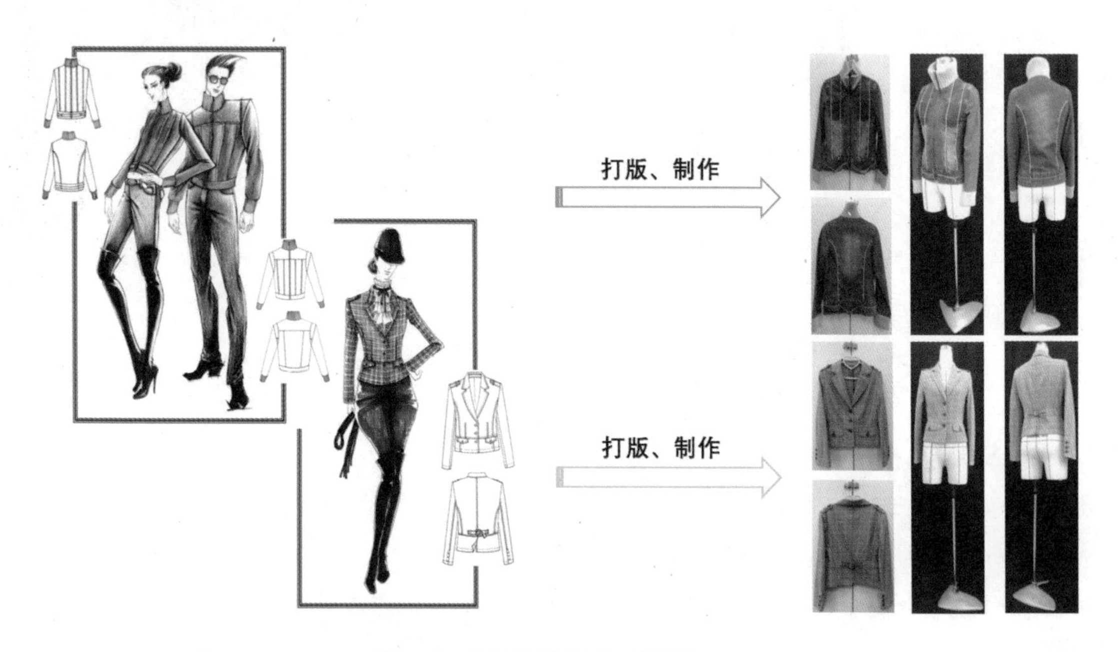

图 1-1　从设计图稿到服装实样

二、学习任务讲解

1. 服装打版与制作的相关概念

（1）服装：俗称衣服，通常是指缝制并穿着于人体上起保护和装饰作用的产品。服装不只停留在意念和画面上，通常会做出成品且可穿着，这样才能真正体现功能与审美的融合。

（2）服装打版：服装设计包括造型设计、结构设计和工艺设计三大部分，其中结构设计也叫打版（板）、打样或制版。服装打版就是按照服装造型设计做出相对应的服装样板（纸样）的过程。

（3）服装制版师：从事服装制版工作的人统称为服装制版师，也叫打版师、版型设计师。服装制版在时装的制作过程中举足轻重，服装制版师被视作“把设计理念转化为可操作实现的承上启下的灵魂人物”。

（4）服装打版与制作：包含服装制版和工艺制作两大部分，就是指根据服装造型设计做出服装样板并裁剪缝制出相对应服装成品的全过程。

2. 服装打版与制作的基本流程

服装打版与制作的基本流程，如图 1-2 所示。

（1）产品分析：产品分析是打版的前提，产品来源可以是设计师提供的工艺文件、实物样衣或图片，打版师需分析产品风格造型和款式特征，明确面辅材料品类及性能特点，确定结构处理方式和规格尺寸，厘清工艺要点及特殊工艺要求，填写服装工艺单。工艺单的内容就是打版与制作的依据，要分析清楚，核对无误。服装工艺单的具体样式在后面每个项目中均有展示，可翻阅参考。

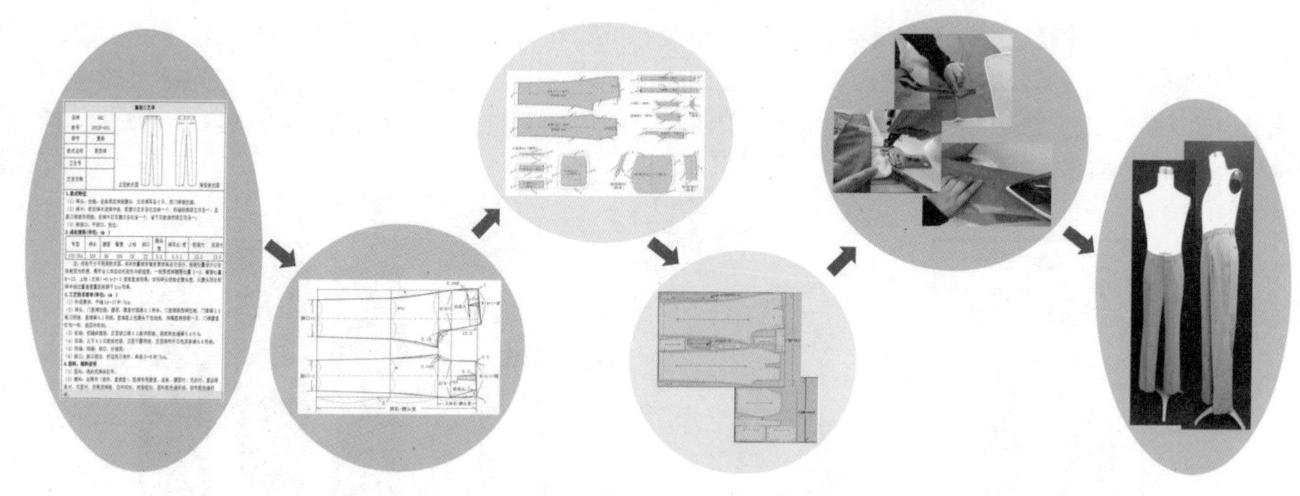

图 1-2 服装打版与制作的基本流程示意图

（2）制图打版。

①结构制图：以工艺单中产品图样或实物为依据，在纸上将衣片分解展开成平面衣片，用图线和相关符号来表示，按照制图的标准完整画出衣片的辅助线和结构线。

②拓板：拷贝拓印出各个裁片纸样的轮廓及关键结构线，纸要选择透明且韧性足的。除轮廓线外，内部省褶线、中缝线、袋位线和袋位点、缝合对位点、缝合起止点等关键线和点也需拷贝且准确无误。

③放缝：在纸样上按工艺需要加放合理的缝份和折边量。

④做标记：在每个纸样上标记丝绺方向线及纸样资料文字，以及必需的剪口和钻眼位等。

⑤剪板：按加了放缝后的外轮廓剪出全套样板，按要求用剪口钳在样板边缘打好剪口，用锥子或钻眼机在纸样内部打出眼位。

⑥复板：检查样板的数量和质量，包括样板和标记的数量、规格尺寸拼接缝对合及轮廓的质量。

（3）排料裁剪：包括布料和纸样的准备、铺布、排料、划样以及开裁，如图 1-3 所示。

（4）工艺制作：分析工艺流程，按步骤缝制、熨烫，完成产品制作。工艺过程要注意平缝机、包缝机和其他特种设备的安全操作方式和步骤，需细致、耐心、不浮躁，如图 1-4 所示。

（5）质量检验：通过平面及立体展示，观察检验成品服装外观风格造型是否与设计图吻合、穿着状态有无异常、尺码准确度、工艺质量等。

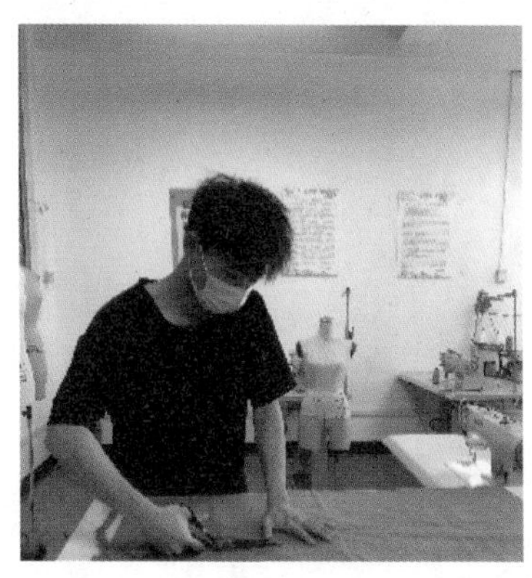

图 1-3　服装 1 ：1 制图打版及排料裁剪操作图例

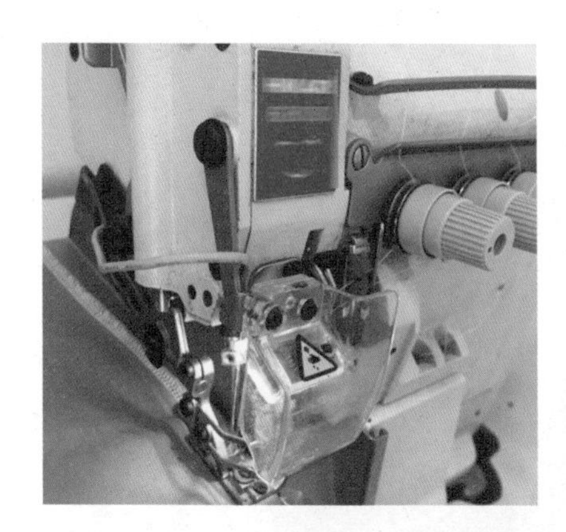
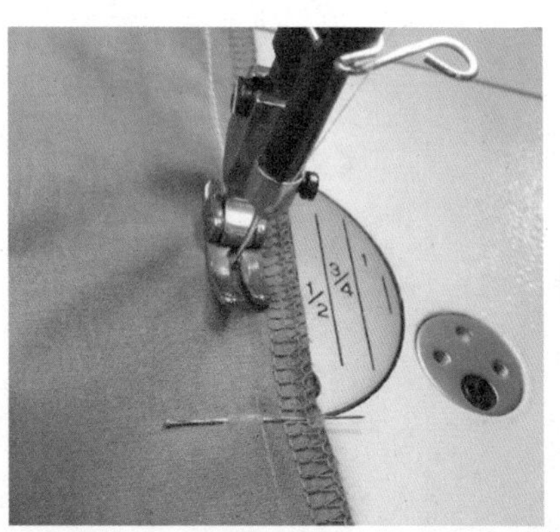
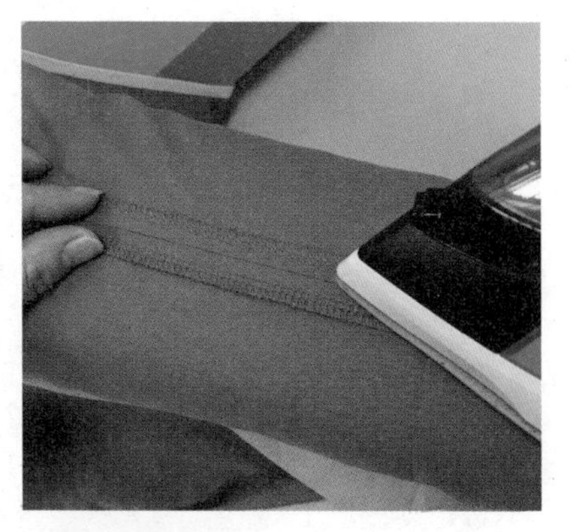
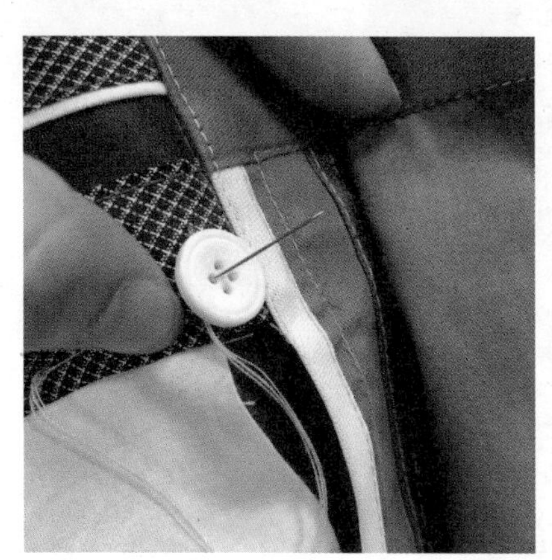

图 1-4　服装工艺制作图示

三、学习任务小结

通过本次课程的学习，同学们已经了解了服装打版与制作的相关概念，对服装打版与制作的流程也有了一定的认知。服装打版与制作实际上是解决了服装设计从图样“看得见”到实样“摸得着、穿得上”的问题，完成了衣服从无到有的过程。在今后的学习中，同学们要多用专业的眼光观察自己和别人的衣服，完成若干服装款式打版与制作的作业练习，主动加强实践，总结和反思，逐步提升服装版型处理和工艺制作的水平。

四、课后作业

收集 1 件服装的信息（设计图或实物、服装图片及文字描述等），进行产品分析，用工艺单展示与汇报。

服装打版与制作的相关准备

教学目标

（1）专业能力：了解服装打版与制作各环节的准备工作、相关术语、符号、基本规定等常识。

（2）社会能力：引导学生关注新材料、新工艺和新工具，能自备一套常用的工具材料。

（3）方法能力：提升沟通和采购能力、工具材料使用和保管能力、总结与反思的能力。

学习目标

（1）知识目标：能厘清服装打版与制作各环节所需准备的工具材料以及相关的专业常识。

（2）技能目标：能列出服装打版与制作常用小工具清单，能自行准备一套并合理存放。

（3）素质目标：能正确使用和保管工具材料，树立安全和规范操作意识，积极关注行业新动向。

教学建议

1. 教师活动

（1）教师运用实物讲解及现场操作演示，讲授工具材料的用途和安全操作方法。

（2）教师通过多媒体展示图片、表格，结合纸样或样衣讲授相关术语、符号、基本规定等专业常识。

2. 学生活动

（1）观察工具材料的用途及安全操作方法，在教师指导下试用工具材料，并分享使用体会。

（2）根据教师的归纳，记录服装打版与制作的相关术语、符号、基本规定等专业常识。

一、学习问题导入

各位同学，大家好！上次课我们学习了服装打版与制作的概念和流程，通过工艺单认识了打版与制作的依据。今天我们来学习打版与制作的相关准备。首先思考一下，服装打版与制作各个流程实操时，准备的东西都是同样的吗？除了工具材料外还应做好哪些准备呢？

二、学习任务讲解

1. 产品分析的准备

（1）设计图或样衣等的准备：设计图是设计师表达服装产品样式及穿着效果的图像及文字呈现形式，一般包括效果图、正背面款式图及文字说明等；样衣是指服装的实际样品，分为自主设计试制的新款样品，或按客户要求制作并经客户确认的样品。设计图或样衣必须先明确，准备打版制作的产品样式、材质、结构和工艺等也就相应明确下来。

（2）工艺单表格的准备：表格内应包括款式名称、款式图、款式特征描述、材料清单、规格表、工艺描述等，为设计图或样衣中的产品做好文字及图片的分析记录。

2. 制图打版的准备

（1）制图打版的工具材料准备：常用工具包括放码尺（含量角器）、卷尺、自动铅笔及笔芯、勾线笔、橡皮、纸剪、透明胶、美工刀、推轮、剪口钳、打孔器等（图 1-5）；常用材料包括打版纸、拷贝纸、牛皮纸等（图 1-6）；初学者还可备上画小板的比例尺，以及打大板的辅助工具，如多功能裁剪尺、逗号曲线尺、蛇形尺等，方便画出更完美的线条（图 1-7）。

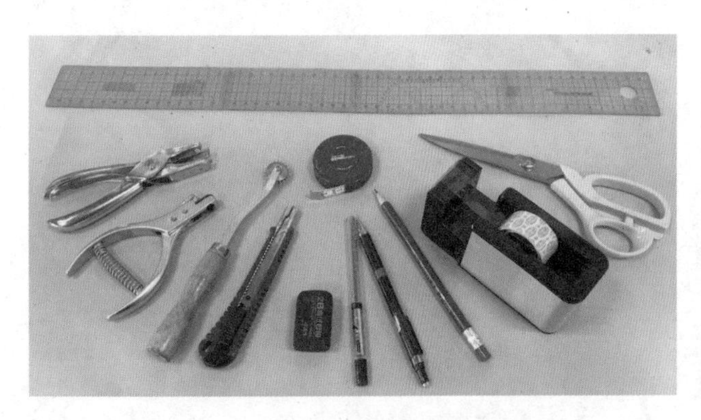

图 1-5　服装制图打版常用工具示意图

图 1-6　服装制图打版常用纸张材料示意图

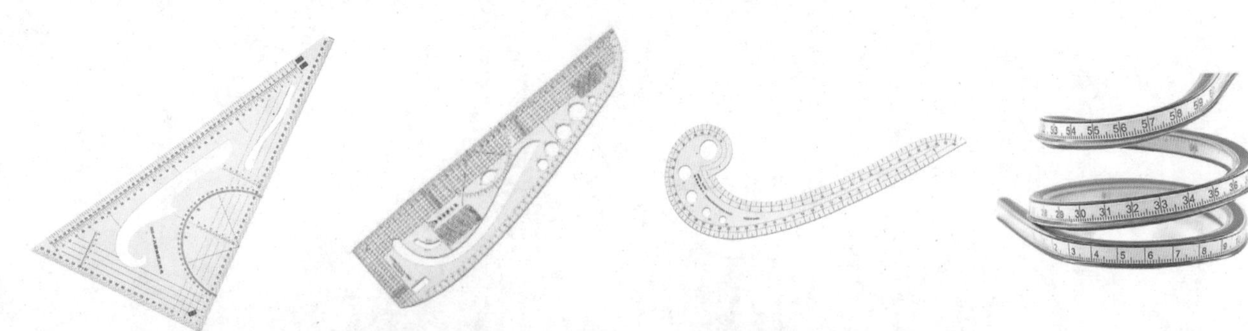

图 1-7　画小板、打大板的辅助工具示意图

（2）服装制图打版的相关图线、符号、代号的认知。

①制图图线：如表 1-1 所示。

②制图符号：如表 1-2 所示。

③服装制图代号：如表 1-3 所示。

表 1-1　制图图线表

序号	图线名称	图线形式	图线宽度	图线用途
1	粗实线	——	0.9	轮廓线、省褶线
2	细实线	——	0.3	结构基本线、尺寸标注线
3	虚线	- - - -	0.6	叠面下层轮廓影示线
4	点划线	—·—·—	0.6	对折线（对称部位）
5	双点划线	—··—··—	0.6	折转线（不对称部位）

表 1-2　制图符号表

序号	符号名称	符号形式	符号含义
1	等分		表示该段距离平均等分
2	等长		表示两线段长度相等
3	等量	△ ○ □	表示两个以上部位等量
4	省缝		表示该部位需缝合去除余量
5	裥位		表示该部位有规则折叠
6	皱褶		表示布料直接收拢成碎褶
7	直角		表示两线互相垂直
8	连接		表示两部位在裁片中相连不断开
9	经向		箭头方向对应布料经向
10	倒顺		箭头表示顺毛或图案的正立方向
11	阴裥		表示裥量在内的褶裥
12	阳裥		表示裥量在外的褶裥
13	平行		表示两直线或两弧线间距相等
14	斜料		对应布料 45° 正斜向
15	间距	X X X	表示两点间距离，“X”表示具体数值或公式

表 1-3　服装制图代号表

序号	部位	部位（英文）	代号	序号	部位	部位（英文）	代号
1	胸围	bust girth	B	10	膝围线	knee line	KL
2	腰围	waist girth	W	11	胸高点	bust point	BP
3	臀围	hip girth	H	12	颈肩点	neck point	NP
4	领围	neck girth	N	13	袖窿	arm hole	AH
5	胸围线	bust line	BL	14	袖长	sleeve length	SL
6	腰围线	waist line	WL	15	肩宽	shoulder	S
7	臀围线	hip line	HL	16	长度	length	L
8	领围线	neck line	NL	17	前中	centre front	C.F
9	肘围线	elbow line	EL	18	后中	centre back	C.B

（3）测量及号型规格的认知。

①成品测量：衣 / 裙 / 裤长、胸围、腰围、臀围、领围、肩宽、袖长、摆围 / 脚口等。

②人体测量：身高、前后腰节长、背长、臀长、上裆长、下裆长、围裆、净胸围、净腰围、净臀围、胸宽、背宽、颈围、肩宽、臂根围、臂围、全臂长、上臂长、腕围、掌围、大腿围、膝围、脚围等。

测量工具一般为直尺、软尺、腰节带。若被测者有特殊体征，应加测并作好记录。例如：上衣凸腹体须加量后衣长，并与前衣长比较；驼背体要注意衣长测量，并加量后腰节长。

③体型分类代码与系列号型规格如表 1-4 所示。

表 1-4　体型分类代码表　（单位：cm）

体型分类代码	（女性）净胸腰差量	（男性）净胸腰差量
Y	24 ~ 19	22 ~ 17
A	18 ~ 14	16 ~ 12
B	13 ~ 9	11 ~ 7
C	8 ~ 4	6 ~ 2

根据测体所得净胸围和净腰围数据，将成人标准体型分为 Y、A、B、C 四类，如表 1-4 所示。加上身高，可得到成人标准体的服装号型数据。衣服尺码唛上通常会显示这种号型数据，顾客能快速挑选适合自己尺码的衣服。女子以 160/84A、男子以 170/88A 为中间标准体（M 码）。一件男装上衣尺码显示为 170/88A，代表该服装为中码，适合“号 170、型 88、A 体型”的男性穿着。号代表身高档，型代表净胸围或净腰围档。以 M 码为中心向两边依次递增或递减，可找到正常体型各码数对应数据。成人身高一般以 5 cm 分档组成系列，胸围、腰围分别以 4 cm、2 cm 分档组成系列，称为“5•4 系列”或“5•2 系列”，如表 1-5 和表 1-6 所示。

表 1-5　5•4 系列男装上衣号型规格参照表　（单位：cm）

部位	号型				
	165/84	170/88	175/92	5•4 系列档差	备注
前衣长	73	75	77	2	
胸围	102	106	110	4	
腰围	88	92	96	4	
肩宽	42.8	44	45.2	1.2	
领围	39	40	41	1	
袖长	57.5	59	60.5	1.5	长袖
袖口大	14	14.5	15	0.5	对折量

表 1-6　5•2 系列男装下装号型规格参照表　（单位：cm）

部位	号型				
	165/76	170/78	175/80	5•2 系列档差	备注
前衣长	100	103	106	3	长裤
胸围	78	80	82	2	
腰围	98	100	102	2	
肩宽	27.5	28	28.5	0.5	
领围	43	44	45	1	围量
袖长	57.5	59	60.5	1.5	长袖
袖口大	14	14.5	15	0.5	对折量

④成品规格设定：成品规格 = 量体净尺寸 + 放松量。根据设计或服装品种的要求，有的部位不用加放松量，有的部位应加放不同的松量。放松量的设定可参考表 1-7。

表 1-7 男装上衣规格设定参照表 （单位：cm）

人体测量	前衣长	净腰围	净胸围	颈围	肩宽	全臂长
	75	74	88	36	42	58
放松量	0	18 ~ 22	18 ~ 22	4 ~ 5	2 ~ 5	2 ~ 3
成品规格	前衣长（L）	腰围（W）	胸围（B）	领围（N）	肩宽（S）	袖长（SL）
	75	92	106	40	44	59

3. 排料裁剪及工艺制作的准备

（1）裁剪与缝制工具材料准备：除实训车间常用的裁床、电剪、平缝机、包缝机、锁眼机、蒸汽熨斗、吸风烫台、粘衬机、烫凳、布镘头等设备物品外，应自行准备如图 1-8 所示工具材料，以满足服装裁制基本要求。包括划粉、水（汽）消笔、拆线器、锥子、镊子、线剪、布剪、螺丝刀、尖嘴钳、手缝线、手针、宝塔线、缝份整烫定规尺、滚边拉筒、机针、压脚、梭芯、梭壳、定位器、珠针、工具箱和布料等。缝纫线一般根据材料同色配线。

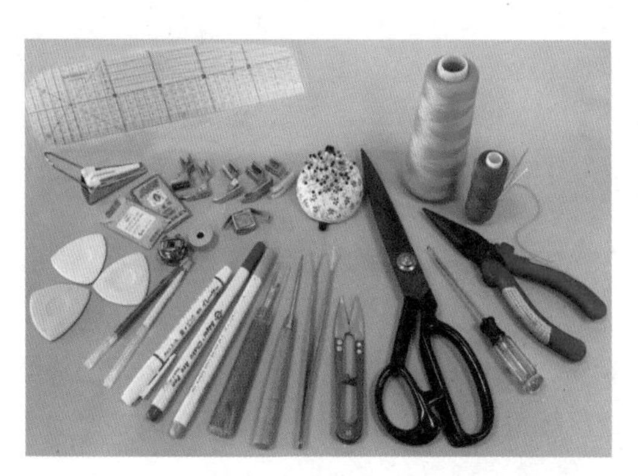

图 1-8 服装工艺制作常用工具示意图

（2）铺料步骤及方式认知：提前松布、整理平整，检查布料有无疵点，如有则需作出标记，划样时应注意避开；检查准备用于排料的纸样，数量是否正确，质量是否过关。

①布料正反面识别：一般纹路或印花鲜明、光泽好、布面平滑的一面为正面；双幅布料卷装表面为反面，匹头匹尾反面盖出厂日期和检验章；双面织物正反面自行选定。

②布料经纬纱向识别：梭织布边分经纬，与布边平行的方向称为经向，与布边垂直的方向为纬向。无加入弹性纤维的布料一般经向拉伸性最小，45° 正斜方向最容易拉伸变形。

③铺料方式选择：依面料幅宽和款式对称性选择铺料方式，单件裁剪多采用单层或双层对折方式铺料，如图 1-9 所示。布料反面朝上适合画样，布边放在近身侧方便打开检查底层布料。

（3）排料画样的认知。

①排料的目的：最大限度提高材料利用率，降低成本。

②排料的原则：一套（凹套凸）、二对（直对直、斜对斜）、三先三后（先排大片后排小片、先排主片后排辅片、先排面料再排里料）。

③排料的步骤：按排料原则及纱向把全部纸样合理摆放，薄料或易变形布料用珠针临时固定；用划粉或消

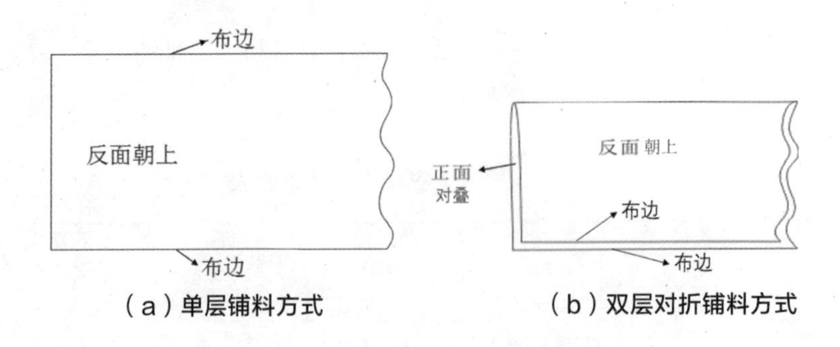

图1-9 单件裁剪常用的两种铺料方式示意图

色笔按纸样边缘、标记点在布反面做好标识，注意不要漏画或错位。

④特殊面料排料画样。

A. 条格面料：前后中心线保持一致直条，口袋与大身、横向分割线上下位对直条。前中、后中、侧缝、口袋与衣身、袖子臂部与衣身、袖偏缝、纵身分割线等相交部位横向条对齐。条格面料纵向条或横向条如有不规则的循环，以横向条为主对齐，保证整体外观左右对称。

B. 毛绒及有方向性图案面料：按同一方向排料，保证成衣制作后光泽、手感、花纹的一致性。

（4）裁布原则及要求的认知：先小后大，先外后里，先横后直。不方便转弯处应分方向进刀。刀口垂直、上下层对齐，每裁完一份马上完成各裁片的剪口及反面标记，及时检查上下层裁片是否有不对称、疵点、色差、缺角、少片等问题。裁剪后将同种面料、同一款式、同一尺码的裁片按大小折叠捆扎打包备用。

（5）工艺制作术语认知。

①缝纫术语：缝型、线迹、缝头（缝份）、平缝（平缉）、坐倒缝、来去缝、内外包缝、锁边（拷边）、滚边、坐量（眼皮）、吃与赶、对刀。

②熨烫术语：推归拔烫、平烫、分烫、倒缝烫、整烫。

（6）工艺质量要求的认知：规格尺寸要在公差范围内，外观要符合设计要求，缝线顺直、圆顺，明线宽窄一致且均匀，各部位平服、对称，线头干净，符合线迹针距等要求。

（7）安全环保的认知：正确使用服装工艺装备，在缝纫或熨烫时应注意检查电源插头插座是否破损、松动，操作中断要及时关闭开关。实操过程衣物、半成品等摆放有序，地面、台板干净。车缝注意力要集中，切勿让机针、切刀、剪刀、锥子等利器伤到自己或他人。熨烫过程熨斗不能碰到电线，正确使用垫板。烫正面、深色、起绒或易勾丝面料时要加垫布熨烫；正在工作的熨斗或高温蒸汽要远离我们身体各部位。

三、学习任务小结

通过本次课程学习，同学们已经对服装打版与制作各个环节要准备的工具材料有所了解，对服装打版与制作的相关术语、符号、基本规定等专业常识也有了一定的认知。服装打版与制作有很多精巧实用的小工具，也常常有新材料、新工艺不断补充，它们能帮助提升效率和作品精美度。在今后的学习中，同学们要尽快熟悉各种专业工具材料的使用方法和注意事项，注重安全操作规范和工具设备的日常保养。多观察、多思考、多实践，大家通过一个个任务对这些看似生僻繁多的专业术语、符号、代号和各种规定将有更直观的理解和认知。

四、课后作业

列出服装打版与制作常用小工具清单，并按清单自行准备一套，合理存放。

项目二
半身裙打版与制作

西裙打版与制作

教学目标

（1）专业能力：培养识图看单能力，掌握制版与制作流程和方法，按工艺单要求完整制作西裙样衣。

（2）社会能力：引导学生爱岗敬业，遵守岗位职责，树立安全意识及专业操作规范。

（3）方法能力：培养填表制图、语言表达、总结经验及反思的能力。

学习目标

（1）知识目标：能识图看单，分析打版和制作的依据，熟知西裙打版与制作的流程和方法。

（2）技能目标：会分析西裙产品信息，填制工艺单，按工艺单完整制作西裙样衣并进行质检。

（3）素质目标：能根据操作规范安全、细致地完成任务，能遵守规则，具备自我约束力。

教学建议

1. 教师活动

（1）展示西裙样衣及图片，引导学生找出西裙制图、打版和工艺制作的依据。

（2）教师运用多媒体课件、实例过程演示等教学手段和发散性思维，引导学生思考西裙打版与制作流程、各步骤要求和方法，要求学生运用制图打版工具、材料及缝纫熨烫设备，按工艺单完整制作出西裙样衣并进行质量检验。

2. 学生活动

选取合适的尺码，按工艺单要求完整制作出西裙样衣并进行质量检验。

一、学习问题导入

各位同学，大家好！裙子通常被认为是最古老的服装，是下装的基本形式之一，也是很多服装爱好者学习的起点。裙子穿着方便、通风散热性好，款式美观、变化丰富，职场、派对、逛街或正式场合都可以有裙子的身影。今天我们将从比较基础的西裙开始学习裙子的打版与制作。西裙有什么特征呢？请仔细观察图 2-1 的几款西裙，说说它们的异同点。

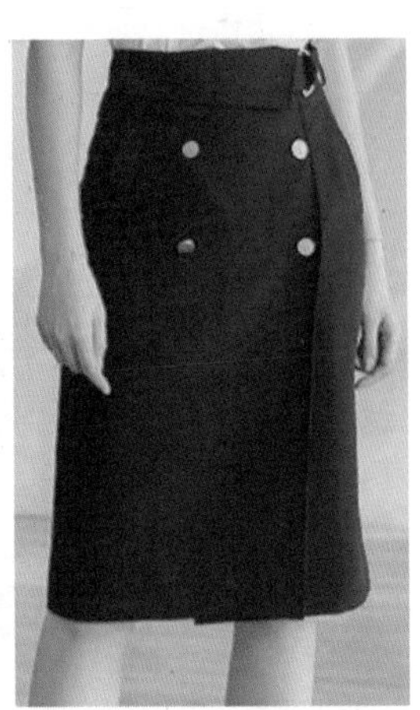

图 2-1　西裙实物图片

二、学习任务讲解

1. 产品分析

本次打版与制作的任务是一款经典女西裙，我们首先分析并绘制这件西裙的工艺单，如表 2-1 所示。

表 2-1 所示工艺单描述了这款西裙的款式特征，确定了结构处理方式和规格尺寸，厘清了工艺要点及要求，明确了各部位面辅材料品类。现在我们依据这张工艺单开始制图。

2. 西裙制图

（1）框架制图：按“裙长 - 腰宽”定前中心线→定上平线、下平线→按“臀高”定臀围线→按“H/4”定前臀围大，画出前侧缝辅助线→间隔 4 ~ 5 cm 平行画出后侧缝辅助线→按“H/4”定后臀围大，画出后侧缝辅助线，如图 2-2 所示。

（2）轮廓制图：本例西裙为双省款，省的数量通常由臀腰差决定。一般臀腰差≤ 24 cm 可设单省，臀腰差＞ 24 cm 宜做双省，即半个前片或半个后片内有两个省道，如图 2-3 所示。

①前片：定腰围与省大→定侧缝起翘量→画顺前腰口弧线→连接腰口侧缝点与臀侧点，垂直腰口画顺臀线以上侧缝弧线→定下摆收量，画顺前侧缝→定省道中心线、省宽、省长，连接省线。

②后片：定腰围与省大→定侧缝起翘量→定后中腰口低落点→画顺后腰口弧线→连接腰口侧缝点与臀侧点，垂直腰口画顺臀线以上侧缝弧线→定下摆收量，画顺后侧缝→定拉链止点→定后衩长、宽→定省道中心线、省宽、省长，连接省线→前后片轮廓用彩色加粗勾线。

（3）零部件制图：包括腰头、里襟，均是连裁，如图 2-4 所示。

表 2-1　西裙工艺单

服装工艺单		
品牌		正面款式图　背面款式图
款号	2022E-001	
季节	春季	
款式名称	经典西裙	
工位号		
交货日期		

1. 款式特征

（1）裙身：合体筒裙，下摆略收，无里，前裙片连裁，左右对称各有 2 个省；后裙片中缝断开，左右各有 2 个省。

（2）腰头：直腰头，后中左搭右，钉扣一粒。

（3）开口：后裙片上端装明拉链，下端开衩，左叠右。

（4）下摆：不露明线，折边挑三角针。

2. 成衣规格表（单位：cm）

号型	裙长	腰围	臀围	腰宽	臀高
160/66A	60	66	94	3	17

注：服装松量设计以合体美观为前提，需符合人体运动机能性与舒适度，未标注尺寸的部位可根据款式图自行设计尺寸。

3. 工艺技术要求

（1）针距要求：平缝 14 ~ 17 针 /3 cm。

（2）省道：正面不露针迹，反面省尖处不回针留线打结。

（3）后衩：左右衩口锁边，折缉 0.6 cm 明线，按款式扣烫，衩上口正面封缉 4 cm 明线，下口与下摆折边缉明线固定。

（4）后中：锁边、分缝烫。

（5）拉链：拉链门襟处压 1 cm 明线，至拉链底止口位转角封口。

（6）侧缝：锁边、分缝烫。

（7）腰头：装连裁直腰头，正面缉漏落缝。

（8）下摆：锁边，折边挑三角针，单线 5 ~ 6 针 /3 cm。

4. 面料、辅料说明

（1）面料：混纺无弹经典制服呢料。

（2）辅料：无纺衬、腰面衬、明拉链、树脂纽扣、面料缝纫线。

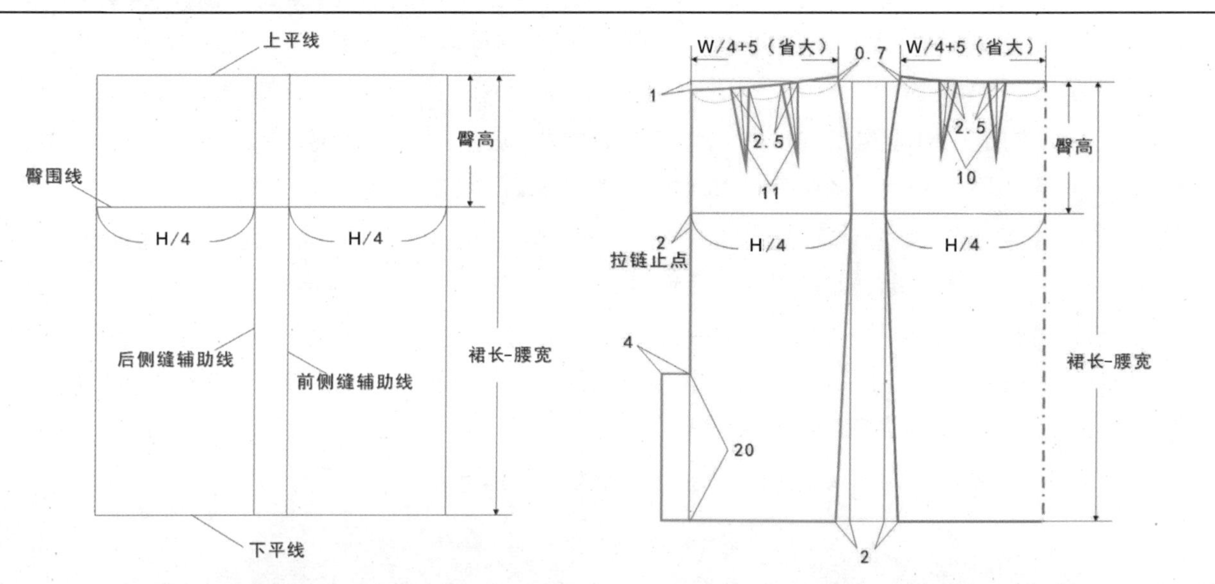

图 2-2　西裙框架制图示意图　　图 2-3　西裙前后片轮廓制图示意图

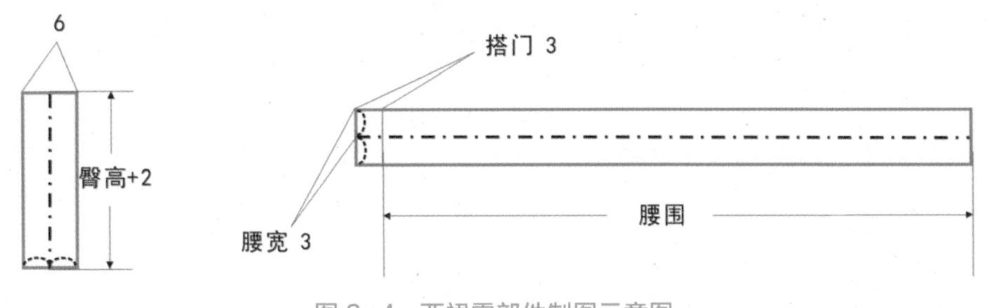

图 2-4　西裙零部件制图示意图

3. 西裙样板制作与复核

（1）裁剪样板。

①面布样板：本款西裙共 5 个面布样板，均采用统一布料。本例彩色实线表示净样轮廓，虚线表示毛样轮廓，如图 2-5 所示。

②衬料样板：本款西裙共 5 个衬料样板，腰面衬、左右衩口衬、里襟衬、拉链口粘衬各 1 片，图 2-6 阴影部分表示衬料样板。

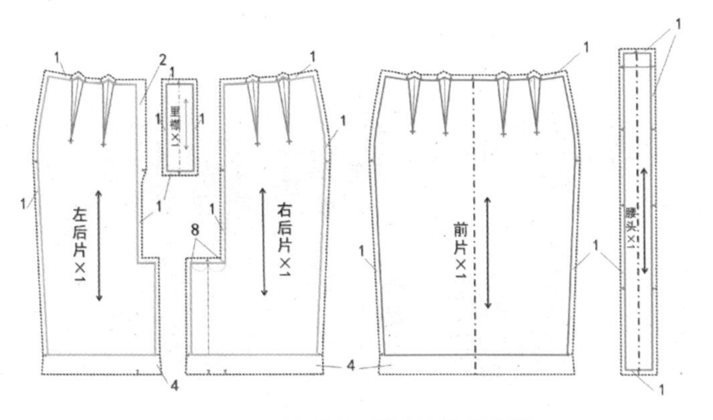

图 2-5　西裙面布样板放缝示意图

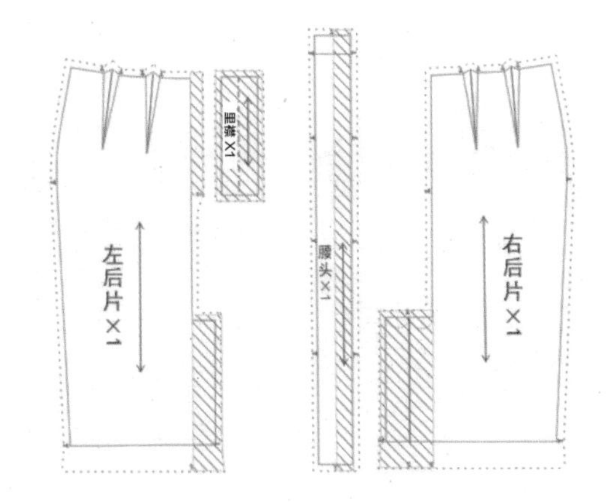

图 2-6　西裙衬料样板示意图

（2）工艺样板：画线净样板共 2 个，分别是腰面和裙衩。

（3）样板复核。

①数量：检查各种样板数量与要求是否相符；检查标记及文字说明是否齐全。

②规格尺寸：检查放缝量是否合适；检查前、后侧缝是否等长；检查腰头长度和腰围成品规格是否相符，注意观察各处剪口位是否对齐。

③线条轮廓：对合侧缝检查前后腰口弧线连接是否圆顺；样板其他线条是否清晰顺直流畅。

4. 西裙备料

（1）面布：混纺无弹经典制服呢料，门幅 144 cm，本款式最少用料长度 = 腰围 +10 cm。

（2）腰面衬：宽 3 cm 腰头树脂衬（有纺硬质粘合衬），最少用料长度 = 成品腰围 +5 cm。

（3）无纺衬：里襟、门襟拉链口、左右裙衩口均用无纺粘合衬，合计约 30 cm × 30 cm。

（4）明拉链：长 20 cm，与面料同色尼龙拉链一条。

（5）缝纫线：与面料同色涤棉宝塔线一个。

（6）钮扣：直径 1.5 cm 树脂纽扣一粒。

5. 西裙排料划样裁剪

（1）检验：纸样、布料检验。

（2）铺布、排料划样：此款西裙左右后片大小不同，单件制作可采用单层铺布方式，如图 2-7 所示。排料根据纸样的大小、长短、主次依次排入，纸样丝绺线方向需与布边一致，裙片朝向要统一。本例布料有竖条纹，注意经纱方向与竖条相对，不允斜。

（3）裁剪、捆扎：按裁剪原则开裁，先裁面布再裁衬料。做好正反面标记，分类捆扎。

6. 西裙工艺流程分析

检查裁片、做标记→粘衬、锁边→前后裙片缉省、烫省、折烫下摆及后中→做后衩→合后中、分烫、固定后衩上口→装明拉链→合侧缝、分缝烫→做腰头→绱腰头→做底摆→锁眼、钉扣→整烫。

7. 西裙缝制

（1）检查裁片、做标记：检查裁片数量及质量，要求内部干净，轮廓整齐，标记齐全。

（2）粘衬、锁边：如图 2-8 所示，粘好无纺衬，裙片外轮廓锁边（布料不易脱散，腰口可以不锁边）；里襟粘衬后对折，L 形锁边。

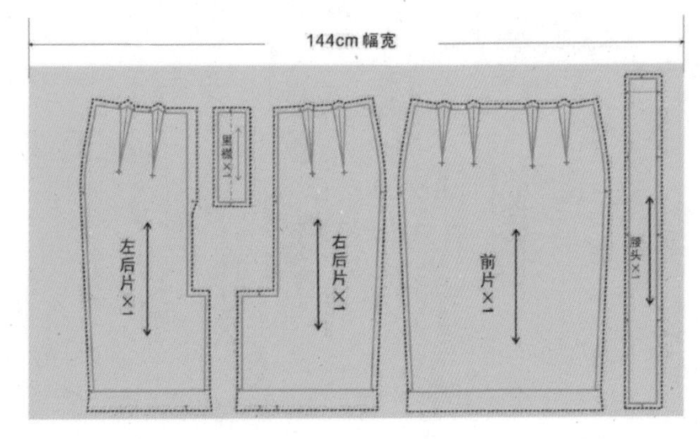

图 2-7　西裙面布排料示意图

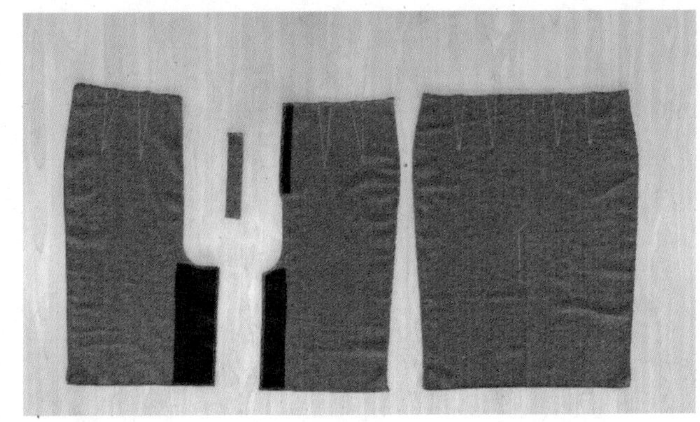

图 2-8　西裙粘衬及锁边示意图

（3）前后裙片缉省、烫省，折烫后中及下摆：如图 2-9 所示，熨烫可用整烫定规尺辅助。

①缉省：反面腰口起针（需倒针），对齐剪口顺画线车缝，缉至省尖不断线并拉出线打双结。

②烫省：用尺对省线折烫（分别倒向前后中缝折烫），省尖需归烫平整，先烫反面后烫正面。

③折烫后中及下摆：先折烫衩口缝份，再按标记折烫裙衩及后中缝（左后片拉链眼皮一同折烫），最后折烫左、右后片及前裙片下摆。

（4）做后衩：衩口缝份折边车缝 0.6 cm 固定→裙衩反向翻折按下摆折痕车缝→修剪下摆衩角缝份→翻正下摆衩角，反面压烫，正面垫水布熨烫，如图 2-10 所示。

（5）合后中、分烫、固定后衩上口：对齐左右后中缝净样线，从拉链止点缉至衩上口止点，转弯继续缉至衩外口；在衩口反面 L 形转弯处打剪口，分烫缝份；正面缉明线固定后衩上口（斜向衩宽为准）。具体如图 2-11 所示。

（6）装明拉链：裙片与拉链对齐做好起止点标记，换单边压脚。先将右侧拉链与里襟外口对齐车缝固定，再将右后裙片折边口置于拉链上方，缉明线 0.1 cm 绱好里襟拉链；左后裙片折边口置于左侧拉链上方，对齐固定好后沿画线 1 cm 车缝，至拉链止点处转弯 L 形缉缝固定门里襟底口。具体如图 2-12 所示。

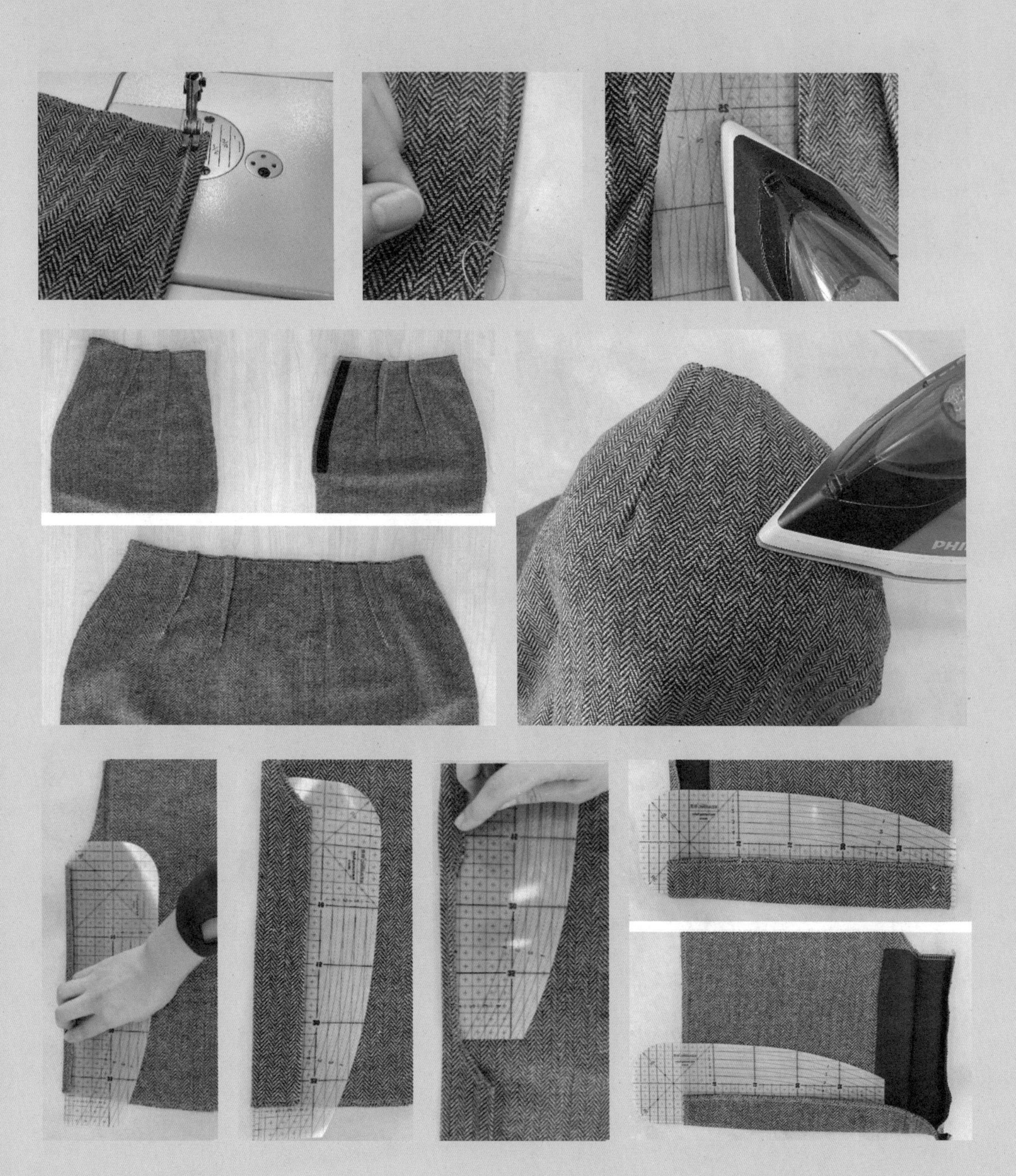

图 2-9　西裙粘衬及锁边示意图

图 2-10　做后衩示意图

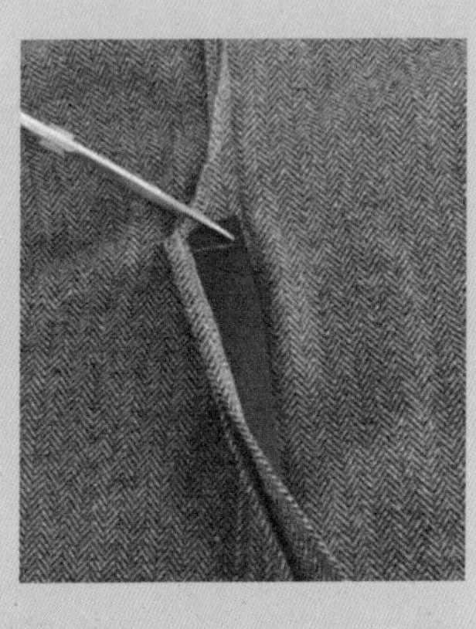

图 2-11　合后中、分烫、固定后衩上口示意图

图 2-12　装拉链、合里襟示意图

（7）合侧缝、分缝烫：前、后裙片侧缝剪口对齐（可用珠针固定），拼接两边侧缝缝份，反面分缝烫开，翻正面垫水布熨烫，如图 2-13 所示。

（8）做腰头、绱腰头。

①做腰头：烫腰面衬并折烫腰上口线，腰面缝份按 1 cm 扣烫，腰里缝份按 0.9 cm 扣烫。也可以采用腰里缝份包腰面熨烫的方法，翻开后腰里比腰面宽出 0.1 cm。

②绱腰头：绱腰面，把腰面和裙片腰口缝份对齐车缝，裙片腰口标记和腰头标记点需对齐；封腰头，腰头两端按缝份封口并翻正；固定腰里，沿腰口缝线正面缉漏落缝明线，要求松紧适宜，不能起涟或还口。具体如图 2-14 所示。

（9）做底摆：折烫下摆，侧缝处对齐，手针三角针挑下摆，单线 5 ~ 6 针 /3 cm，要求松紧适宜，正面不露缝迹；下摆衩口也用手针缲牢固定。具体如图 2-15 所示。

（10）锁眼、钉扣、整烫。画出眼位及扣位，平头锁眼，四孔十字缝钉扣。整烫用吸风烫台及蒸汽大烫设备，一般先烫反面再烫正面，先烫零部件和拼接部位再烫前后大片。

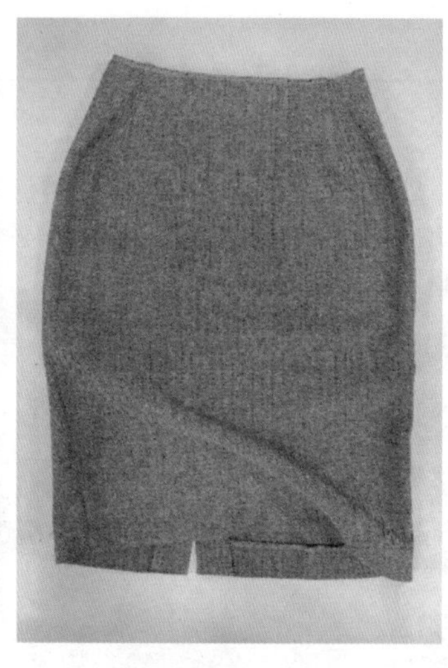

图 2-13　合侧缝、分缝烫示意图

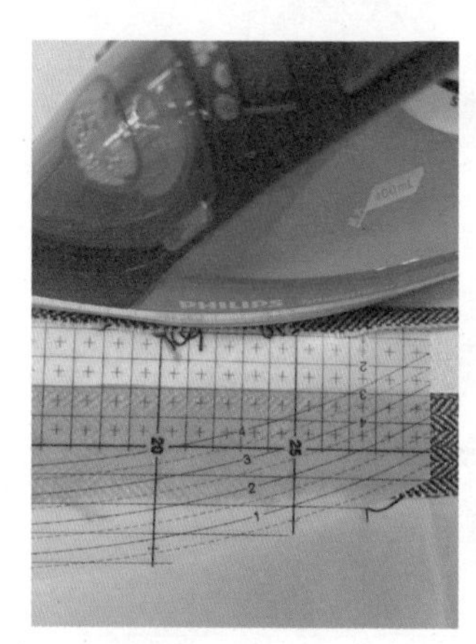

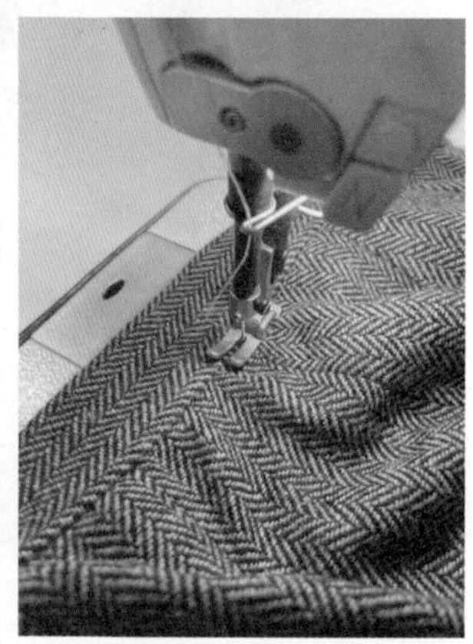

图 2-14　做腰头、绱腰头示意图

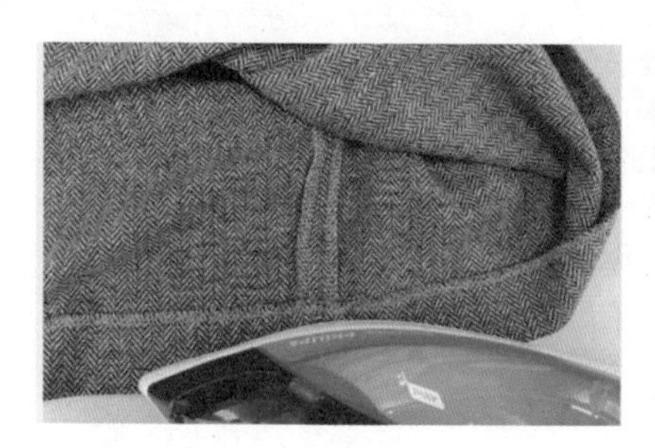

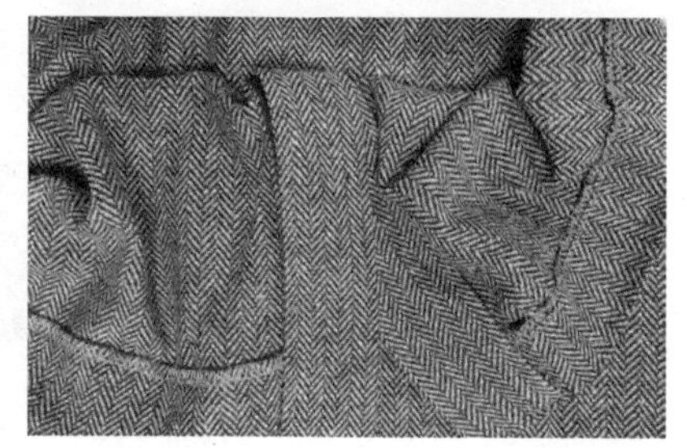

图 2-15　做底摆示意图

8. 西裙质量检验及成品展示

（1）成品规格检验：平铺测量各部位成品规格，与工艺单规格表及表 2-2 相对照，检验各部位规格尺寸是否在公差范围内，如图 2-16 所示。

（2）外观质量检验：对照表 2-3 从各角度观察并检验西裙成品外观质量，如图 2-17 所示。

表 2-2　西裙成品规格公差范围参照表

序号	部位	成品测量方式	尺寸	备注
1	裙长	平铺裙子，由裙腰上口沿前中心位置垂直量至裙摆	±1 cm	5•2 系列（中裙）
2	腰围	纽扣扣好，平铺裙子，沿腰宽中间横量（周围计算）	±1 cm	
3	臀围	平铺裙子，从拉链止点往腰口上 2 cm 定臀高位，水平横量（周围计算）	±1 cm	

图 2-16　西裙成品测量示意图

表 2-3　西裙外观质量检验标准参照表

序号	部位	外观质量检验标准
1	腰头	腰头顺直、宽窄一致，腰口平服
2	拉链	拉锁牙不外露，外观平服
3	省道	省道左右对称，前后左右倒向正确
4	下摆	折边宽窄一致，手针针距均匀，松紧适宜，正面不露缝线
5	线迹	缝子直顺平服，不跳针、不断线
6	整体	产品整洁，腰头平服，臀部圆顺，侧缝顺直，底摆平直，衩口平顺不露里口，无烫黄、亮光、剪破、脏粉、丢活现象

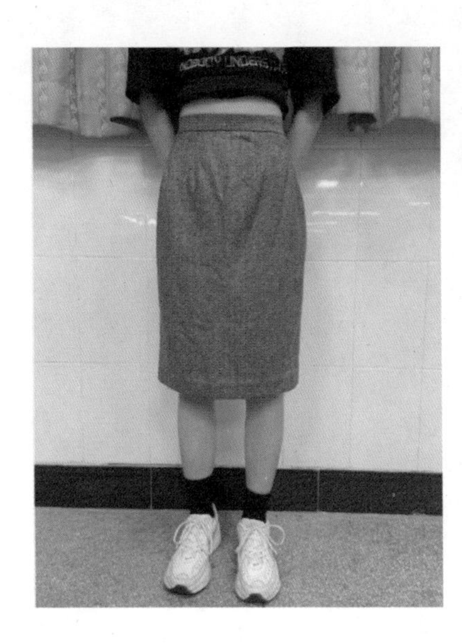

图 2-17　合侧缝、分缝烫示意图

三、学习任务小结

通过本次任务的学习，同学们已经初步了解了西裙的款式、结构和工艺特点，掌握了西裙打版和制作的流程、步骤及方法。通过观察工艺单、西裙成品样衣和老师的实例操作示范，加深了对西裙打版和制作的深层次理解。大家要认真完成课后作业，严格遵守安全规范操作要求，按工艺单将作品完整制作出来，培养严谨、规范、细致、耐心的专业精神。

四、课后作业

（1）每位同学选取合适尺码，参考西裙工艺单要求，完成西裙全套样板制作并复核。

（2）每位同学按要求准备西裙制作的面辅材料，根据样板排料裁剪，并完成样衣缝制及成品质量检验。

（3）每组收集各成员西裙打版制作的过程和成果照片，制作成 PPT，现场展示分享，并总结及点评。

变化裙款打版与工艺分析

教学目标

（1）专业能力：了解裙子变化规律，掌握半身裙结构变化原理，能针对具体裙款进行打版及工艺分析。

（2）社会能力：引导学生爱岗敬业，树立安全意识及遵守专业操作规范。

（3）方法能力：培养识图看表、填表制图、语言表达、总结及反思的能力。

学习目标

（1）知识目标：能说出变化裙款与西裙的异同，知道半身裙规格设定方法和结构变化原理。

（2）技能目标：能根据裙子结构原理打制变化裙款样板，并制作样衣，完成质量检验。

（3）素质目标：能根据操作规范安全、细致地完成任务，遵守规则，懂得自我约束。

教学建议

1. 教师活动

（1）展示样衣或图片，总结变化裙款制图、打版和工艺制作的依据。

（2）运用多媒体课件、实例过程演示等，引导学生思考裙子结构原理，按单制作出变化裙样衣。

2. 学生活动

选取合适尺码，制作工艺单，按裙子变化原理制图，完成变化裙款的打版与制作。

一、学习问题导入

各位同学，大家好！半身裙穿着方便、形态美观，款式千变万化，是深受女性喜爱的服装品种之一。之前学习的西裙是一种比较经典的基本裙款，如果想做一些有变化的裙款又该怎么打版与制作呢？今天我们进行变化裙款的学习，请大家仔细观察图 2-18，说说这些变化裙款和经典西裙有哪些异同。

图 2-18　变化裙款实物图片

二、学习任务讲解

1. 分析变化裙款与经典西裙的异同点

变化裙款与经典西裙的异同点分析如表 2-4 所示。

表 2-4　变化裙款与经典西裙的异同点分析

异同点	经典西裙	变化裙款
款式 / 造型方面	廓形以 H 形为主，腰头、拉链、裙衩等细节上可作设计变化	裙子长短、廓形及细节都随潮流而变，长短上有超短裙、半裙、及膝裙、长裙等，廓形及细节上有 A、S、H、Y、O、X 形及百褶裙、塔裙、育克裙、八片裙等
色彩方面	常用无彩色中性色或冷色系，突显端庄稳重、大方得体的视觉效果	不同年份的流行色、流行面料、肌理粗细都可左右裙装变化，也与款式风格变化相关
材质方面	棉、毛、涤、混纺等挺括、耐磨面料为主	除棉、毛、涤、混纺外，丝、麻、锦纶、氨纶、人造纤维、复合纤维等均可，或轻薄飘逸，或厚实挺括，或滑爽悬垂，或高弹紧致，依设计风格及功能而定
结构 / 工艺方面	合体型为主，常用传统经典的装直腰头、收省、开衩等工艺	规格、结构均随款式而变，腰臀合体或宽松；设计上腰头、裙衩、拉链、真假口袋等变化较多，可涉及拼接 / 滚边 / 腰带 / 开衩等装饰工艺

2. 半身裙规格设定方法

裙子规格尺寸可根据款式、体型、样衣或穿着者需求来设定。加放松量既要考虑款式的美观程度，也要考虑人体基本活动及舒适度。比如合体的西裙，女孩子通常喜欢突显腰身纤细，所以裙子腰围松量一般设 0 ~ 2 cm；而年长女性更注重舒适度，故腰围松量一般设 2 ~ 4 cm。裙子打版与制作需要制定规格尺寸，关于人体下半身的关键部位数据测量可参考图 2-19。

（1）下身长：光脚从腰围线垂直量至脚后跟（地面）的长度。半身裙的裙长以膝盖和脚踝为关键划分点，膝盖以上称为短裙，膝盖附近称为中裙，接近脚踝为长裙。

（2）腰围：在腰部最细处水平围量一周。

（3）臀围：在臀部最宽处水平围量一周。

（4）臀高：从侧边腰围线垂直量至臀围线的长度。

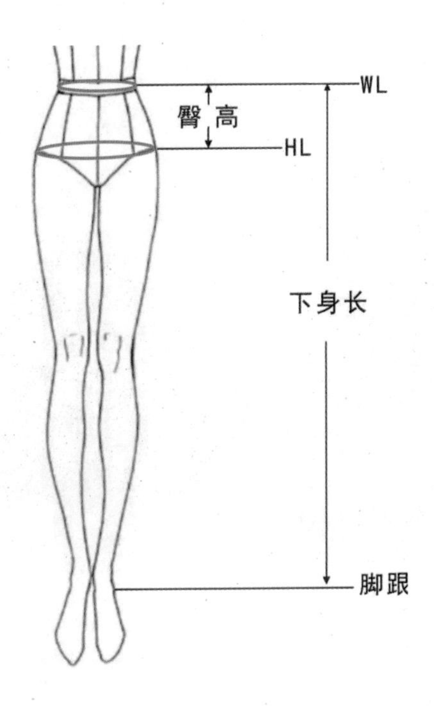

图 2-19　下身测量示意图

3. 半身裙结构变化原理

半身裙的分类可以按长短分，也可以按廓形或典型特征分。如常见的小 A 裙、斜裙（A 裙、喇叭裙）、圆裙（大摆裙）、鱼尾裙（X 形裙）、灯笼裙（O 形裙）、蛋糕裙（塔裙）、育克裙、八片裙、百褶裙等。不同类型的裙子版型看上去变化比较大，但总体来讲都可以从最经典的直筒型西裙展开做结构变化。下面我们展示的五个变化裙款，均以之前学习的 H 形经典西裙为基本型，略加变化，即可得到变化裙款的结构制图。半身裙结构变化的原理主要是省道转移，版型处理的方法主要是剪切分割、合并省道、拉伸延展。通过这些处理，可以改变省的位置、大小、数量、形态，可以把省转移到下摆、横竖分割线或褶裥中，使廓形及内部结构得以变化。

（1）小 A 裙结构处理：小 A 裙可长可短，由于下摆比臀部略大，无需开衩也不会影响行走，整体比西裙活泼一些。本款小 A 裙臀腰合体、下摆略张，在西裙结构的基础上，保留一个省道，将近中心线的省向下延伸剪开，合并省道，张大下摆，并在侧缝处增加摆量。这样处理方便快捷，既让腰臀合体，也能适量扩张下摆达到廓形的变化，如图 2-20 所示。

（2）斜裙结构处理：根据摆的大小斜裙又可称为 A 形裙、半圆裙、喇叭裙，此类裙子宜采用悬垂性好的面料，裙子自然下垂时裙摆会出现一个个波浪，走动时摇曳多姿，轻薄垂坠面料更增添飘逸动感。由于腰臀部没有省道和褶裥，下摆外张度比较大，可将腰臀省道全部转移到下摆，如需加大摆量，还可继续旋转张大底摆，如图 2-21 所示。

图 2-20　小 A 裙结构示意图

图 2-21　斜裙结构示意图

（3）育克褶裙结构处理：外观上看育克褶裙腰臀处没有省量却能非常合体，干净利落的分割线下通常可以连接大摆裙、褶裥裙，既能显现腰臀的合体造型，也不影响穿着舒适洒脱，整体风格端庄而不失活泼，学院风气息浓郁。通常采用格子混纺呢料、斜纹粗棉布或牛仔等面料。腰臀间的横向分割线又称为育克线，腰省经过合并全部将省量转移到了育克分割线上。本款式下裙片要按图确定好褶裥的位置，侧缝处适当增加摆量做成 A 形廓形，在纸样上剪开加入工字褶的量，最后重新勾勒轮廓线即可，如图 2-22 所示。

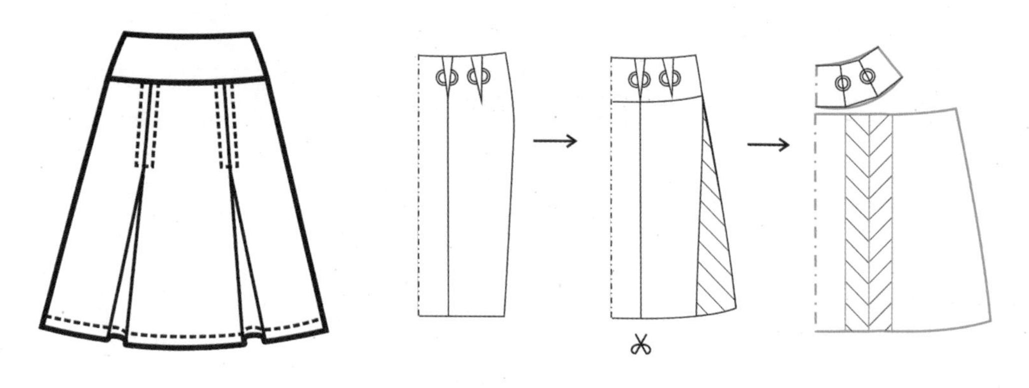
图 2-22　育克裙结构示意图

（4）郁金香裙结构处理：此款裙子用褶裥夸张臀部，与略收窄的下摆形成上大下小的反差，使外轮廓呈 Y 形或 V 形。首先在西裙基本型上按款式确定腰臀部位转省的位置以及褶裥展开线，然后合并省道将省量转移到斜向侧缝省上，再剪开拉出省线上的褶裥量，最后重新勾勒轮廓线即可，如图 2-23 所示。

（5）鱼尾裙结构处理：如图 2-24 所示，此款为六片鱼尾裙，腰臀合体，大腿部位略向内收窄后再喇叭形扩大裙摆量，使侧缝呈 S 形造型，在廓形上形成细腰、丰臀、窄腿、阔摆彼此互为衬托的体量感，使用轻薄垂坠面料，走动时更添妩媚。从西裙基本型着手做版型变化，首先应按款式定出侧缝弧线，然后将两省并为一省，将省位移到腰弧线三等分的位置，定出纵向分割线，注意下摆重叠量的设计要与款式图相符。

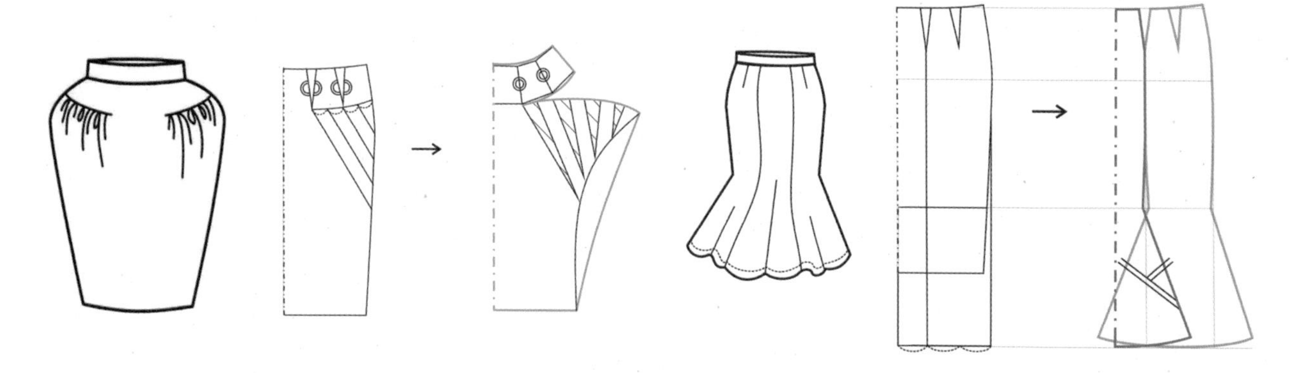
图 2-23　郁金香裙结构示意图

图 2-24　鱼尾裙结构示意图

从以上多例可以看出，利用西裙基本裙型来做版型结构变化简单易懂，但有些款式操作起来会略显繁杂。比如斜裙，其外轮廓形如扇形，我们就可以利用数学公式直接画出扇形得出结构图；再如多片裙，若各片大小形状一致，也可以不通过西裙基本型画结构图，而是直接通过腰围、臀围的等分值来画出单片裙版。

4. 实例分析变化裙款的打版与制作

（1）产品分析：本次打版与制作的任务是一个变化裙款，我们首先分析并绘制这件裙子的工艺单，如表 2-5 所示。

（2）结构制图。

①裙片：由于 8 个裙片大小形状一致，可以不通过西裙基本型画结构图，而是直接通过腰围、臀围的等分值来画出单个裙片的制图，要注意腰口、下摆略起翘，与纵向分割线成直角，使各裙片拼接处过渡圆顺；按款式图比例定出三角插片拼接点的位置。

表 2-5　多片裙工艺单

服装工艺单		
品牌		正面款式图　背面款式图
款号	2022E-002	
季节	春季	
款式名称	插角多片裙	
工位号		
交货日期		

1. 款式特征

（1）腰头：装直腰头 A 形插角多片裙，无里，右腰头一粒扣。

（2）拉链：右侧装隐形拉链至腰头止。

（3）裙身：左右对称，前后身均匀纵向分割共八片，裙摆呈伞状，每片纵向分割线的下半截均拼接入一块形如三角的插片。

（4）底摆：窄卷边缝缉明线。

2. 成衣规格表（单位：cm）

号型	裙长	腰围	臀围	腰宽	臀高
160/66A	50	66	92	17	3

注：服装松量设计以合体美观为前提，需符合人体运动机能性与舒适度，未标注尺寸的部位可根据款式图自行设计。

3. 工艺技术要求

（1）针距要求：平缝 14 ~ 17 针 /3 cm。

（2）腰头：装连裁直腰头，正面缉漏落缝，搭门锁眼，下层钉扣一粒。

（3）裙身：纵向分割线要锁边，裙身各裁片拼接后均要分缝烫开。

（4）拉链：右侧绱隐形拉链至装腰线止。

（5）下摆：卷边缝压 0.4 cm 明线。

4. 面料、辅料说明

（1）面料：水洗棉。

（2）辅料：粘合衬、牵条衬、隐形拉链、树脂扣、缝纫线。

②三角插片：以插片拼接缝长度为半径，画出弧长 8 cm 的扇形。

③腰头：本例为连裁直腰头，可参考任务一中西裙腰头的制图，如图 2-25 所示。

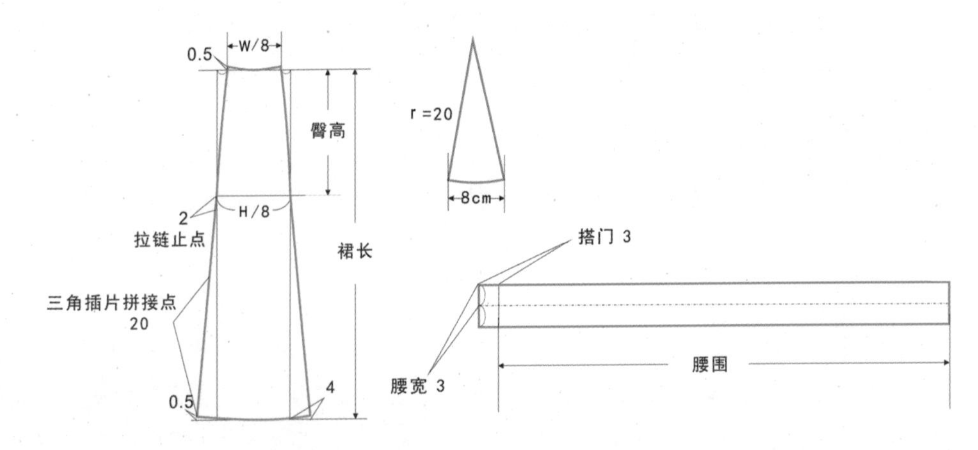

图 2-25　插角多片裙结构制图示意图

（3）打版。

面布样板：本款插角多片裙共 3 个面布样板，包括裙片、三角插片和腰头，均采用统一布料。本例绿色实线部分表示净样，黑色虚线表示毛样，各裁片各边加放缝份均是 1 cm，如图 2-26 所示。

（4）工艺分析。

①工艺流程：检查裁片、做标记→粘衬、锁边→分别拼合前后各裙片至插角剪口处→拼侧缝（留出拉链口）→拼装三角插片→分烫各拼缝→绱隐形拉链→做底摆→做装直腰头→锁眼、钉扣、整烫。

②工艺重难点。

A. 拼装三角插片：三角插片是拼接在两个裙片之间的，先按标记把两裙片拼合，止点要倒针封牢；拼装插片要注意对齐三个转角点，缝份均匀顺直不拉不拽。缝头分烫后再拼会更加容易理顺，如图 2-27 所示。

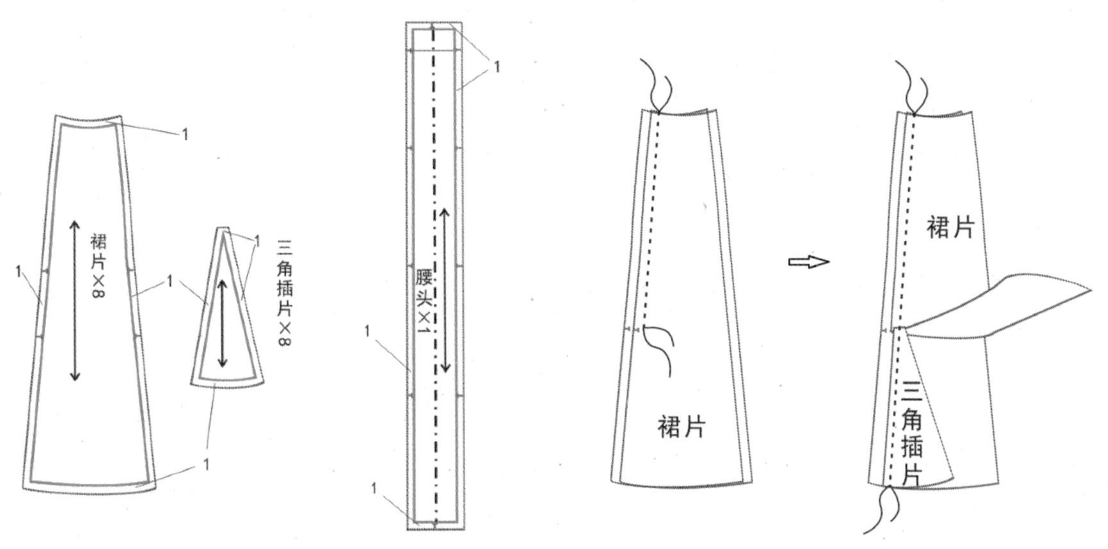

图 2-26　插角多片裙样板放缝示意图　　图 2-27　裙片与三角插片拼装示意图

B. 隐形拉链安装：裙子侧缝拉链口先粘好牵条衬，与拉链一起做好对位标记→换单边压脚或隐形压脚，拉开拉链，将拉链左右两边与侧缝两边缝份分别按对位标记固定好→把隐形拉链充分打开，从拉链上口起针缉至拉链止点，缝份均匀、不拉不拽（可参考项目二中任务三绱拉链的步骤图片）。

C. 做底摆：裙子底摆弧度较大，卷边缝宜窄不宜宽，1 cm 折双折压 0.4 cm 明线，或者换卷边压脚直接卷缉。

三、学习任务小结

通过本次任务的学习，同学们了解了半身裙的款式变化规律及结构变化原理，通过一款变化裙款打版与制作的实样练习，加深对裙子结构与工艺变化的认知。插角多片裙的拼合、底摆的处理、隐形拉链安装均与前一个任务西裙不一样，需要大家细心观察样衣，认真思考，耐心细致完成变化裙款打版与制作的作业。操作时一定要注意安全与规范，养成良好的习惯。

四、课后作业

（1）每位同学选取合适尺码，绘制工艺单，完成变化裙款全套样板制作并复核。

（2）每位同学按要求准备好变化裙制作的面辅材料，根据已复核的样板排料裁剪，并完成样衣缝制及成品质量检验。

（3）每组收集各成员变化裙打版制作的过程和成果照片，制作成 PPT，现场展示分享，并总结及点评。

育克褶裙打版与制作

教学目标

（1）专业能力：了解育克褶裙制版、工艺依据，掌握制版和制作流程、各步骤要求和方法。

（2）社会能力：引导学生爱岗敬业，树立安全意识及遵守专业操作规范。

（3）方法能力：培养识图看表和语言表达的能力。根据岗位要求填表制图，总结经验并进行反思。

学习目标

（1）知识目标：能识图看单，说出育克褶裙打版与制作的流程、各步骤的要求和方法。

（2）技能目标：能分析育克褶裙产品信息，填制工艺单，完整制作出样衣并进行质量检验。

（3）素质目标：能根据操作规范安全、细致地完成任务，遵守规则，有自我约束能力。

教学建议

1. 教师活动

（1）展示样衣及图片，引导学生找出育克褶裙制图、打版和工艺制作的依据。

（2）运用多媒体课件、实例过程演示引导学生思考育克褶裙打版与制作流程、要求和方法。

2. 学生活动

选取合适尺码，按工艺单要求完整制作出育克褶裙样衣并进行质量检验。

一、学习问题导入

各位同学，大家好！在前面的学习中我们了解到裙子的款式、材质、结构和工艺都可以成为打版与制作的依据，裙子结构变化也是有规律可寻的。在裙子结构设计中比较常见的是横向和纵向分割线变化，横向分割一般在腰臀部位的称为育克褶裙。育克褶裙变化非常丰富，裙身加入各种褶裥可使设计感倍增。观察图 2-28，说说这几款育克褶裙各有什么特点。

图 2-28　育克褶裙实物图片

二、学习任务讲解

1. 产品分析

本次打版与制作的任务是一款育克褶裙，我们首先分析并绘制这件育克褶裙的工艺单，如表 2-6 所示。

2. 育克褶裙制图

（1）育克及面裙制图：如图 2-29 所示。

①定廓形基础线：按表 2-6 规格及图 2-2 西裙框架制图步骤完成本款前后身框架线→定腰围与省大→定侧缝起翘量→画腰臀之间侧缝线→画腰口弧线（后中腰口低落 0.5 ~ 1 cm）→定下摆张量，画顺侧缝→定侧缝下摆翘量，画顺下摆→定省道（本款省长按育克宽度定）。

②定内部结构线：按款式定育克宽度，画出育克线→合并省道，将省量转移到育克线臀侧→定裙片褶量，中心线平行外移加入褶量。

③画顺轮廓：画顺腰口弧线、育克线→用彩色粗线勾勒前、后育克片及前、后裙片。

（2）腰贴及里裙制图：如图 2-30 所示。

①定廓形基础线：拷贝面料前后身基础线（上平线、臀围线、下平线、中心线、腰口弧线、侧缝弧线、底摆弧线、省道线）→定里裙长度及底摆弧线（与面裙底摆弧线平行）→定里裙下摆张量，画顺侧缝。

②定内部结构线：定贴边宽，与腰口线平行画顺贴边线→根据贴边线调整省长→合并省道，将省量转移到贴边线臀侧→定里裙片褶裥量，中心线平行外移加入褶裥量，定裥位。

③画顺轮廓：画顺贴边腰口弧线及下口线→用彩色粗线勾勒前、后贴边及前、后里裙片。

表 2-6　育克褶裙工艺单

服装工艺单		
品牌		正面款式图　背面款式图
款号	2022E-003	
季节	春季	
款式名称	育克褶裙	
工位号		
交货日期		

1. 款式特征

（1）裙腰：无腰头，内层有里裙和贴边，右侧缝装隐形拉链。

（2）裙身：A 形轮廓，腰臀合体无省，有横向育克分割线，分割线下裙片抽碎褶；前后裙身款式一致，里裙比面裙略短。

（3）底摆：折边压单明线。

2. 成衣规格表（单位：cm）

号型	裙长	腰围	臀围	臀高
160/66A	50	68	92	17

注：未标注尺寸的部位可根据款式图自行设计尺寸。

3. 工艺技术要求

（1）针距要求：平缝 14 ~ 17 针 /3 cm。

（2）裙腰：贴边粘衬，与面裙拼接之后腰口内压 0.1 cm 明线；隐形拉链夹在面、里裙之间。

（3）裙身：裙身碎褶要均匀，育克拼接后缝份倒向育克部分熨烫，不压明线；里裙前后片左右倒褶各 2 个，拼接贴边后缝份倒向里裙熨烫，不压明线。

（4）底摆：折双折压 1.5 cm 明线。

4. 面料、辅料说明

（1）面料：斜纹涤棉面料。

（2）辅料：配色里料、衬料、配色隐形拉链及缝纫线。

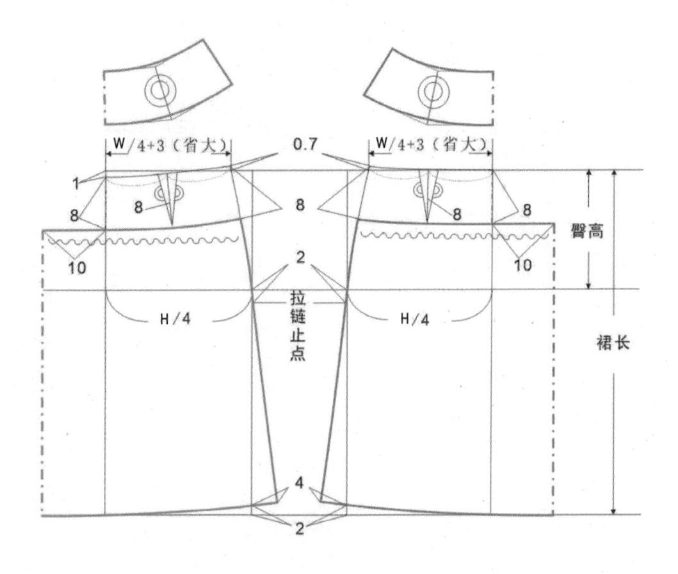

图 2-29　前后裙片及育克片制图示意图

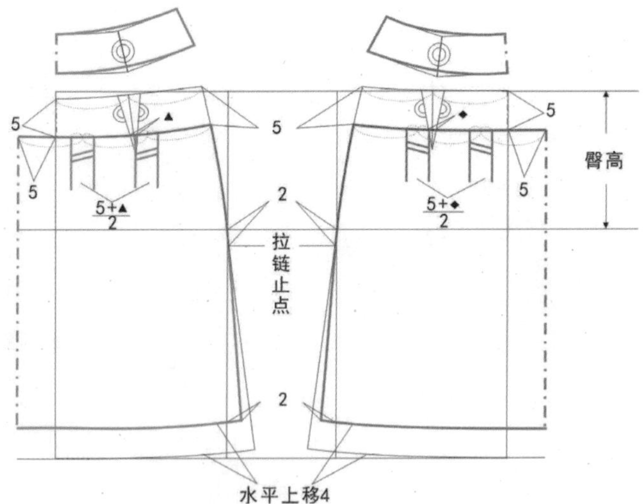

图 2-30　前后腰贴及里裙片制图示意图

3. 育克褶裙样板制作与复核

（1）裁剪样板：本例彩色实线表示净样轮廓，虚线表示毛样。

①面布样板：如图 2-31 所示，本款育克褶裙共 6 个面布样板，均采用统一面料。

②里布样板：如图 2-32 所示，本款育克褶裙共 2 个里布样板，均采用统一里料。

③衬料样板：图 2-33 所示阴影部分表示衬料样板。本款式共 2 个衬料样板，均采用统一有纺衬。

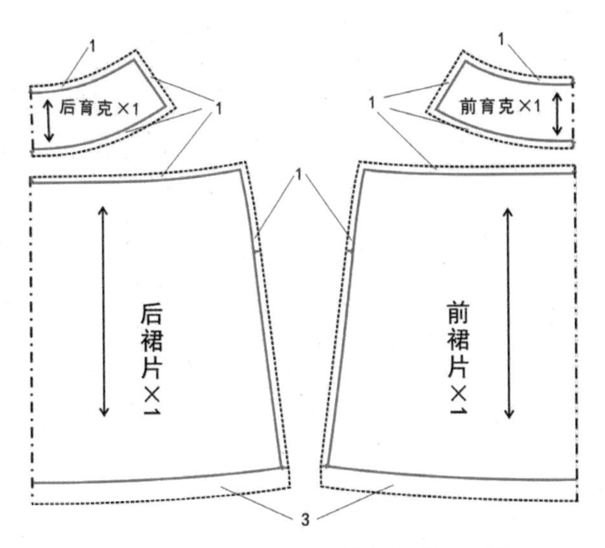

图 2-31　育克褶裙面料样板放缝示意图

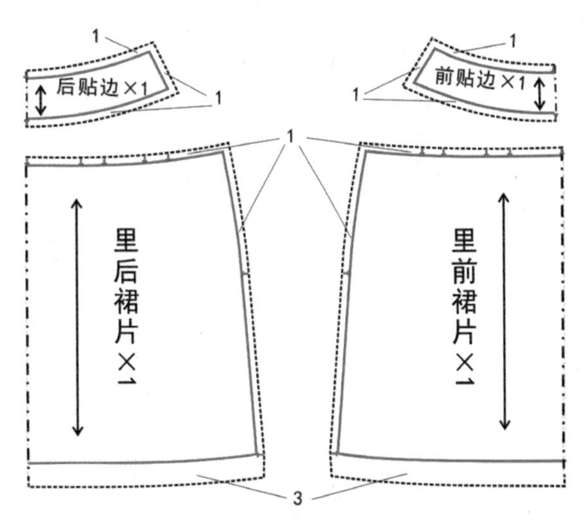

图 2-32　育克褶裙里料样板放缝示意图

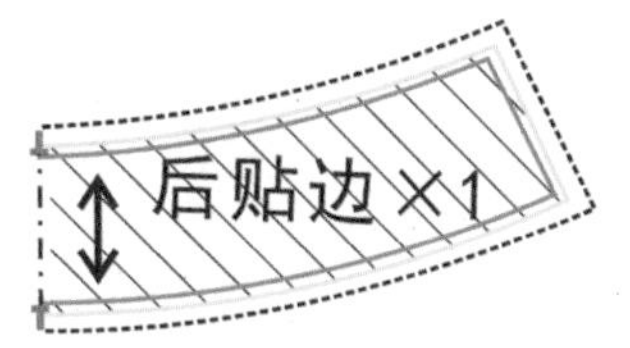

图 2-33　育克褶裙衬料样板示意图

（2）工艺样板：本例画线净样板为前、后贴边。

（3）样板复核。

①数量：检查各种样板数量与要求是否相符；检查标记及文字说明是否齐全。

②规格尺寸：检查放缝量是否合适；检查裙子相拼的前后侧缝是否等长；检查育克、贴边腰口长度是否等长，和腰围成品规格是否相符；注意观察各处剪口位是否一一对齐。

③线条轮廓：检查前育克、后育克和前、后贴边弧线轮廓是否圆顺；所有样板线条是否清晰顺直。

4. 育克褶裙备料

（1）面料：斜纹涤棉面料，门幅 144 cm，本款式最少用料长度 = 裙长 ×2。

（2）里布：里子绸，门幅 144 cm，本款式最少用料长度 = 裙长 +5。

（3）衬料：有纺粘合衬，门幅 90 cm，长约 30 cm；拉链口牵条衬若干。

（4）隐形拉链：长 20 cm，与面料同色尼龙拉链一条。

（5）缝纫线：与面料同色涤棉宝塔线一个。

5. 育克褶裙排料裁剪

（1）检验：纸样、布料检验。

（2）铺布、排料划样：本款式采用双层双向对折铺料法。如图 2-34 所示，布料正面在内、反面外露，两布边平行且均置于上层，各裁剪样板的连裁线正好置于布料上下对折线上，裁剪时注意不能把连裁线剪开。

（3）裁剪、捆扎：按裁剪原则开裁，一般先裁面布，再裁里布、衬料等。注意及时做好正反面标记，分类捆扎。

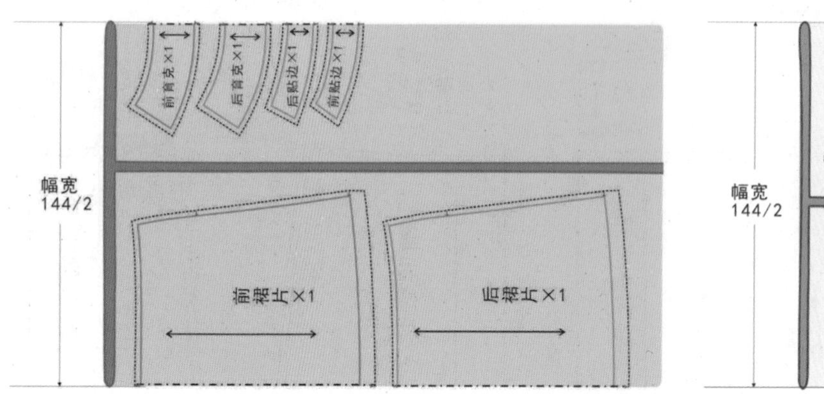

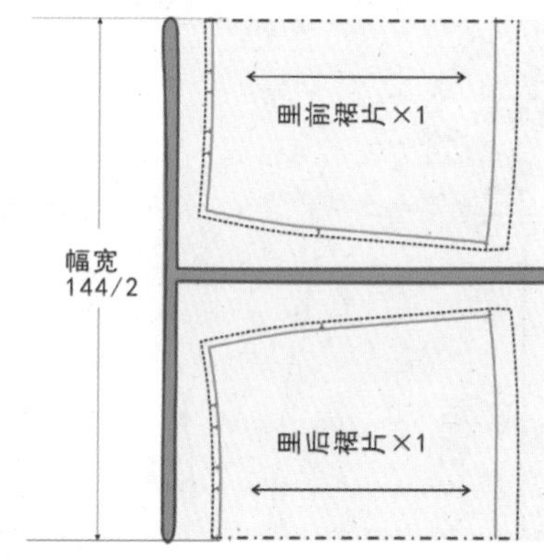

图 2-34　育克褶裙面布、里布排料示意图

6. 育克褶裙工艺流程分析

检查裁片→粘衬、锁边→做面裙片褶裥→拼合育克分割线→合面裙侧缝（右侧留出拉链口）→做面裙下摆→固定里裙片褶裥→拼合贴边与里裙→合里裙侧缝（留出拉链口）→做里裙下摆→绱无腰裙腰口→绱隐形拉链→固定贴边腰口份→拉线袢（手工针）→整烫。

7. 育克褶裙缝制

（1）检查裁片：数量准确，内部干净，轮廓整齐，标记齐全。

（2）粘衬、锁边：前后贴边粘有纺衬，各拉链口粘牵条衬，各侧缝锁边，如图 2-35 所示。

（3）做面裙片褶裥：调大针距，距裙片上口 0.8 cm 车缝一行明线，头尾不倒针，手拉底线抽褶至与育克缝等长，两端打结固定，也可以用抽碎褶压脚直接抽褶，如图 2-36 所示。

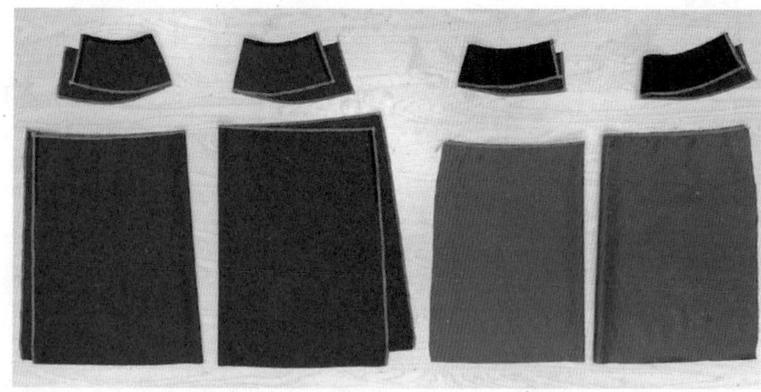
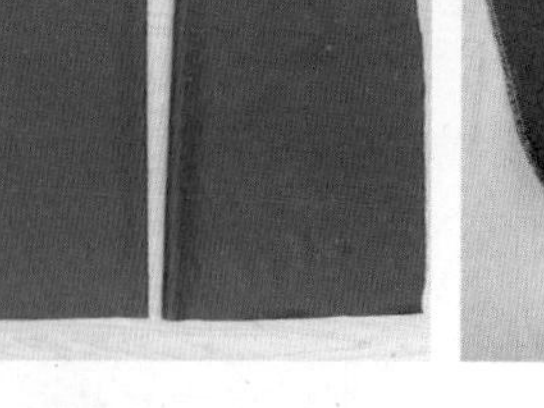

图 2-35　粘衬及锁边示意图

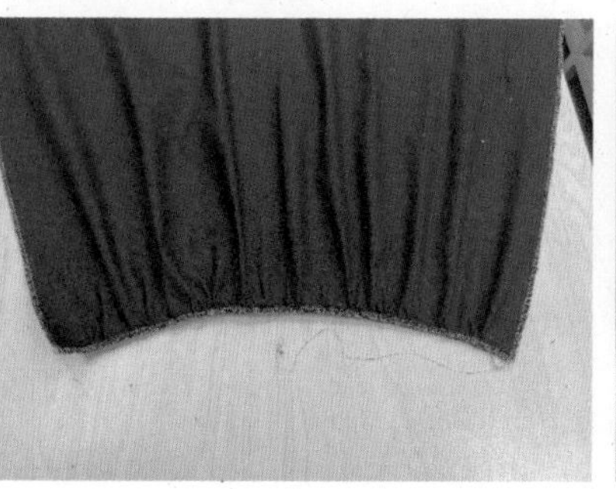
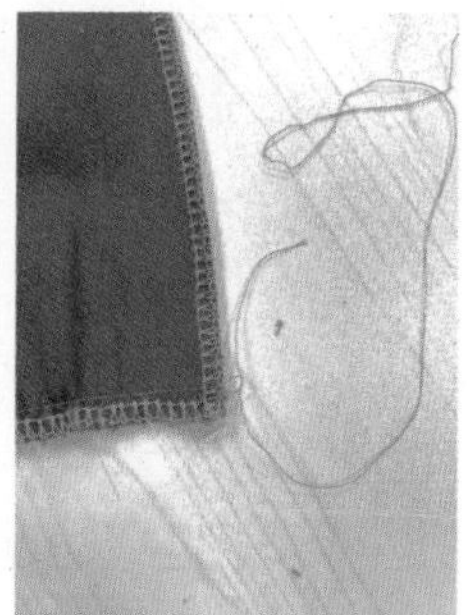

图 2-36　做面裙片褶裥示意图

（4）拼合育克分割线：对齐标记拼接育克与面裙片，双层锁边，缝份倒向育克片熨烫，按标记折烫下摆，如图 2-37 所示。

（5）合面裙侧缝：对齐标记拼接前后侧缝，右侧留出拉链口不拼，分烫，如图 2-38 所示。

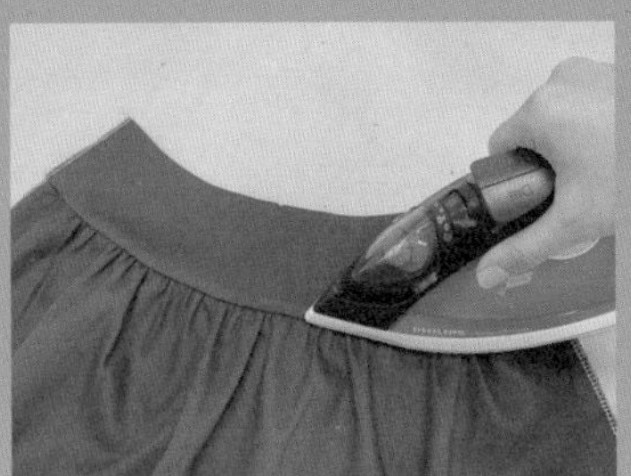
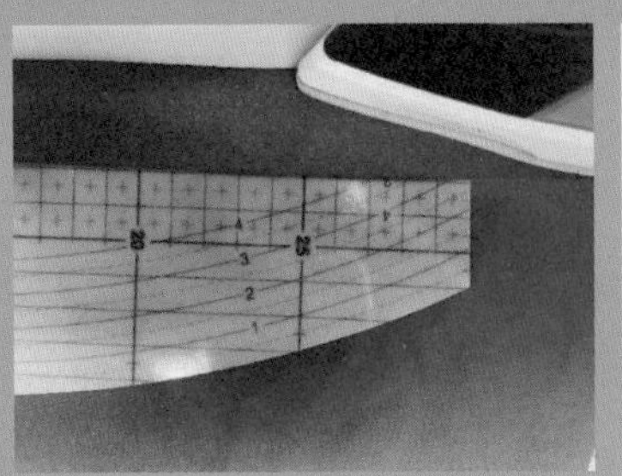

图 2-37　拼合育克分割线示意图

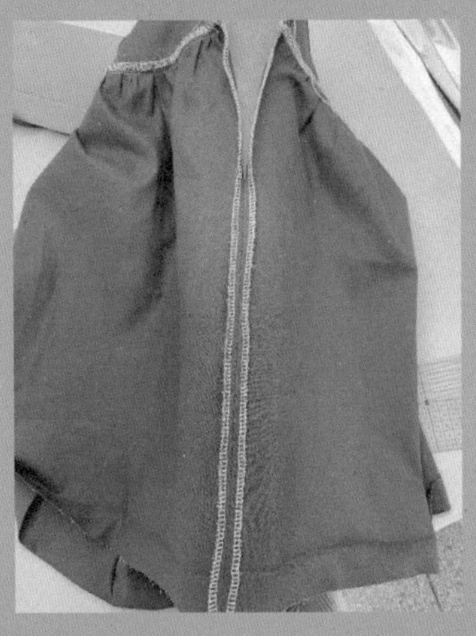

图 2-38　合面裙侧缝示意图

（6）做面裙下摆：折双折朝反面扣烫下摆缝份，车缝 1.5 cm 明线并熨烫，平顺不起涟，如图 2-39 所示。

（7）固定里裙片褶裥、拼合贴边与里裙：固定里裙褶裥，拼合贴边与里裙，锁边，倒缝烫，下摆折烫，如图 2-40 所示。

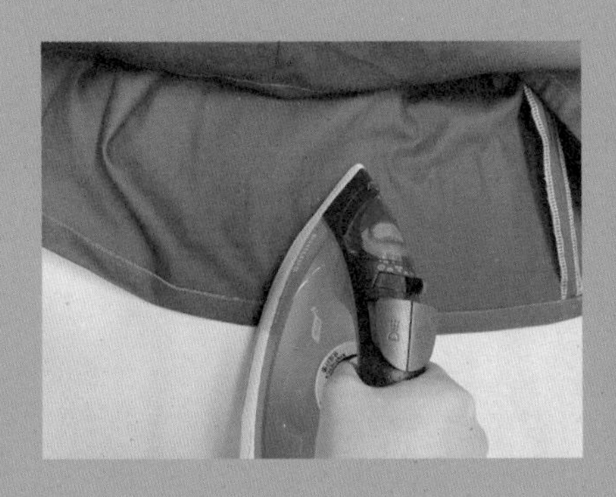
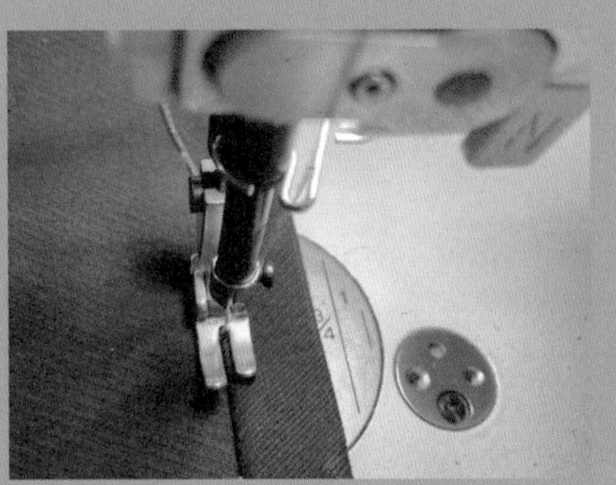

图 2-39　做面裙下摆示意图

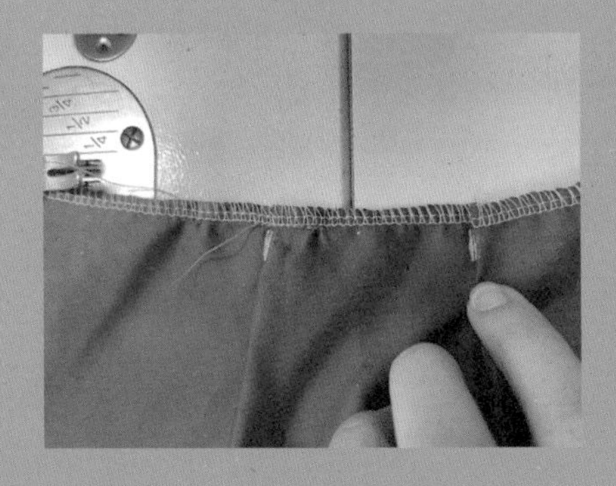

图 2-40　固定里裙片褶裥、拼合贴边与里裙示意图

（8）合里裙侧缝、做下摆：前后里裙侧缝按标记对齐拼合，右侧留出拉链口，头尾倒针，分烫；按标记折烫里裙下摆，方法同面裙下摆，缉明线 1.5 cm，压烫平整。具体如图 2-41 所示。

（9）绱无腰裙腰口：前后贴边腰口线距侧缝 5 cm 处做标记， 里裙套面裙按腰口缝份拼合，各标记点分别对齐；腰头缝份往里裙扣烫，翻正后贴边吃进 0.1 cm 熨烫。具体如图 2-42 所示。

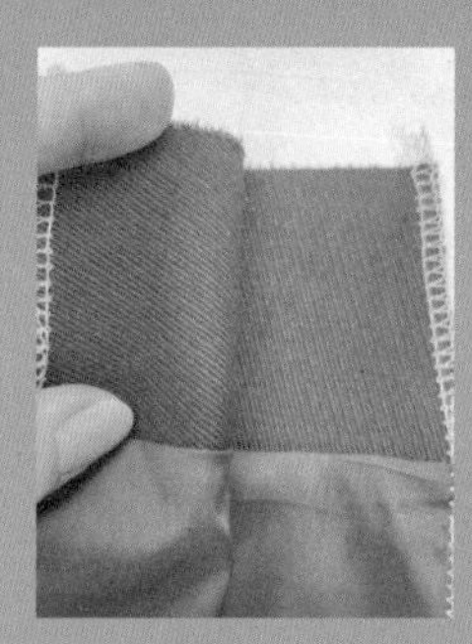
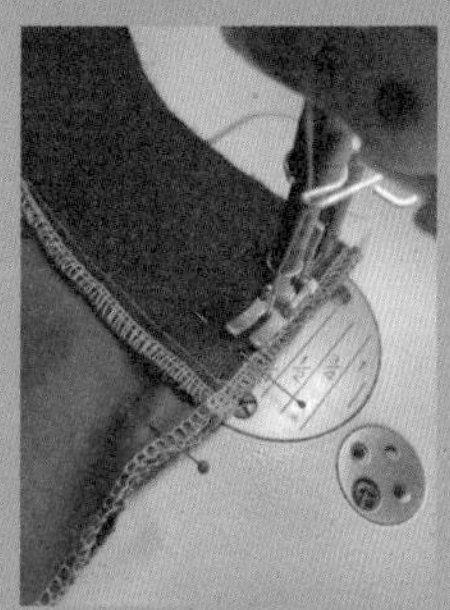

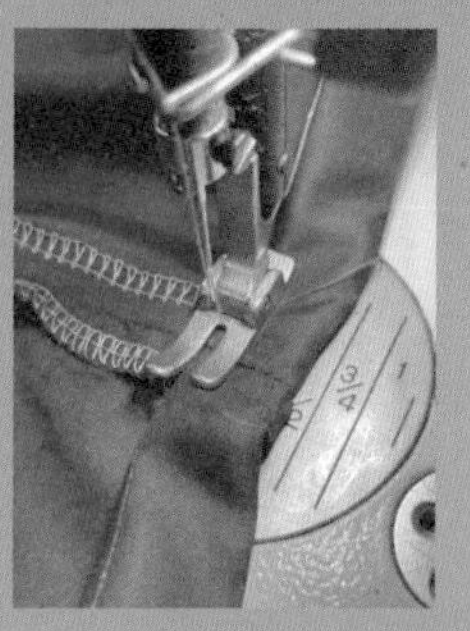

图 2-41　合里裙侧缝、做下摆示意图

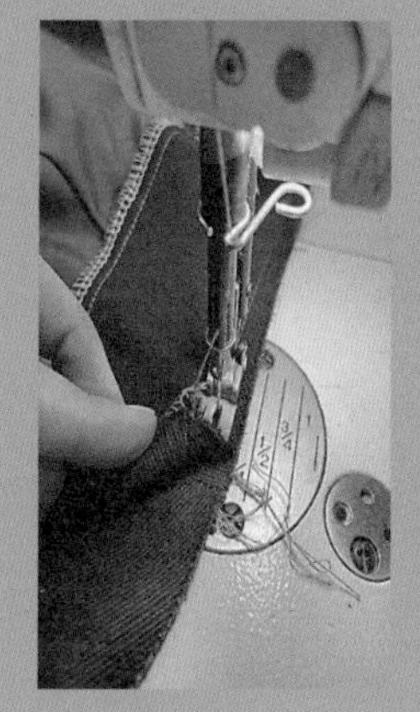
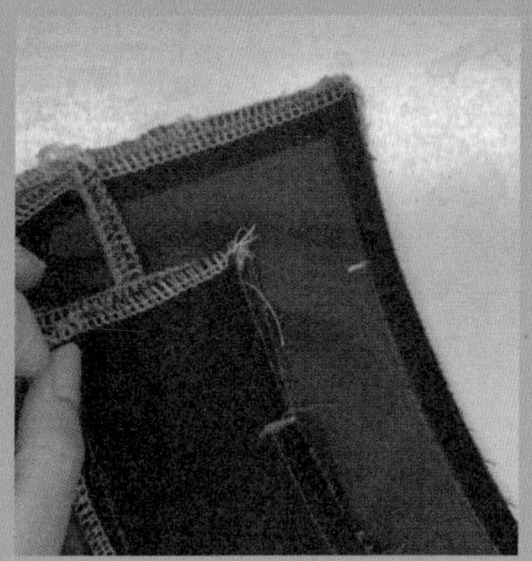
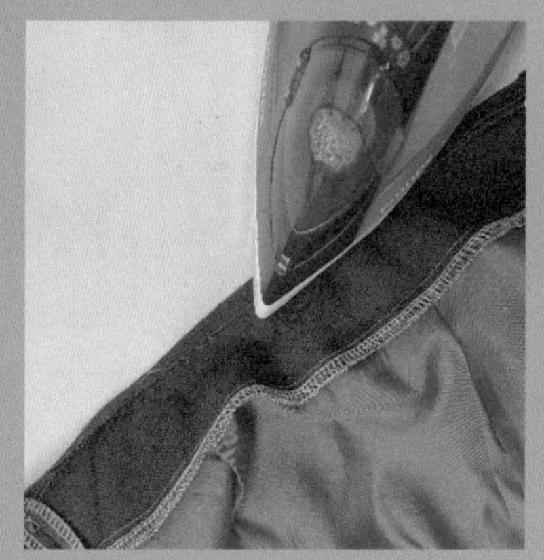

图 2-42　绱无腰裙腰口示意图

（10）绱隐形拉链：如图 2-43 所示。

①更换单边压脚，拉链与裙子侧缝上、中、下做好对应标记，把拉链头拉到底端固定好，拉链两边与面裙两边侧缝分别拼合，不拉不拽，各标记点不错位；先绱面裙再绱里裙拉链。

②封腰口，反面将侧缝与拉链缝份 1 cm 折向贴边，按腰口净线车缝至标记 5 cm 处封口。

③两边车缝好后折边熨烫，缝份翻折下来倒向贴边，缉封拉链尾部，修剪拉链头尾余量。

④翻正裙身，将拉链从底部抽拉上来，检查拉链开闭是否流畅平顺，不起涟不扭曲。

（11）固定贴边腰口缝份、拉线袢：腰口缝份倒向贴边，翻至贴边正面压 0.1 cm 明线固定贴边腰口，起止点距离拉链 3 ~ 4 cm；面里裙内侧缝手工拉线袢约 5 cm 固定。具体如图 2-44 所示。

（12）整烫：把裙子置于吸风烫台上，调好熨斗温度，将蒸汽打开整烫。先烫反面拼接缝、里裙、贴边，然后翻至正面整理好裙身碎褶，熨烫前后育克、腰口及下摆。

8. 育克褶裙质量检验及成品展示

（1）成品规格检验：平铺测量各部位成品规格，与工艺单规格表及表 2-7 相对照，检验各部位规格尺寸是否在公差范围内，如图 2-45 所示。

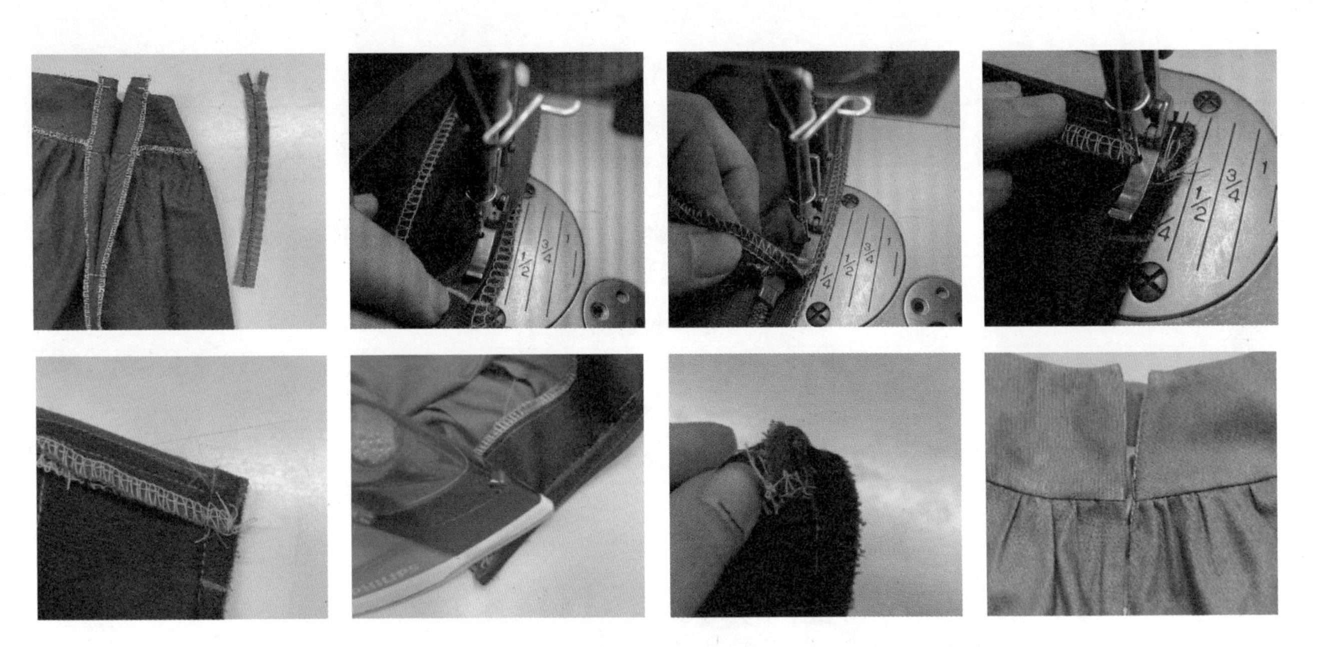

图 2-43　绱隐形拉链示意图

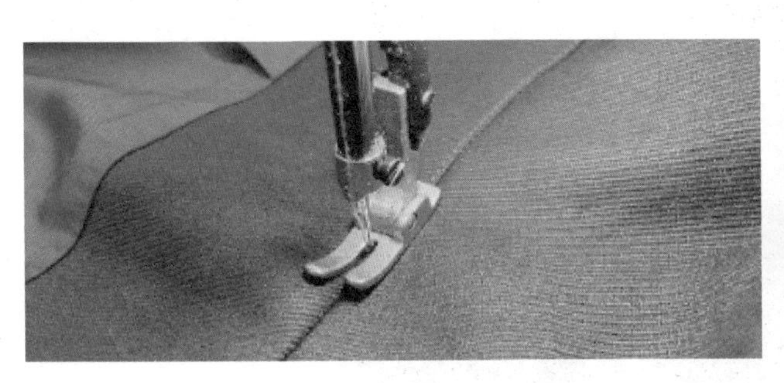

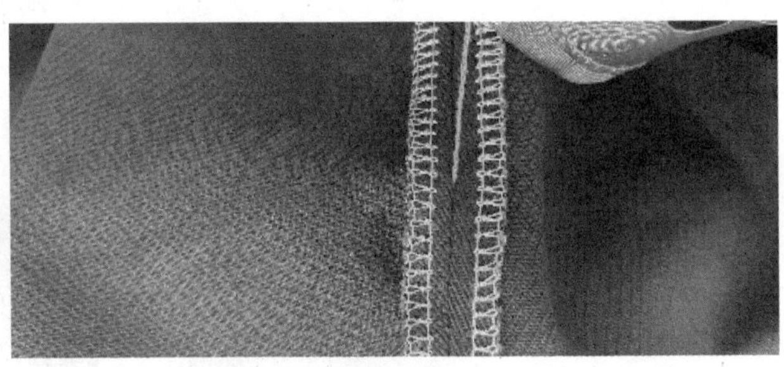

图 2-44　固定贴边腰口缝份、拉线袢示意图

表 2-7　育克褶裙成品规格公差范围参照表

序号	部位	成品测量方式	公差范围	
1	裙长	平铺裙子，沿前身中间位置的裙腰垂直量至裙摆处	±1.0 cm	5•2 系列（短裙）
2	腰围	沿腰口弧线，从左侧缝腰口量至右侧（周围计算）	±1.0cm	
3	臀围	平铺裙子不展开褶裥，腰下约 17 cm 沿臀部最宽处水平测量（周围计算）	±1.0 cm	

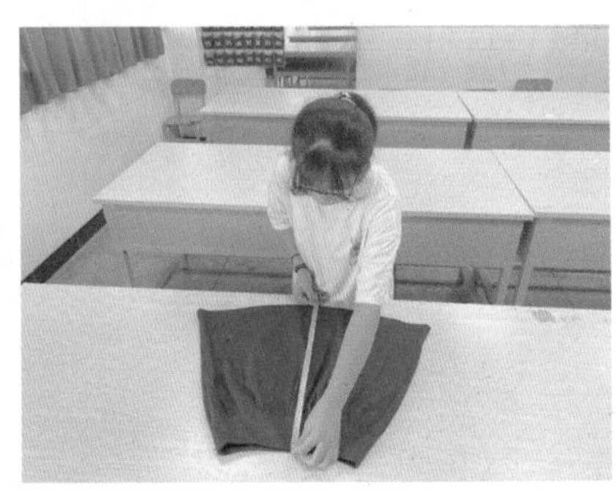

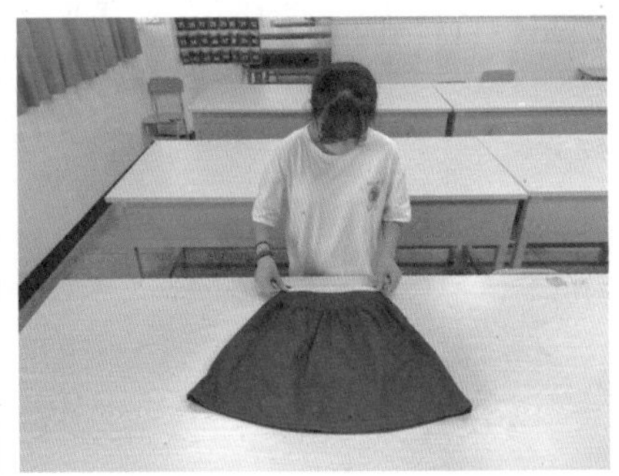

图 2-45　育克褶裙成品测量示意图

（2）外观质量检验：对照表 2-8 从各个角度观察并检验育克褶裙成品的外观质量，如图 2-46 所示。

表 2-8　育克褶裙外观质量检验标准参照表

序号	部位	外观质量检验标准
1	腰部	腰口平服不变形，贴边不外露
2	育克	拼接处圆顺，左右对称，侧缝处高低一致
3	裙身	裙身抽褶均匀
4	拉链	拉锁牙不外露，外观平服
5	下摆	明线直顺、宽窄一致，里裙不外露，线绊长短适中
6	线迹	缝子直顺平服，不跳针、不断线
7	整体	产品整洁，与工艺单要求一致，无烫黄、剪破、脏粉、丢活等现象

图 2-46　育克褶裙成品展示及外观检验示意图

三、学习任务小结

通过本次任务的学习，同学们已经初步了解了育克褶裙的款式、结构以及工艺特点，并对其打版和制作的流程、步骤及方法有了一定的了解。通过观察育克褶裙的工艺单、成品样衣和老师的实例操作示范，大家对育克褶裙打版和制作应该有了更深层次的理解。课后仍需要认真完成育克褶裙打版与制作的作业，运用安全与规范操作的方式方法，严格按工艺单要求，将作品完整制作出来，在一体化的学习过程中培养同学们严谨、规范、细致、耐心的专业精神。

四、课后作业

（1）每位同学选取合适尺码，根据工艺单要求，完成育克褶裙全套样板制作并复核。

（2）每位同学按要求准备好育克褶裙制作的面辅材料，根据已复核的样板排料裁剪，并完成样衣缝制及成品质量检验。

（3）每组收集各成员育克褶裙打版和制作的过程和成果照片，制作成 PPT，现场展示分享，并总结及点评。

项目三

裤子打版与制作

学习任务一　男西裤打版与制作

学习任务二　女式时装裤打版与工艺分析

学习任务三　牛仔裤打版与制作

男西裤打版与制作

教学目标

（1）专业能力：了解男西裤打版和制作的依据；掌握男西裤打版与制作流程、要求和方法。

（2）社会能力：引导学生遵守岗位职责，树立安全意识，掌握安全和规范操作的方式方法。

（3）方法能力：培养识图看表、语言表达和填表画图的能力，以及观察思考和总结反思的能力。

学习目标

（1）知识目标：能说出男西裤打版和制作的依据，了解男西裤打版与制作的流程、要求和方法。

（2）技能目标：能分析男西裤产品信息，制作工艺单，并制作出男西裤样衣，完成质量检验。

（3）素质目标：会使用安全和规范操作的方式方法，知道严谨规范、细致耐心的重要性。

教学建议

1. 教师活动

（1）教师展示男西裤工艺单及样衣，引导学生找出制图、打版和工艺制作的依据。

（2）运用多媒体、实例演示等讲授男西裤打版与制作流程、要求和方法，引导学生制作样衣。

2. 学生活动

（1）观察工艺单及样衣，思考并回答教师的提问。

（2）制作自己的男西裤工艺单，按打版与制作流程制作 1:1 样衣并进行质量检验。

一、学习问题导入

各位同学，大家好！今天我们开始学习男西裤的打版与制作。通过前面裙子项目的学习，我们已经知道，在开始一件服装产品的打版与制作之前，必须先了解清楚产品的款式、面料、结构及工艺，这些是打版与制作的依据。男西裤是什么样子的呢？男西裤款式变化不大，但也不只有一个样子。仔细观察图 3-1 几款男西裤，你能说出它们之间的异同点吗？

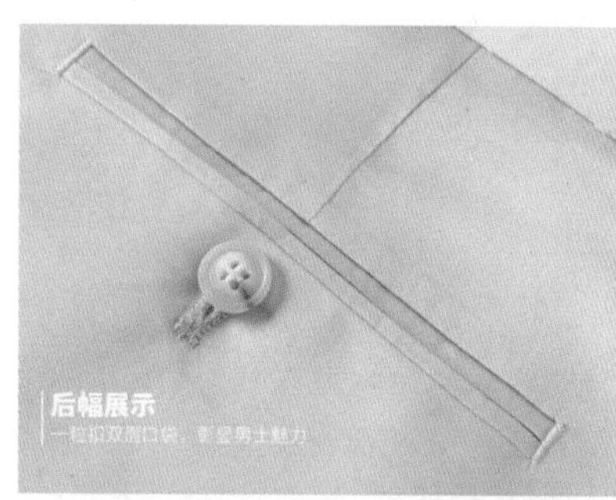

【后袋展示】

图 3-1　男西裤实物图片

二、学习任务讲解

1. 产品分析

本次打版与制作的任务是一款经典男西裤，我们首先分析并绘制这件男西裤的工艺单，如表 3-1 所示。

表 3-1 所示工艺单描述了这款男西裤的款式特征，确定了结构处理方式和规格尺寸，厘清了工艺要点及要求，明确了各部位面辅材料品类。现在我们依据这张工艺单开始制图。

2. 男西裤制图

（1）框架制图：如图 3-2、图 3-3 所示。

①横向水平线：定前侧缝辅助线。

②纵向垂直线：五线定长，按下图尺寸标注依次画出下平线（脚口）→上平线（腰口）→横裆线（裆底）→臀围线→膝围线（中裆线）。

③定宽。

前片：前臀围取 H/4-1，定前裆缝辅助线→前小裆宽取 0.4H/10，定前裆底点→前横裆大取 2 等分，定前裤中线，与下平线垂直交于上、下平线。

后片：距前裆底点约 50 cm 定后侧缝辅助线→后臀围取 H/4+1，定后裆缝辅助线→ 15:3 定后裆缝斜度线，两端延长至横裆线、上平线→后大裆宽取 H/10，定后裆底点→后横裆大取 2 等分，定后裤中线，与下平线垂直交于上、下平线。

表 3-1　男西裤工艺单

服装工艺单		
品牌	GHL	正面款式图　背面款式图
款号	2022F-001	
季节	夏季	
款式名称	男西裤	
工位号		
交货日期		

1. 款式特征

（1）裤头、拉链：经典男西裤装腰头，左右裤耳各 3 只，前门里襟装拉链。

（2）裤片：前后裤片烫裤中线，前腰口左右各收反裥一个，侧缝斜插袋左右各一，且袋口有装饰明线；后裤片左右腰口各收省一个，省下双嵌线挖袋左右各一。

（3）裤脚口：平脚口，挑边。

2. 成衣规格表（单位：cm）

号型	裤长	腰围	臀围	上裆	脚口	腰宽	裤耳长 / 宽	前袋大	后袋大
170/78A	103	80	100	28	44	3.5	5.5/1	15.5	13.5

注：一般男西裤腰围松量 2 ~ 3 cm，臀围松量 8 ~ 12cm，上裆（立裆）=H/4+2 ~ 3 或直接测得。本例裤长规格含腰头宽，从腰头顶沿侧缝垂直量至脚踝下 2 cm 而得。

3. 工艺技术要求

（1）针距要求：平缝 14 ~ 17 针 /3 cm。

（2）裤头、门里襟拉链：腰面、腰里衬搭缉 0.1 cm 拼合；门里襟装西裤拉链，门襟车 3.5 cm 弯刀明线，里襟车 0.1 cm 明线；里襟里上包腰头下包裆底，鸡嘴里襟锁眼一只，门襟腰里钉扣一粒，装四件钩扣。

（3）前袋：侧缝斜插袋，正面袋口车 0.5 cm 装饰明线，袋底来去缝车 0.4/0.6 cm。

（4）后袋：上下 0.5 cm 双嵌线挖袋，正面不露明线，反面袋布外口包滚边条车 0.6 cm 明线。

（5）侧缝、裆缝：锁边、分缝烫。

（6）脚口：脚口锁边，折边挑三角针，单线 5 ~ 6 针 /3 cm。

4. 面料、辅料说明

（1）面料：梭织混纺无弹斜纹布。

（2）辅料：梭织白色涤棉布（袋布、里襟里）、西裤腰里、滚边条、树脂腰衬、软布衬、无纺衬、直丝牵条衬、双面衬、闭尾西裤链、四件钩扣、树脂纽扣、面料缝纫线、里料缝纫线。

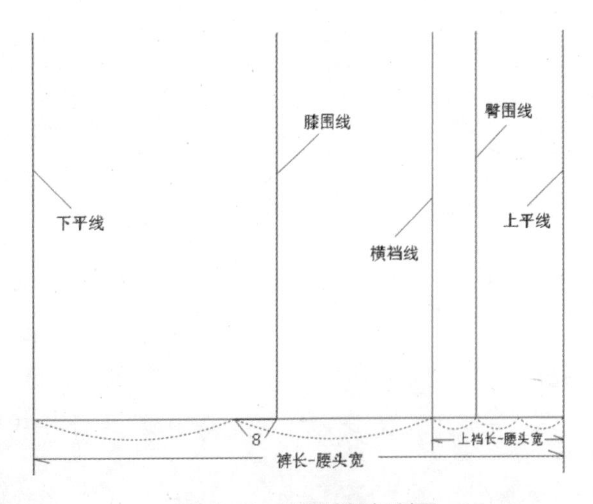

图 3-2　男西裤框架制图一

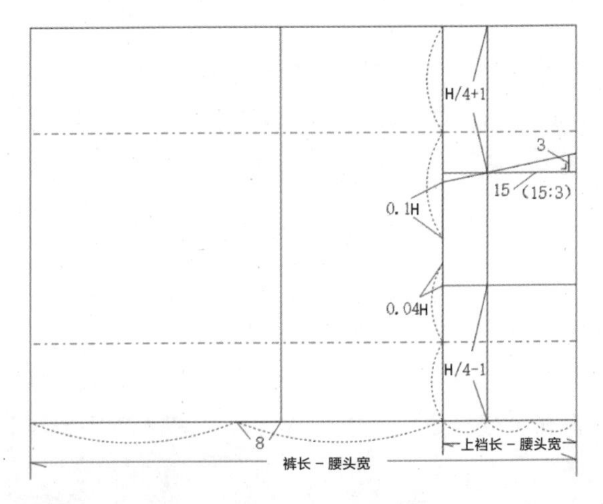

图 3-3　男西裤框架制图二

（2）轮廓制图：如图 3-4 所示。

①前裤片：定脚口两端点→定中裆两端点→定腰口两端点→定小裆弯辅助点→连接侧缝、下裆缝辅助线→画顺前片轮廓线（下裆缝、前小裆缝、腰口线、侧缝线、脚口线）→定内部结构线（前袋口线及袋口端点、褶位线）。

注：脚口、中裆两端点均分别以裤中线为对称轴左右对称；腰口褶量 + 侧缝劈势（1 cm）+ 前小裆劈势（0.5 cm）=（H-W）/4，劈势可根据款式、体型等因素适量加减。

②后裤片：定脚口两端点→定中裆两端点→定后翘及侧缝腰口劈势→定大裆弯辅助点→连接侧缝、下裆缝辅助线→画顺后片轮廓线（下裆缝、后大裆缝、腰口线、侧缝线、脚口线）→调整后裆底点及后大裆缝→定内部结构线（后袋口线及袋口两端点、省位线）。

注：后腰口弧线画好后，需实际测量，W/4+1+ 省 = 后腰口弧长；后裆缝斜度、后翘量及侧缝劈势与款式、体型等因素有关，侧缝劈势一般控制在 ±1 cm 左右；后裆底点需略微降低，使得前、后下裆缝等长。

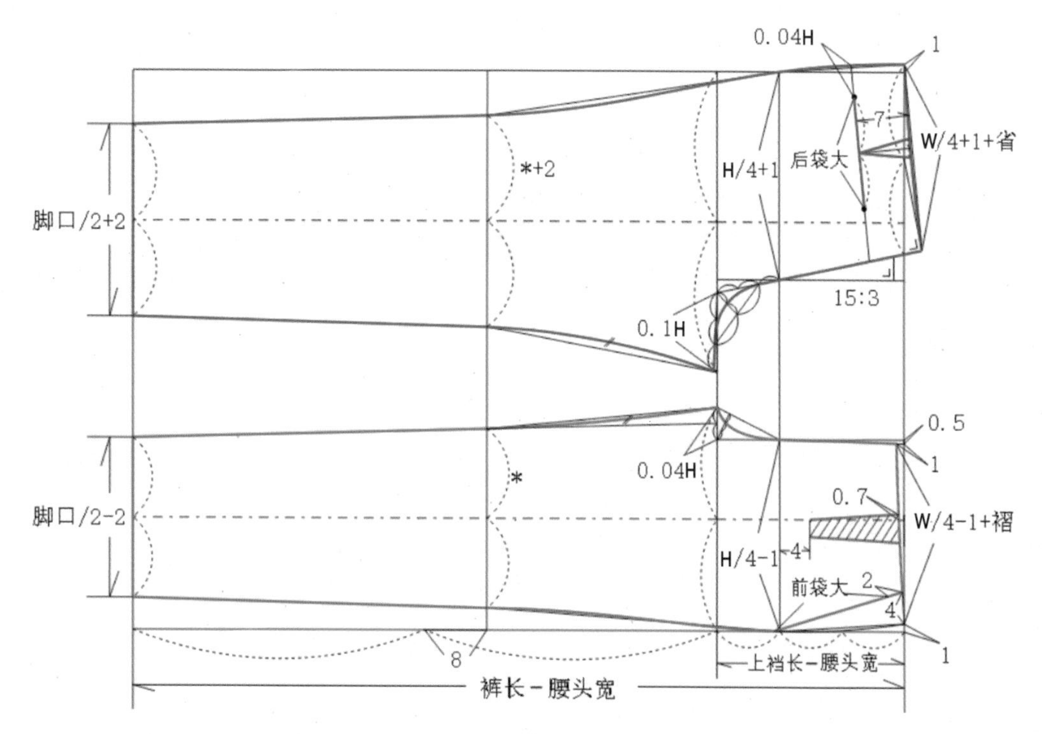

图 3-4 男西裤前、后裤片轮廓制图示意图

（3）零部件制图：包括后袋布（本款男西裤大、小袋布相同）、前袋布（大小袋布连裁）、门襟、里襟面、里襟里、后袋上嵌条、下嵌条、后袋垫布、前袋贴、前袋垫布、左腰头、右腰头、裤耳，如图 3-5 所示。

3. 男西裤样板制作与复核

（1）裁剪样板。

①面布样板：本款男西裤共 12 个面布样板，均采用统一布料。本例绿色填充部分表示净样，虚线表示毛样，如图 3-6 所示。

②里布样板：本款男西裤共 3 个里布样板，均采用白色涤棉布，如图 3-7 所示。

③衬料样板：本款男西裤共 8 个衬料样板，左右腰面衬、门里襟衬各 1 片，后袋上嵌线、下嵌线、开袋衬、前袋口牵条衬各 2 片，图 3-8 阴影部分表示衬料样板。

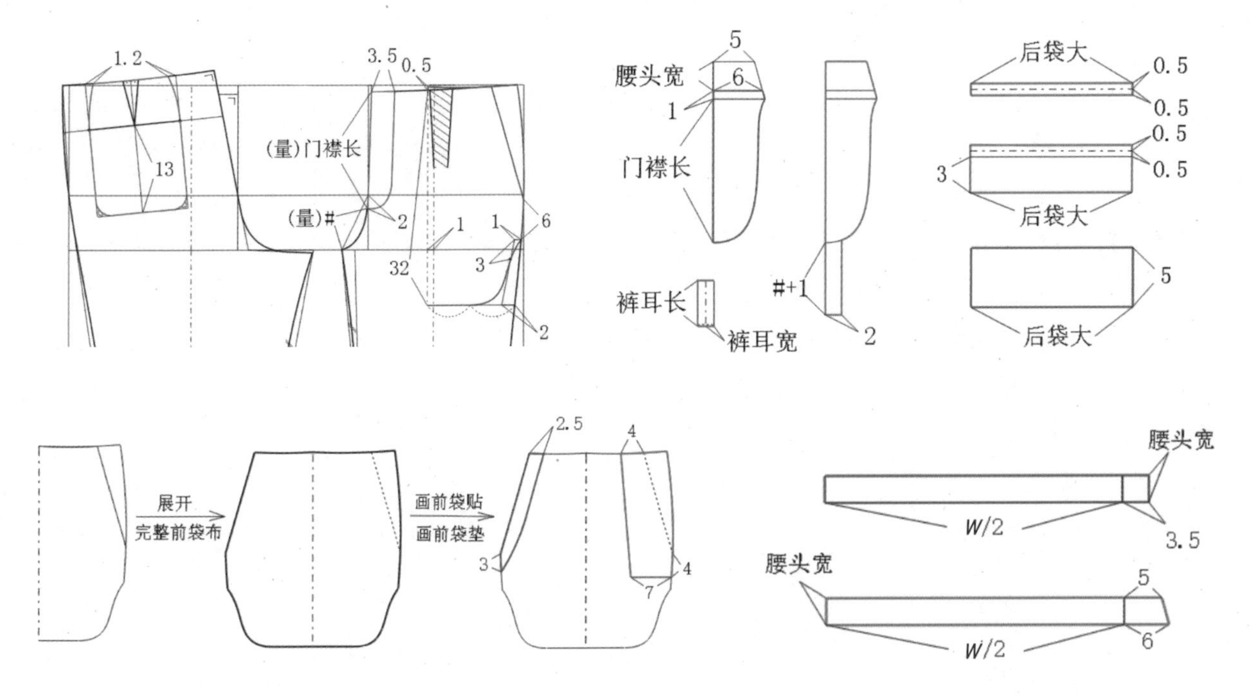

图 3-5 男西裤零部件制图示意图

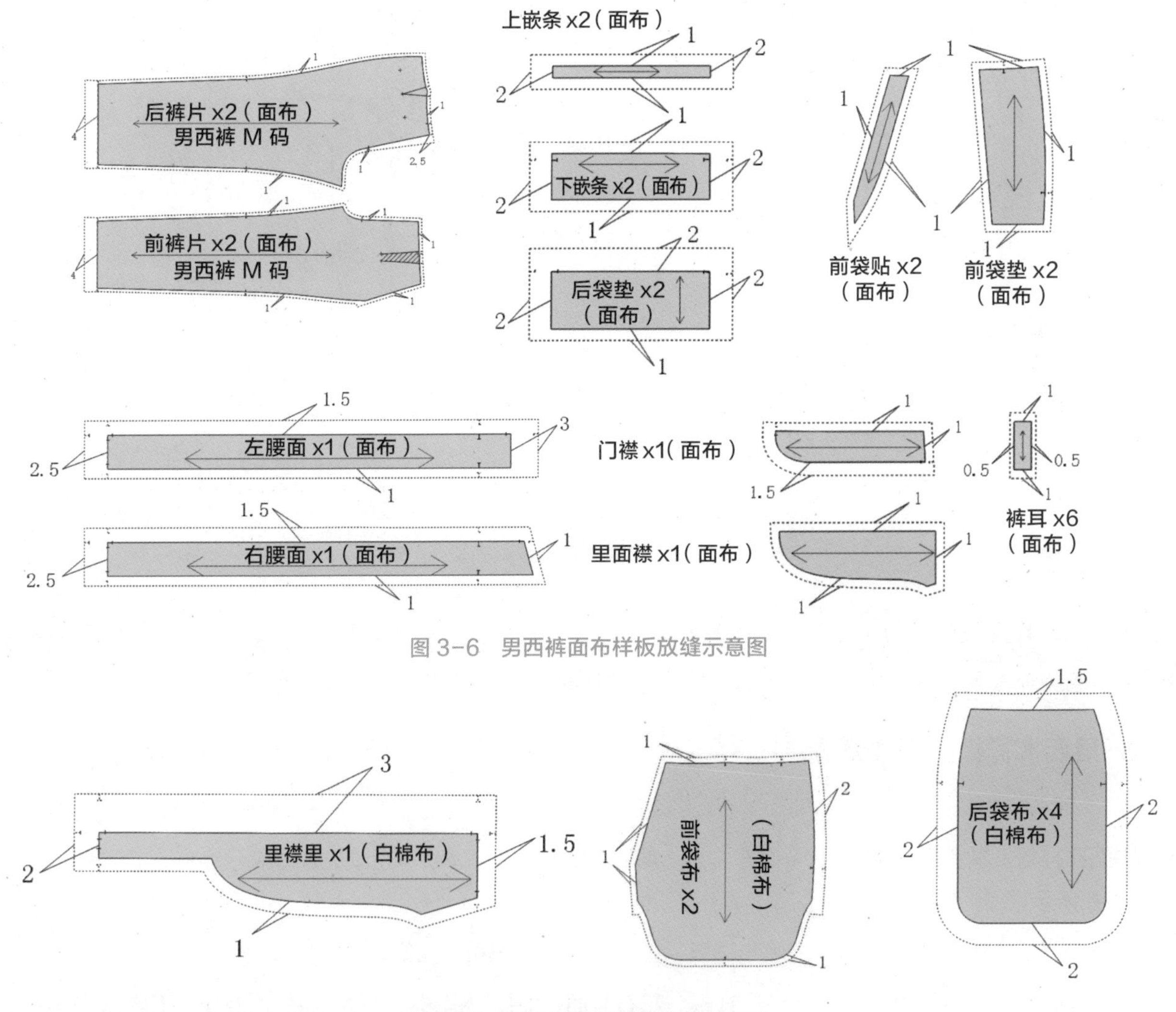

图 3-6 男西裤面布样板放缝示意图

图 3-7 男西裤里布样板放缝示意图

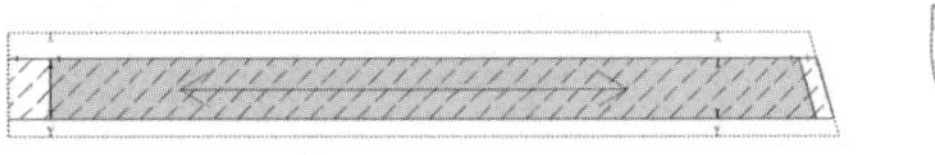

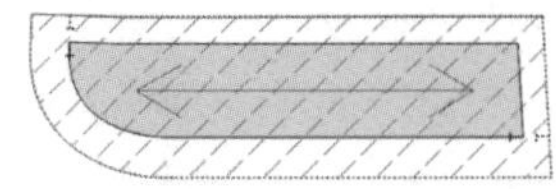

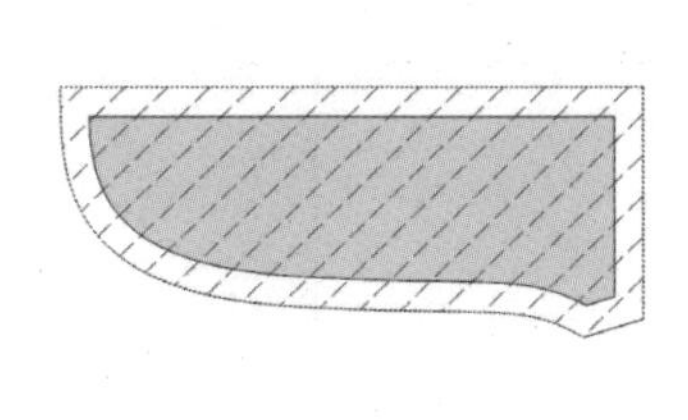

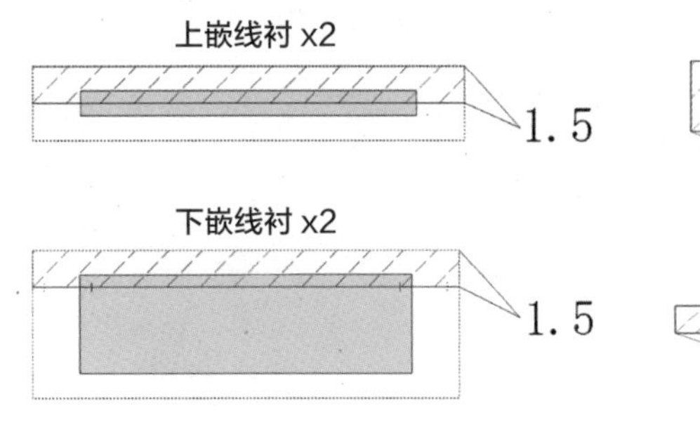

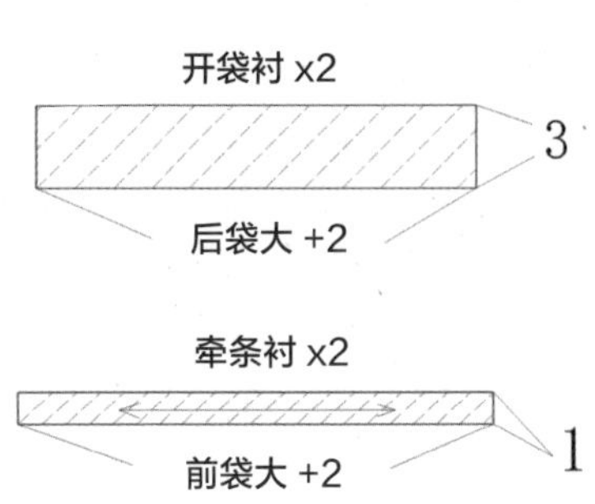

图 3-8　男西裤衬料样板示意图

（2）工艺样板。

①画线净样板：门襟、里襟面、里襟里、左腰面、右腰面各 1 个。

②扣烫净样板：裤耳 1 个。

（3）样板复核。

①数量：检查各种样板数量与要求是否相符；检查标记及文字说明是否齐全。

②规格尺寸：检查放缝量是否合适；检查前、后侧缝是否等长；检查前、后下裆缝长度是否相等；检查左、右腰头相加长度和腰围成品规格是否相符，观察各剪口位是否一一对应。

③线条轮廓：检查前后裆弧线对合后外轮廓是否圆顺；样板线条是否清晰顺直。

4. 男西裤备料

（1）面布：梭织混纺无弹斜纹布，门幅 144 cm，最少用料长度 = 裤长 +10 cm。若臀围超过 113 cm，则臀围每增大 3 cm，最少用料加长 3 ~ 6 cm。

（2）里布：梭织白色涤棉布，门幅 144 cm，最少用料长度 =50 cm。

（3）腰里：西裤专用带衬腰里，最少用料长度 = 成品腰围 +20 cm。

（4）腰衬：宽 3.5 cm 西裤腰头树脂衬（有纺硬质粘合衬），最少用料长度 = 成品腰围 +20 cm。

（5）其他衬料：门里襟用有纺软布衬约 20 cm × 20 cm；口袋用无纺粘合衬约 20 cm × 20 cm。

（6）拉链：20 cm 西裤闭尾尼龙拉链 1 条，与面料配色。

（7）缝纫线：面、里料一般用配色涤棉宝塔缝纫线各 1 个（注：本书图例用异色线）。

（8）钩扣：男西裤专用四件扣一套。

（9）钮扣：四孔树脂扣 1 粒，直径 1.5 cm。

（10）滚边条：白色涤棉斜裁包边布（45° 正斜），定宽 3 cm，最少用量长度 220 cm。

（11）直丝牵条衬：宽度 1 cm 直丝布衬，最少用量长度 = 斜插袋口大 × 2+4 cm。

（12）双面衬：若干。

5. 男西裤排料划样裁剪

（1）检验：纸样、布料检验。

（2）铺布、排料划样：单件男西裤制作建议采用上下对折双层铺布方式，排料根据纸样大小、长短、主次依次排入，采用“一套、二对、三先三后”基本原则，如图 3-9 所示。前后裤身经纱倾斜不可大于 1.5 cm，裤腰及嵌线不允斜。条格面料排料注意对条对格部位的核对，男西裤对条对格部位为前后片侧缝、前后片下裆缝、左右前裆缝、左右后裆缝、左右腰面后中缝。

（3）裁剪、捆扎：按裁剪原则开裁，一般先裁面布再裁里布、衬料等。注意做好正反面标记，分类捆扎。

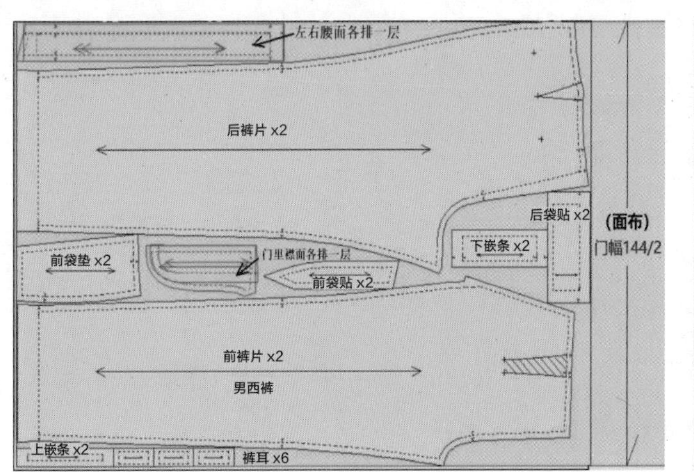

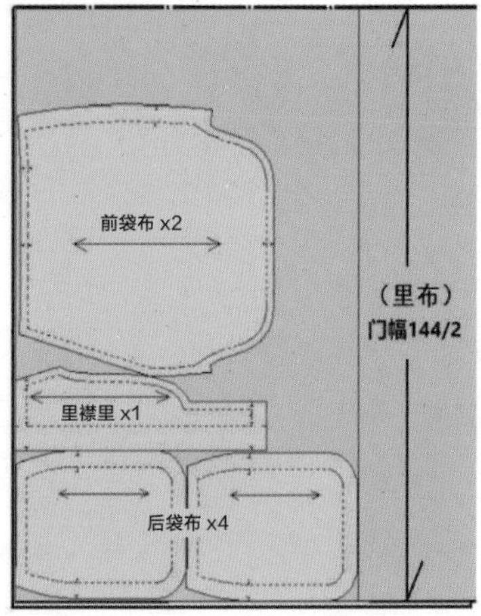

图 3-9　男西裤面布、里布排料示意图

6. 男西裤工艺流程分析

检查裁片→裤片归拔、烫裤中线、锁边、包滚条→后裤片缉省、烫省→开后袋→前裤片缉褶、烫褶→做、装前斜插袋→合侧缝、分烫、袋布封口→裤片腰口面里层固定、锁边→合下裆缝、分烫→合前后裆缝、分烫→做门、里襟拉链→做装裤耳→做、装腰头（左右腰头分开绱），定四件钩扣→合后裆中缝及后腰头中缝→固定后袋布与腰里内层→封里襟腰口并缉里襟明线→封门襟腰口并缉门襟明线→定过桥、缉裤耳上口明线→做脚口（折烫、挑三角针）→封腰里、钉扣及锁眼→整烫→检验。

7. 男西裤缝制

（1）检查裁片：数量准确，内部干净，轮廓整齐，标记齐全。

（2）裤片归拔、锁边、包滚条：按图 3-10 所示归拔裤片；正面折烫裤中线；前片除腰口、斜袋口外，其余锁边；后片除腰口和裆缝外，其余锁边；后裆缝包白色滚条，缉明线 0.6 cm。

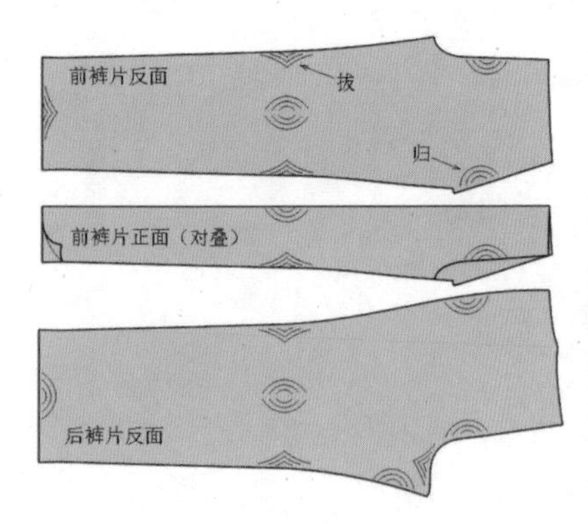

图 3-10　裤片归拔、包滚条、锁边示意图

（3）后裤片缉省、烫省：反面缉省从腰口起针（需倒针），缉至省尖点空车出去 3 cm 左右剪线（无需倒针）。反面烫省，省量倒向后裆缝，省尖需垫于烫凳上打圈磨烫，以消除省尖不平服。正面烫省时需加水布或喷水熨烫，避免烫出极光。具体如图 3-11 所示。

（4）开后袋：后裤片做双嵌条挖袋，需准备好左右后裤片、上嵌条、下嵌条、垫袋布、大袋布、小袋布、开袋衬、上嵌条衬、下嵌条衬，如图 3-12 所示。

①粘衬、折烫：后裤片反面省尖居中粘好开袋衬→上、下嵌条分别粘衬→折烫垫袋布及上、下嵌条，如图 3-13 所示。

②画线、临时固定小袋布：在后裤片正面画出口袋中间开袋线及两端垂直线，距中线上、下各 0.5 cm 画上、下嵌条缉缝线；将上下嵌条折边对折边摆放在一起，分别距折边 0.5 cm 画出两条水平线，按袋口大居中画出两端垂直线；小袋布摆放于后裤片背面，左右与袋口居中，袋布上口多出腰线 0.5 cm，距袋口上沿 2 cm 珠针或手缝将袋布临时固定于裤片上。具体如图 3-14 所示。

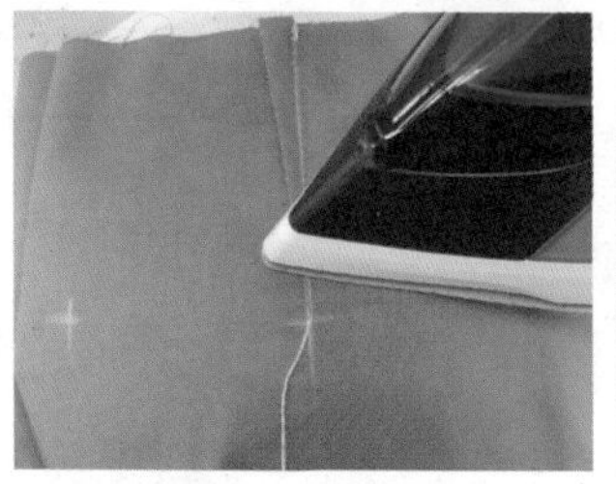

图 3-11 后裤片缉省及正、反面烫省示意图

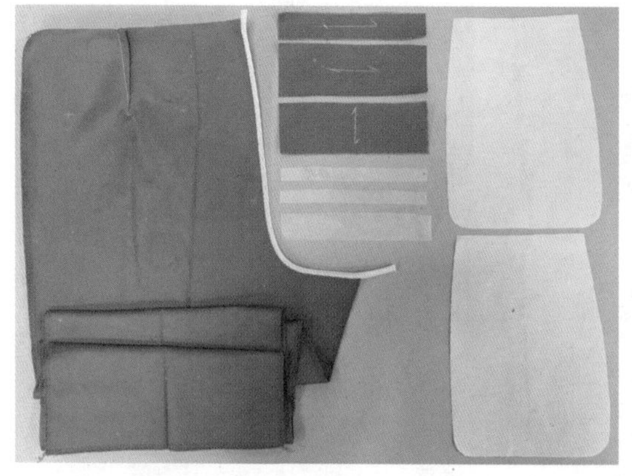
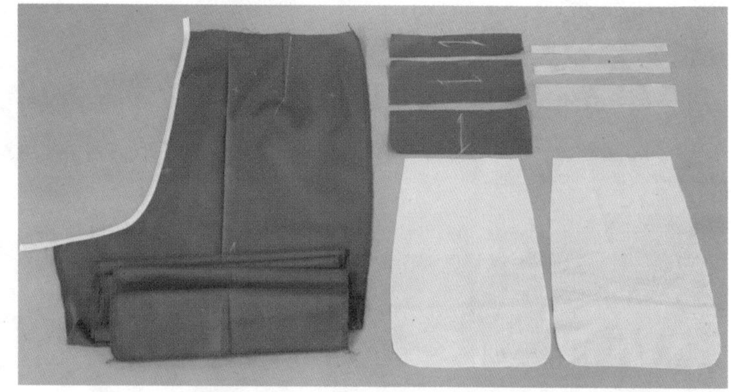

图 3-12 左右后裤片做挖袋备料示意图

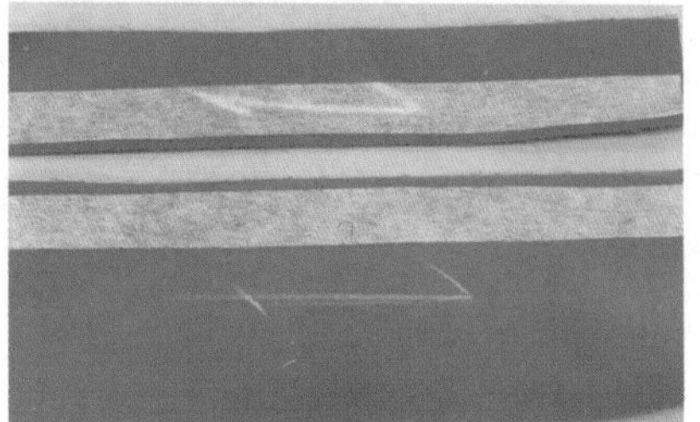
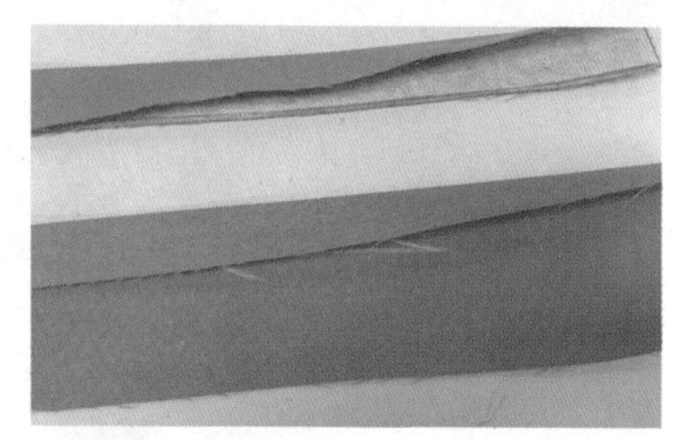

图 3-13 粘开袋衬及上、下嵌条衬并折烫示意图

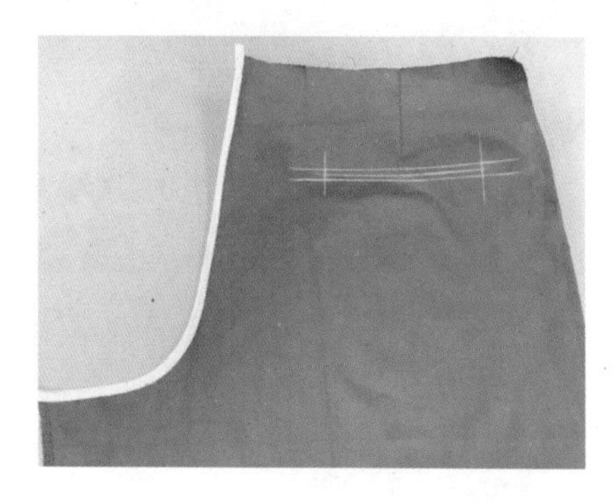
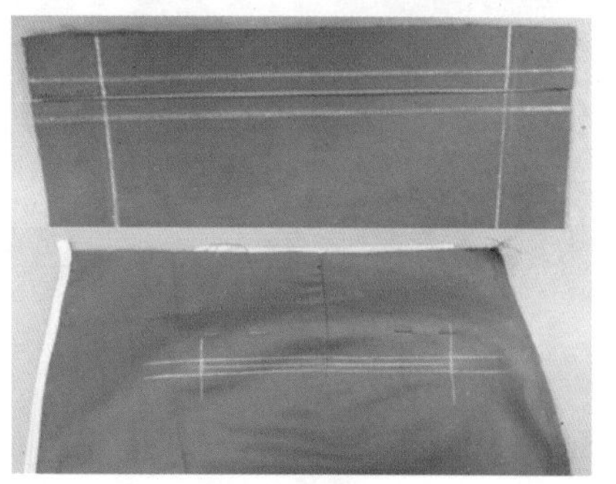
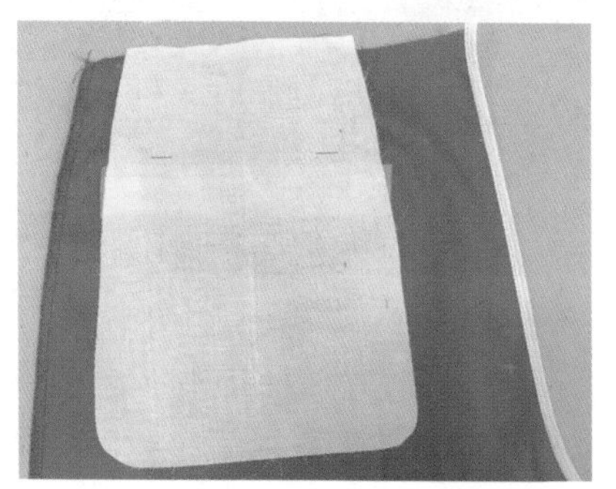

图 3-14 画线、临时固定小袋布示意图

③缉缝上、下嵌条：按画线将上、下嵌条平行且等长缉缝在裤片上，头尾要倒针，如图 3-15 所示。

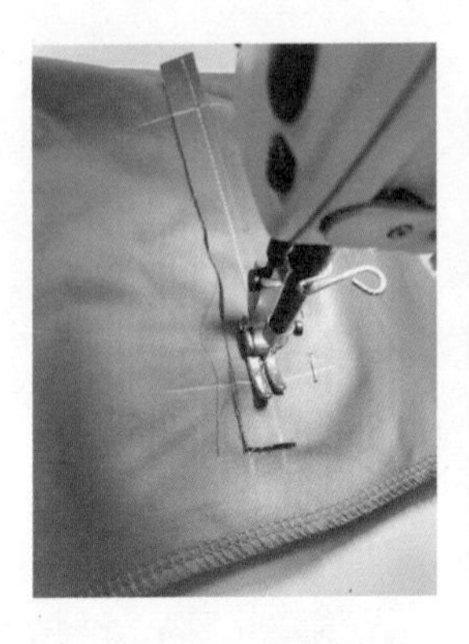
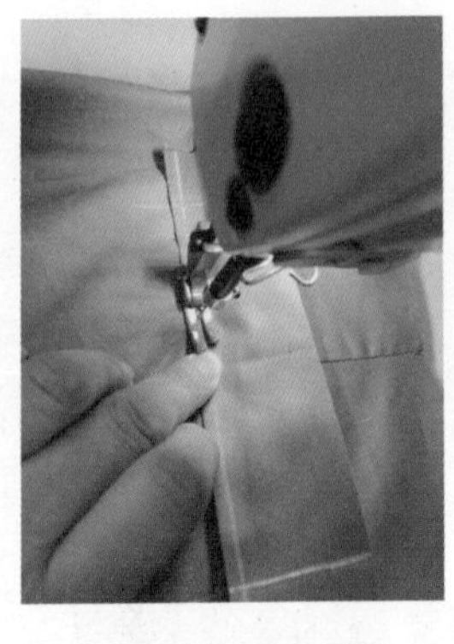
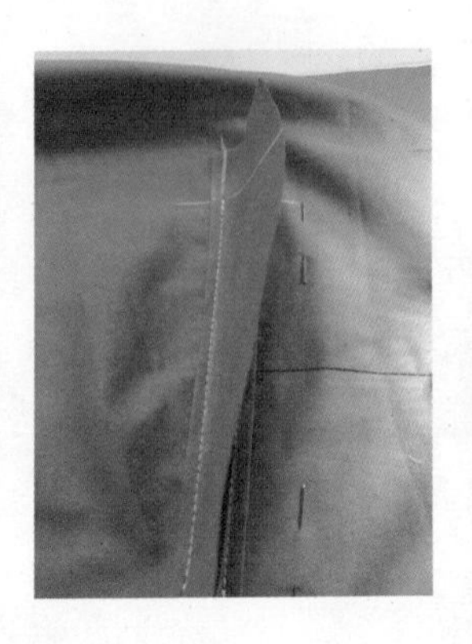
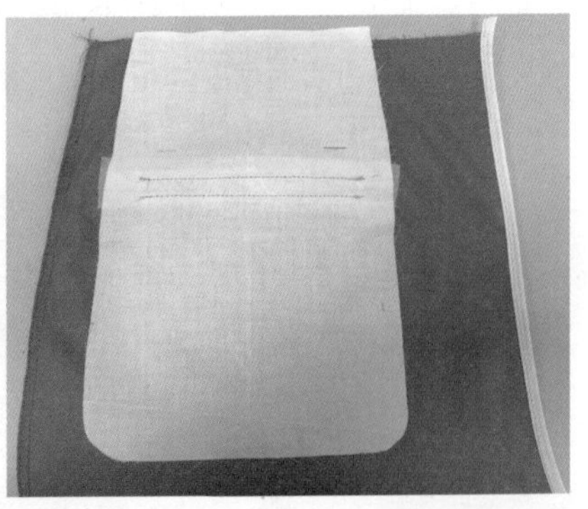

图 3-15　上、下嵌条分别缉牢固定在裤片正面示意图

④剪挖袋口、翻袋口并熨烫方正：沿中间开袋线剪开，距两端 1 cm 对着缝止点剪三角，在接近缝止点处结束。切记剪口不能超过缝止点，而且不能剪断缝线。具体如图 3-16 所示。

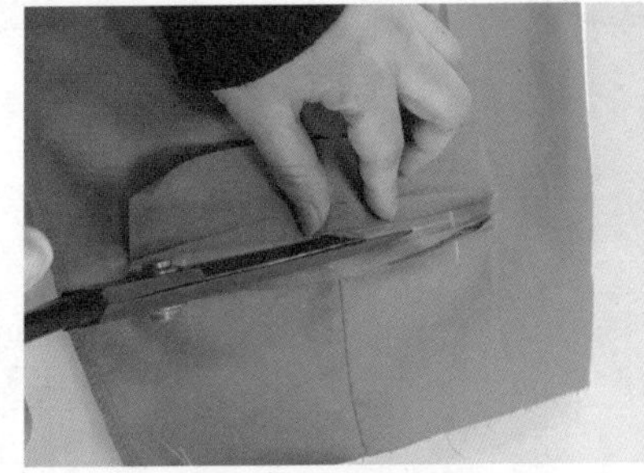
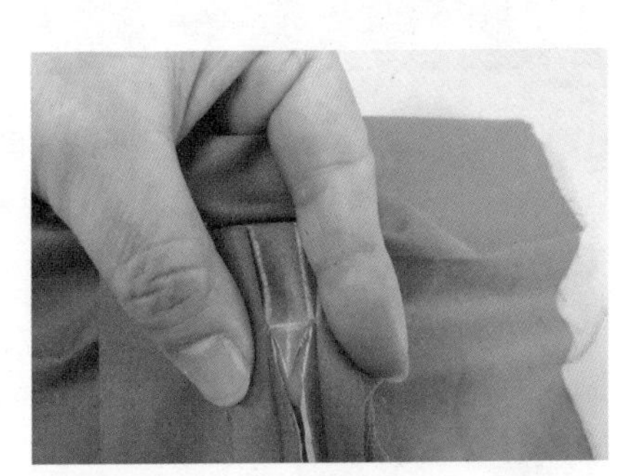
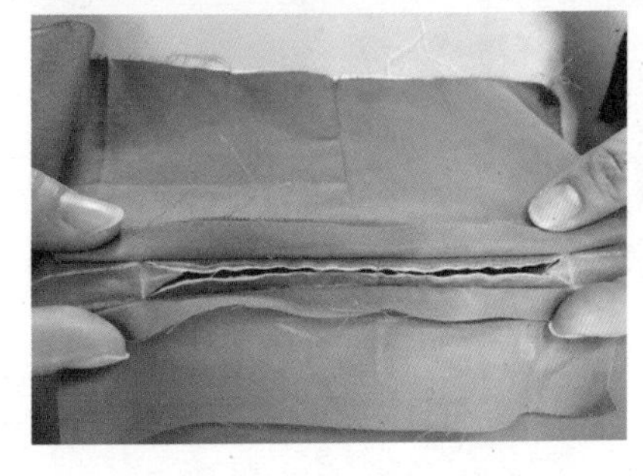
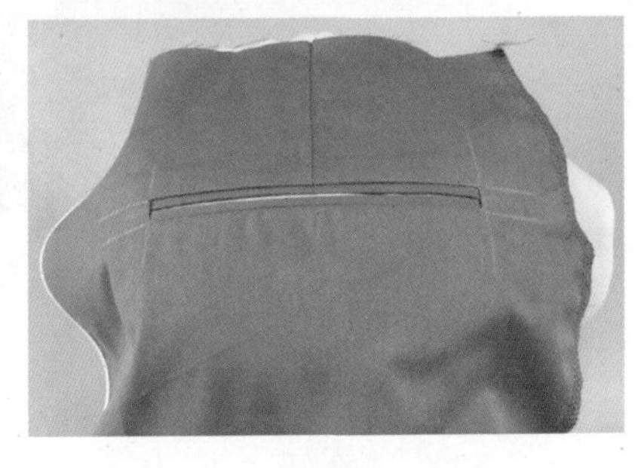
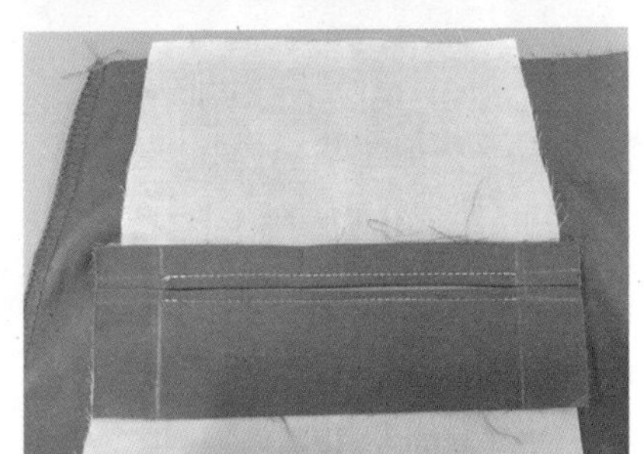

图 3-16　剪挖袋口、翻袋口并熨烫方正示意图

⑤缉封挖袋口两端三角，缉缝固定下嵌条下口：三角头尾倒针缉牢；折烫下嵌条下口缝份，0.1 cm 明线缉缝固定在小袋布上。具体如图 3-17 所示。

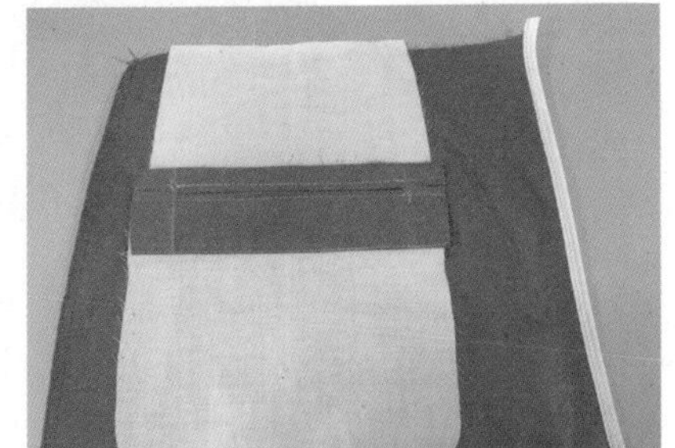

图 3-17　封三角、缉缝固定下嵌条下口示意图

⑥缉缝固定垫袋布与大袋布：折烫垫袋布下口缝份→上口与大袋布临时固定→下口 0.1 cm 明线缉缝固定于大袋布上，如图 3-18 所示。

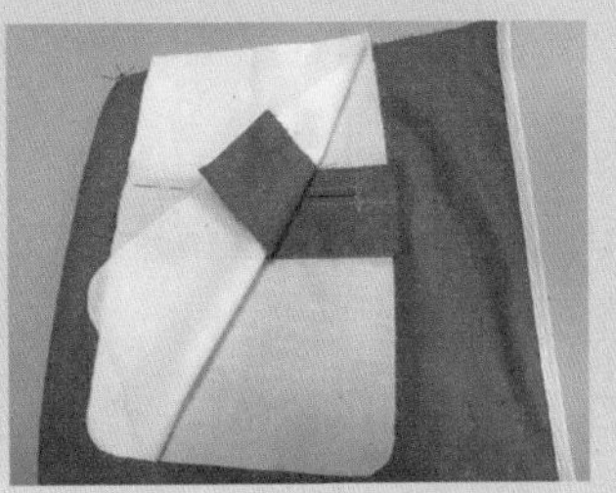

图 3-18　缉缝固定垫袋布与大袋布示意图

⑦挖袋上口三边“门”字形封口、大小袋布外口合缉并包滚条：将大袋布与小袋布下口对齐临时固定，翻转裤片正面朝上，腰口冲下，向上折叠裤片与小袋布，露出嵌条与大袋布→沿袋口一端三角开始缉缝，转弯沿袋口上嵌条缝线继续缉缝至袋口另一端三角，三角需头尾倒针固定→缉好后翻至大袋布背面，观察整段缉线形如“门”字三边；两层袋布外口 0.3 cm 合缉固定，拉筒包白色滚条，缉明线 0.6 cm。具体如图 3-19 所示。

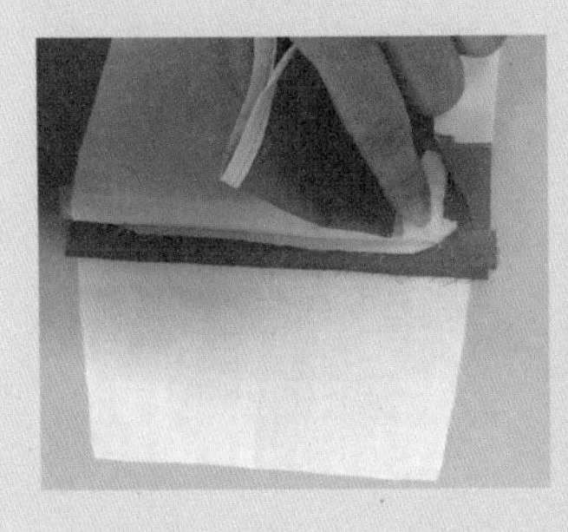
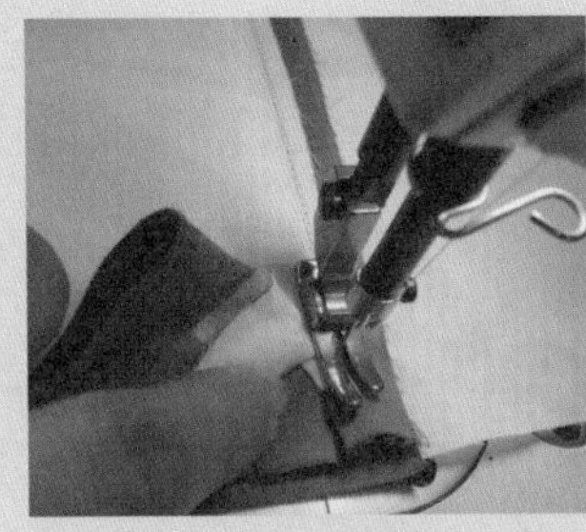
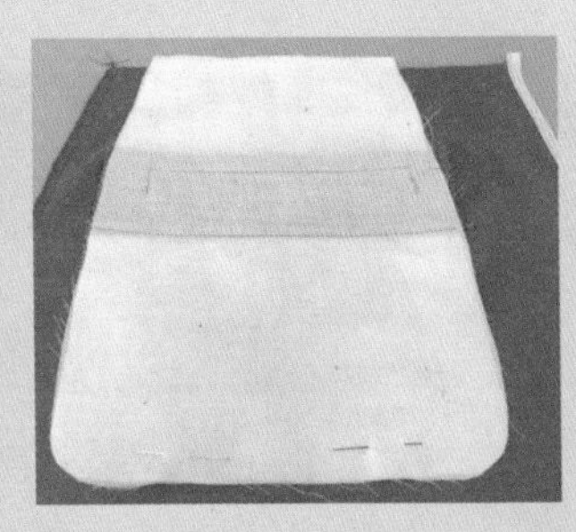
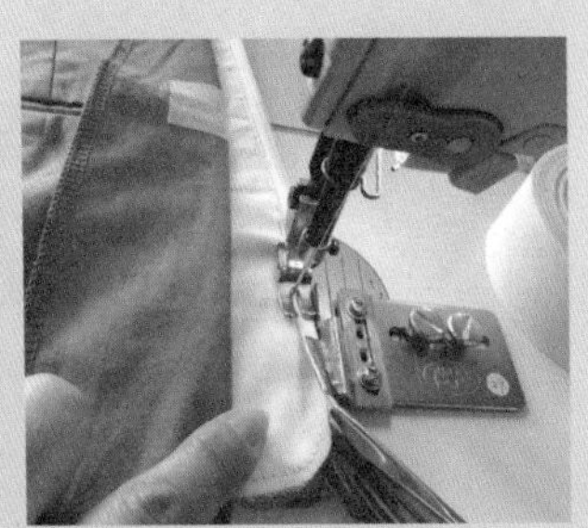

图 3-19　挖袋“门”字封口、包滚条示意图

（5）前裤片缉褶、烫褶：从腰口倒针开始沿褶线缉 3.5 cm，转弯斜缉至外口，空车 3 cm；褶裥倒向前裆缝熨烫，如图 3-20 所示。

（6）做、装前斜插袋：备好前裤片、牵条衬、双面衬、前袋贴、前袋垫、前袋布。

①锁边、粘衬：前袋贴里口、前袋垫里口分别锁边→为防止袋口拉伸，前裤片插袋口反面粘烫牵条衬→裤片袋口与袋布袋口处用双面衬粘合固定，如图 3-21 所示。

图 3-20　前裤片缉褶、烫褶示意图

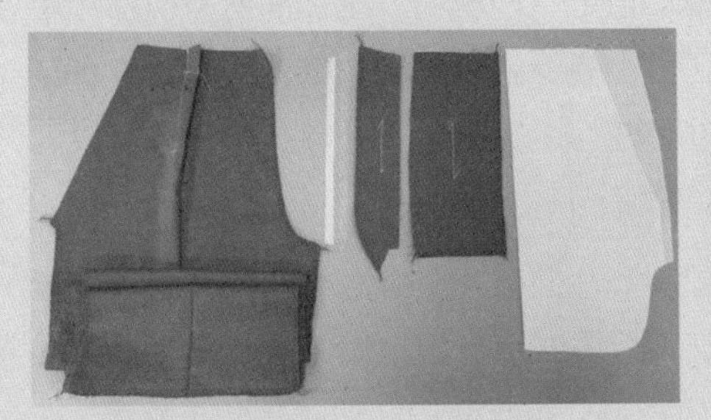
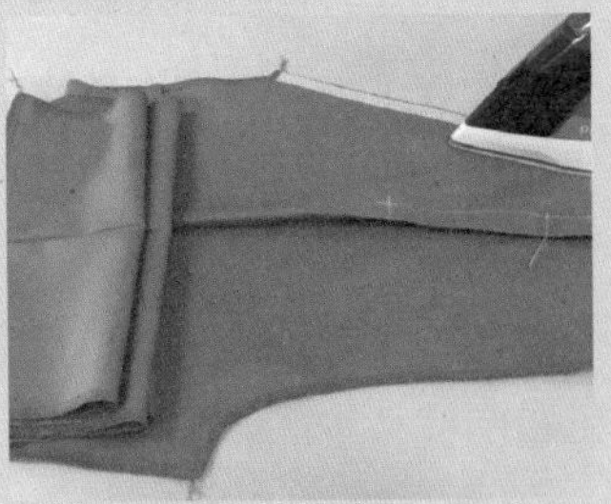

图 3-21　锁边和粘衬示意图

②做袋口：前袋贴、前裤片、前袋布三层组合袋口→袋贴翻至正面缉 0.1 cm 明线→烫出袋口眼皮量 0.1 cm →袋口正面缉 0.5 cm 明线→缉缝固定袋贴里口与袋布，如图 3-22 所示。

③装垫袋布、兜缉袋底来去缝、固定袋口：珠针固定垫袋布于袋布上，缉缝垫袋布里口→对折袋底，正面沿袋底兜缉明线 0.4 cm（距斜袋角净样点 2 cm 不缉）→将缝头修剪均匀，翻至反面兜缉袋底 0.6 cm，熨烫平整→按剪口摆正垫袋布，在缝份内画出袋口上、下缉线位，按画线在正面缉线，注意下口缉缝时不要缉到口袋布，如图 3-23 所示。

 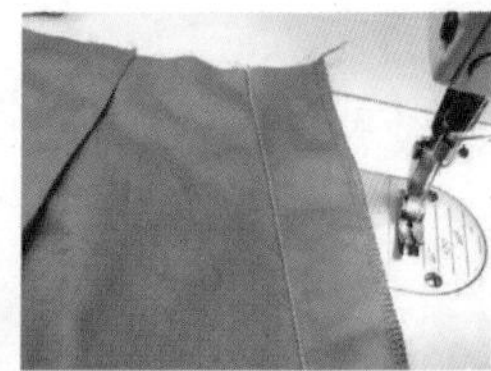 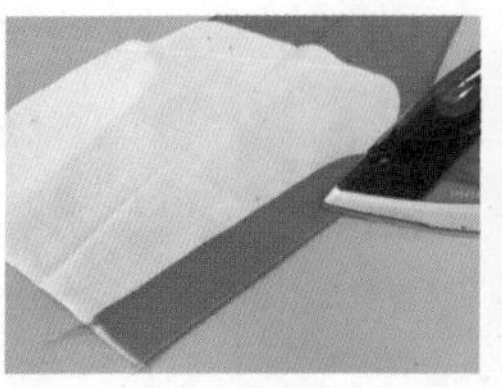 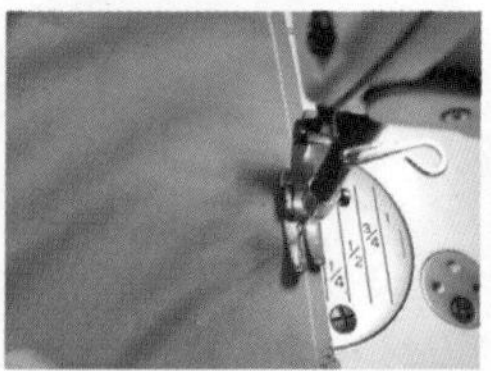 

图 3-22　做前插袋口示意图

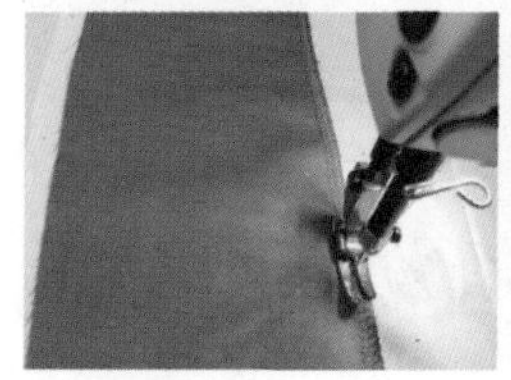  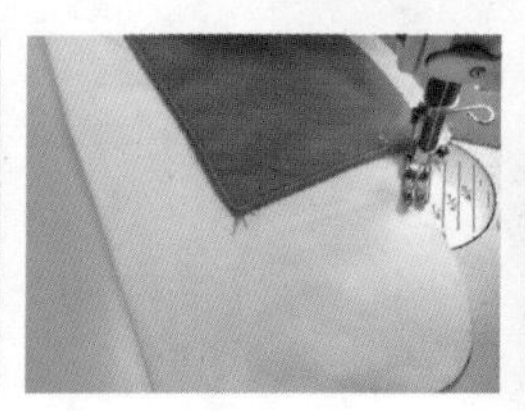 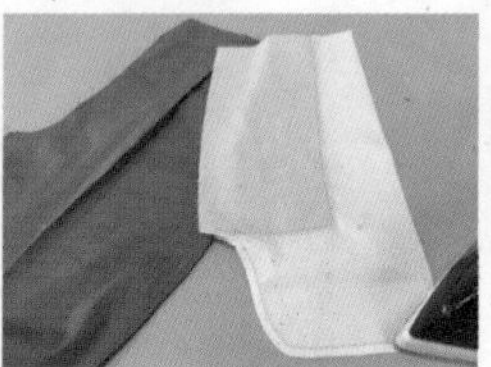 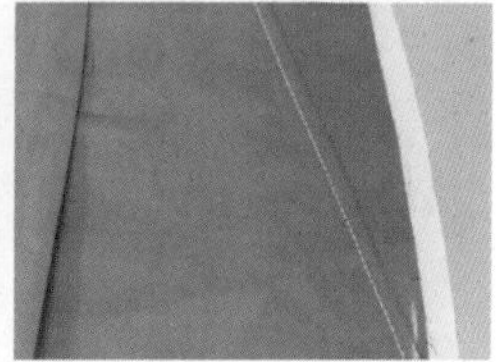

图 3-23　装垫袋布、兜缉袋底来去缝、固定袋口示意图

（7）合侧缝、分烫、袋布封口：前后裤片正面相对，沿侧缝固定，中裆、脚口对位点需对齐，沿侧缝缝份缉合前后裤片→分缝熨烫侧缝→袋布口折烫，折边与后片侧缝对齐→袋布折边与后片侧缝合缉 0.1 cm 明线→反面袋底口与前侧缝合缉固定封口，如图 3-24 所示。

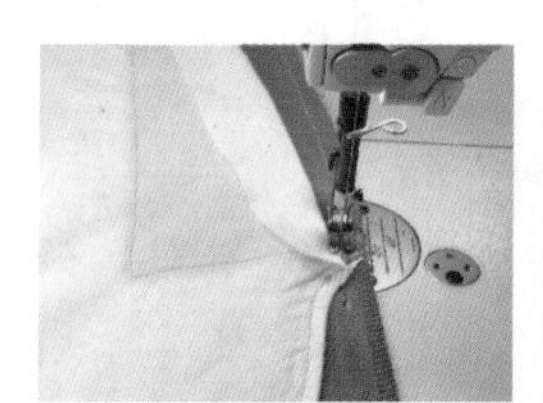 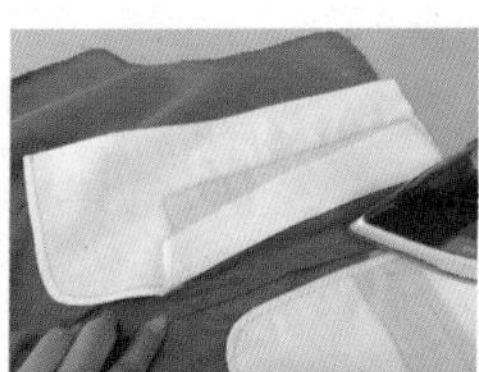 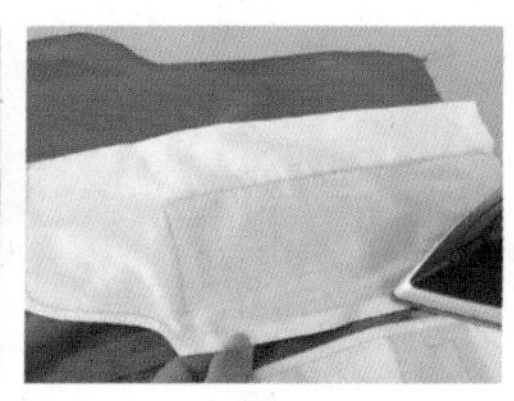 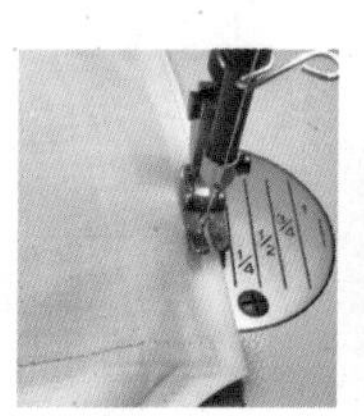 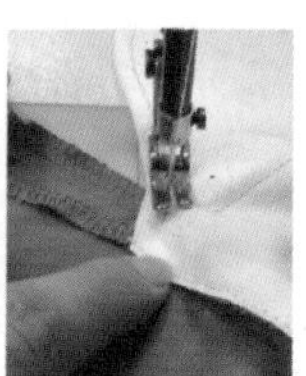 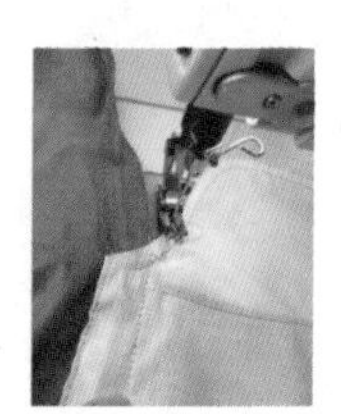

图 3-24　合侧缝并熨烫、袋布封口示意图

（8）裤片腰口固定并锁边，合下裆缝、分烫：前后裤片腰口与袋布缉缝固定，腰口锁边→前后裤片正面相对，沿下裆缝固定并缉合→分缝烫→正面熨烫裤中线定型，如图 3-25 所示。

（9）合前后裆缝、分烫：画出后裆缝净样线，定缝份起止点，左右裤管裆底十字缝对齐，沿裆缝固定→前片从拉链止点起针缉至后片腰下 10 cm 止→分缝熨烫下裆缝，如图 3-26 所示。

（10）做门、里襟拉链。

①粘衬、锁边、包滚条、做里襟：准备好门襟片、里襟面、里襟里、拉链、门襟衬、里襟面衬→门襟和里襟面的反面粘全衬→门襟弧边包滚条，里襟面直边锁边→里襟面、里正面相叠，沿外口弧边缉合面里缝份，从腰下口起针，缉至里襟下口止点上 1 cm 处止，打剪口，折烫里襟里过桥缝份→翻烫里襟外口弧，注意里襟面留出 0.1 cm 坐量→折烫里襟里缝份，如图 3-27 所示。

②装里襟及拉链：拉链置于里襟上定位及画线，翻起里襟里，沿直边缉合拉链与里襟面→扣烫右前裤片里襟止口缝份 0.7 cm →将拉链置于里襟面和右前裤片中间，沿拉链线迹和折烫线缉合里襟口（从腰口起针至拉链止点下 2 cm 左右，下部距前裆缝约 0.3 cm）→翻至正面熨烫→腰口拉链处缉牢封口，如图 3-28 所示。

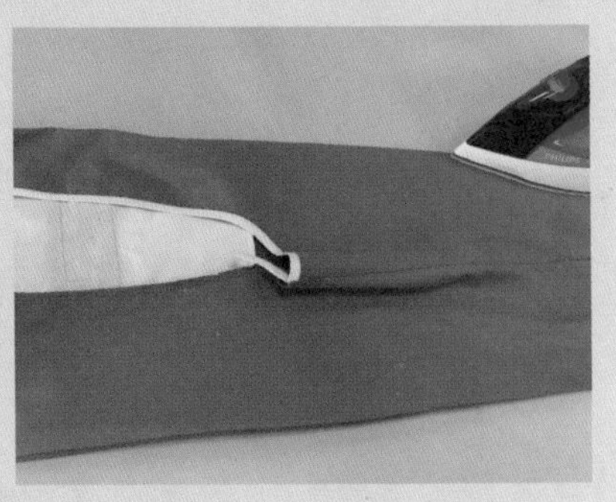

图 3-25　裤片腰口锁边、合下裆缝并熨烫示意图

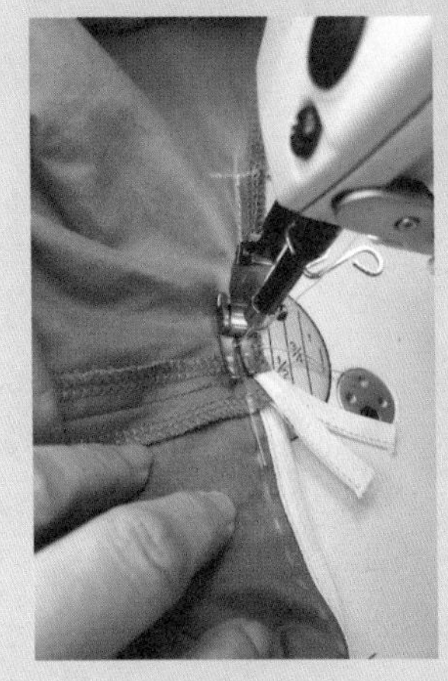
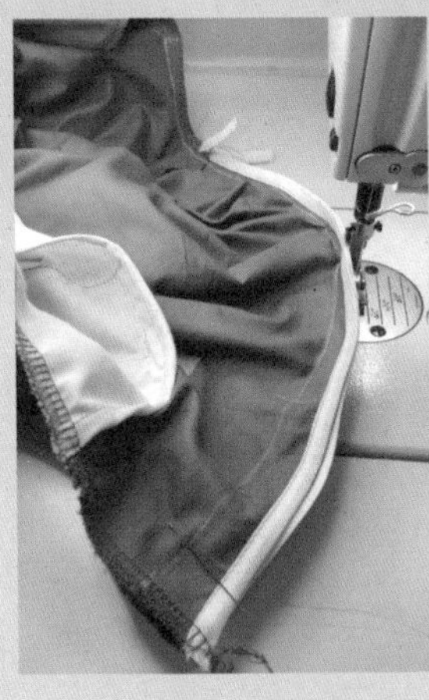
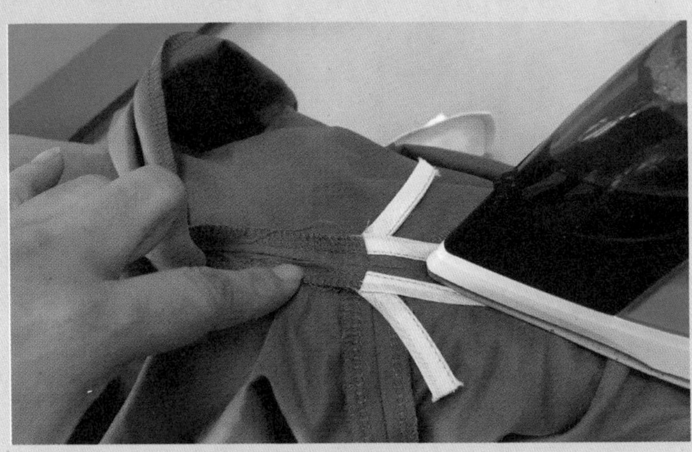

图 3-26　合前后裆缝并熨烫示意图

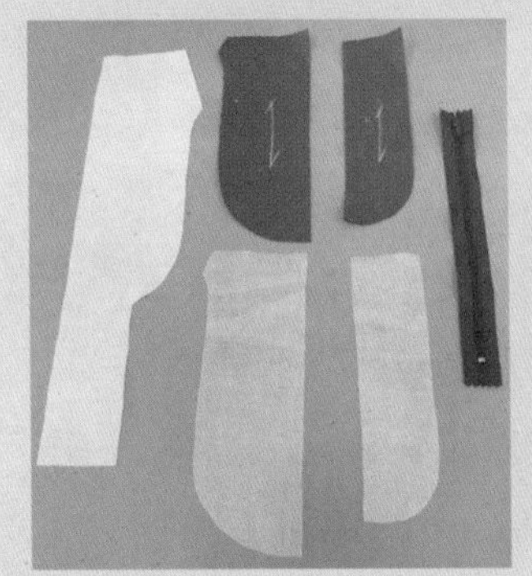
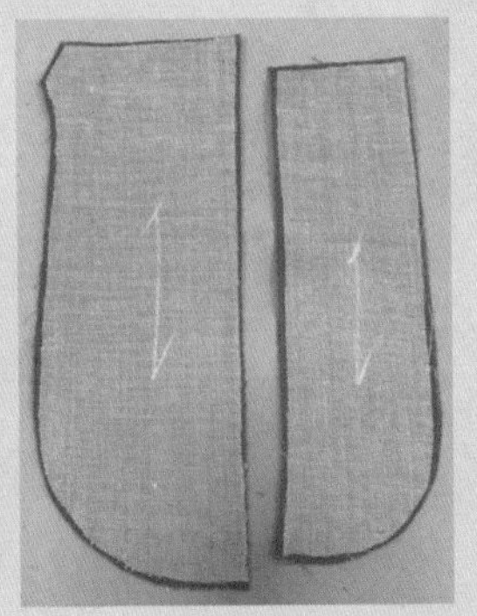

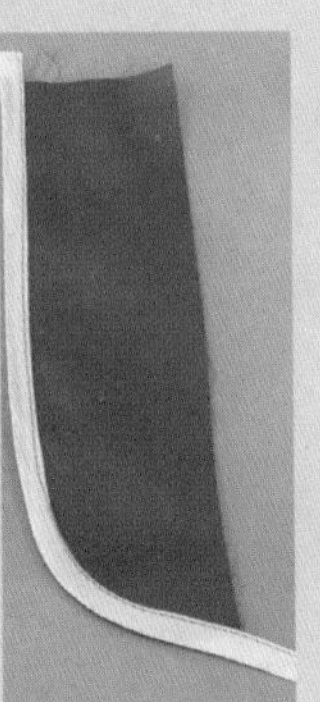
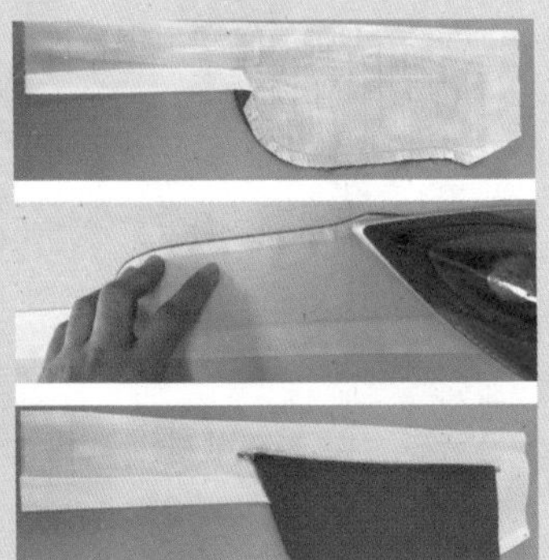

图 3-27　备好装拉链材料、做里襟示意图

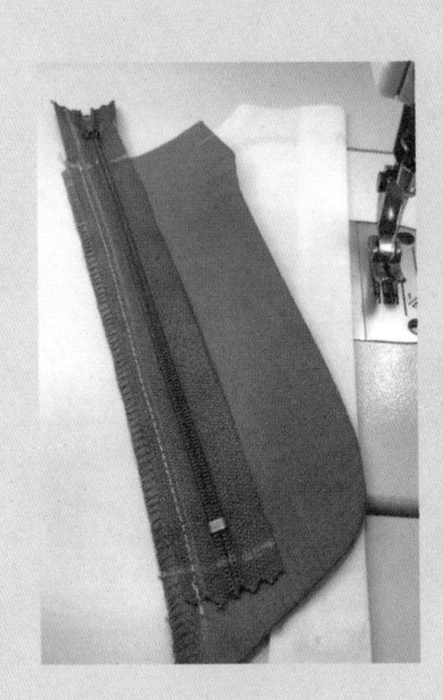
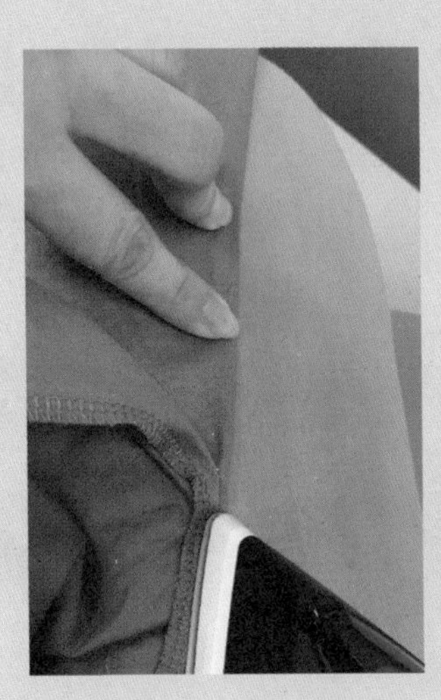
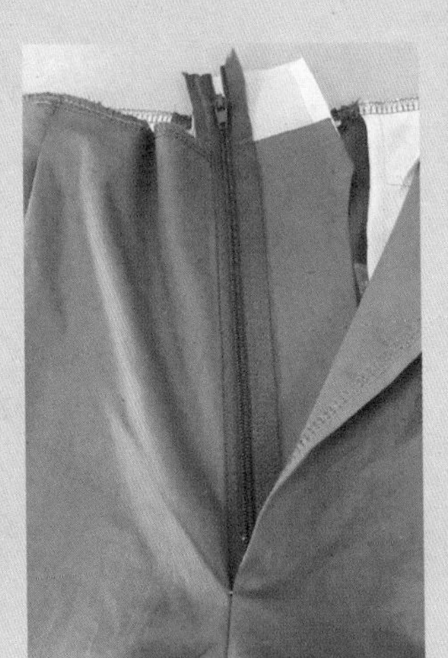
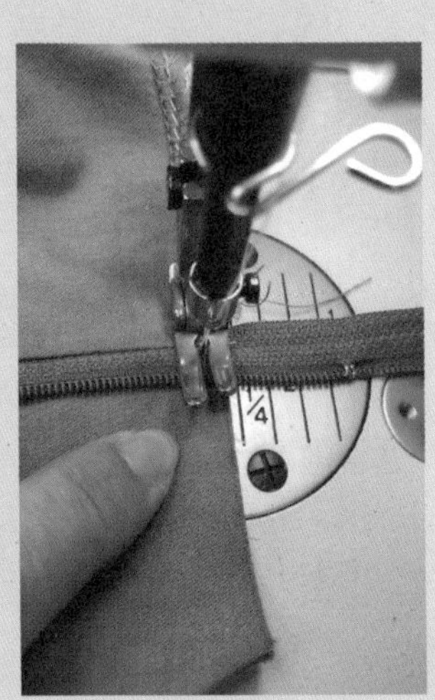

图 3-28　装里襟及拉链示意图

③装门襟及拉链：沿门襟止口线别合门襟与左前片，缉缝 0.8 cm →门襟折转与缝份合缉明线 0.1 cm →往里扣烫 0.1 cm 坐量，别合门里襟线，上口重叠约 0.5 cm，下口重叠约 0.3 cm →翻转在门襟上画出拉链位置线→打开拉链，别合固定门襟与左半边拉链，双线缉缝固定拉链→腰口拉链处缉牢封口，打开拉链，修剪腰口拉链余量，如图 3-29 所示。

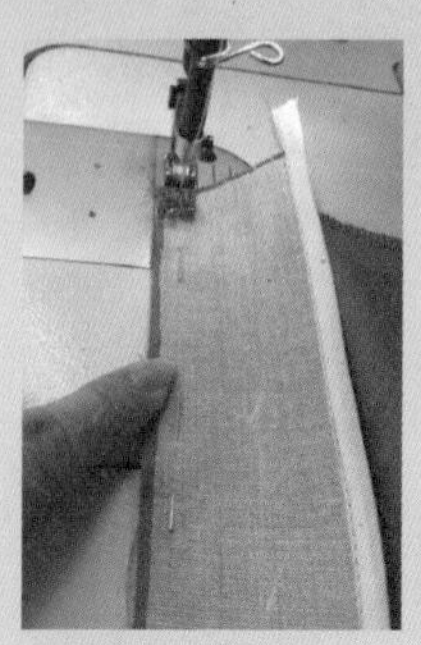
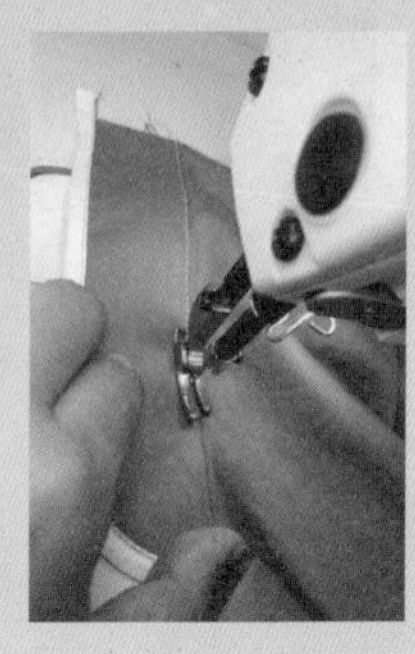
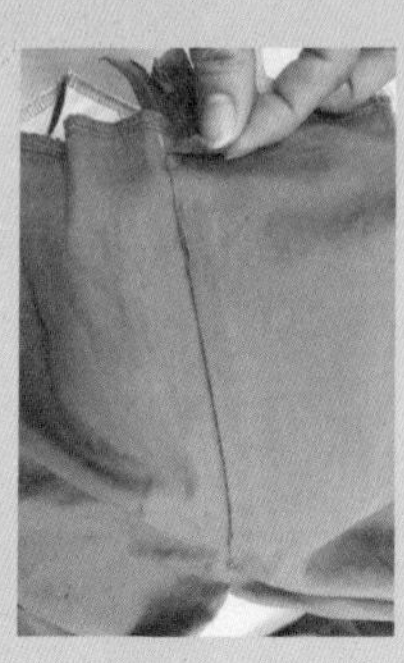
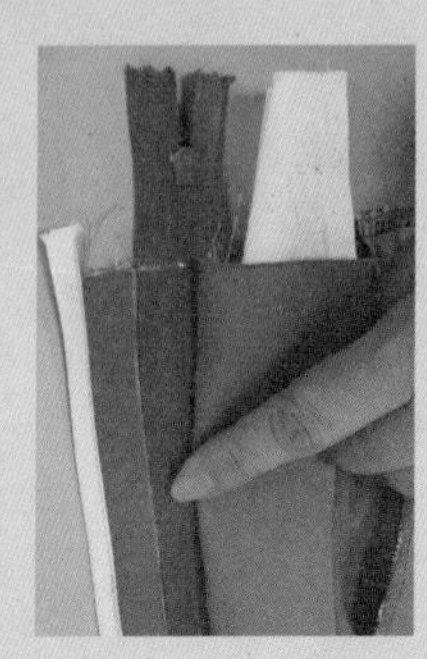

图 3-29　装门襟及拉链示意图

（11）做、装裤耳：对折裤耳，反面按净线缉合→缝线居中，分烫缝份→翻转裤耳，烫平→两边缉明线 0.1 cm →在裤片上画出裤耳位，反面朝上用珠针固定好裤耳（前裤片裤耳在褶裥上，后裤片一个裤耳定在距后裆缝 4 cm 处，另一个定在前后裤耳的中间）→距腰口 0.5 cm 缉缝安装 6 个裤耳于裤片上，如图 3-30 所示。

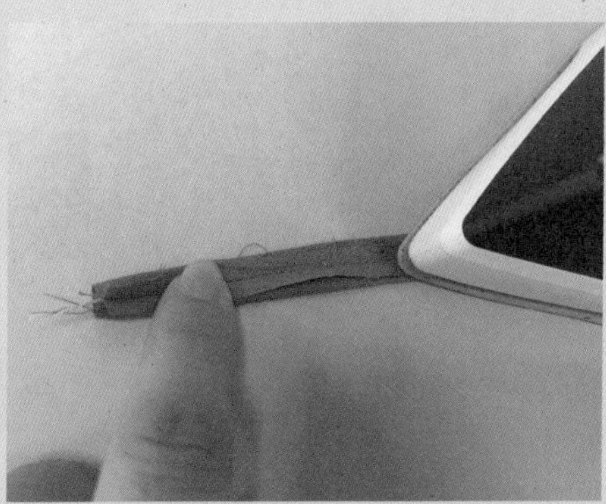
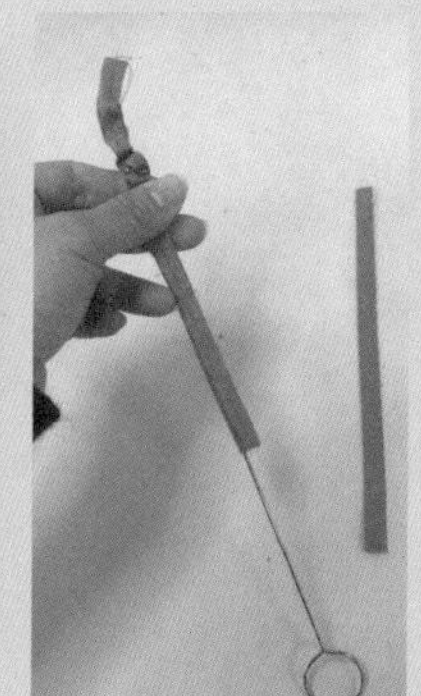
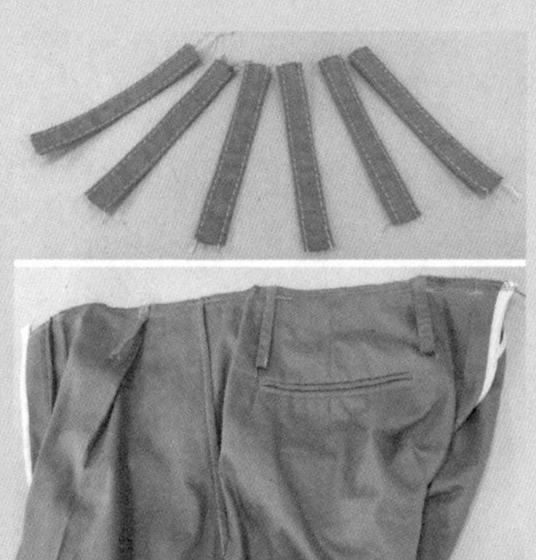

图 3-30　做裤耳及安装裤耳示意图

（12）做腰头、分绱左右腰头，定四件钩扣。

①腰面画线、粘衬、锁边，扣烫腰面，装腰里：画出净样线，粘腰头衬，下口锁边→扣烫左、右腰面上口缝份→距腰面上口净线 0.2 cm 搭缉腰里 0.1 cm 明线→左腰里对齐后中缉至前中剪口差 2 cm 处止，右腰里对齐后中缉至前中剪口超出 2 cm 处止，腰里不可拉还变弯，如图 3-31 所示。

图 3-31　左右腰面画线、粘衬、锁边并装腰里示意图

②绱腰头、定裤耳下口：左右腰面与裤片腰口按对位点对齐，珠针别合固定，按净线缉缝，正面观察腰面应宽窄一致，装腰缝线松紧适宜，无皱褶、不起涟→定裤耳下口，如图 3-32 所示。

③定四件钩扣：两两一组分别夹装在拉链对应的左右腰面上，反面可用钳子夹紧，如图 3-33 所示。

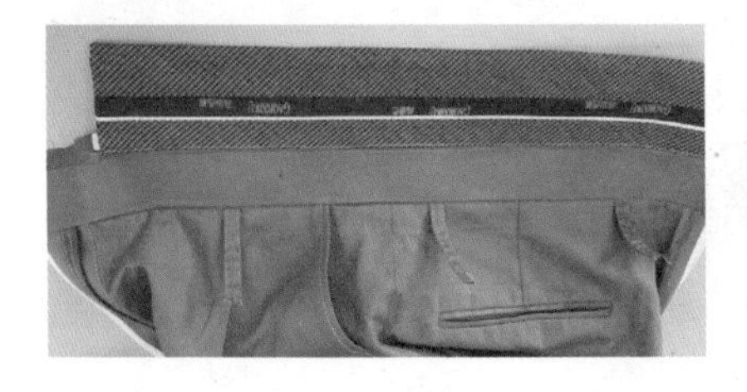

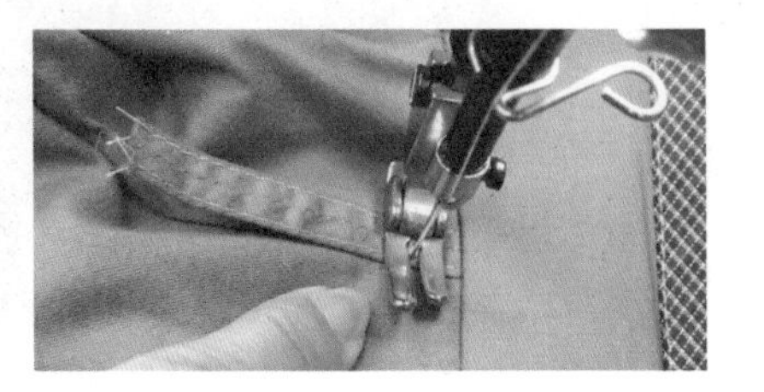

图 3-32　绱腰头示意图

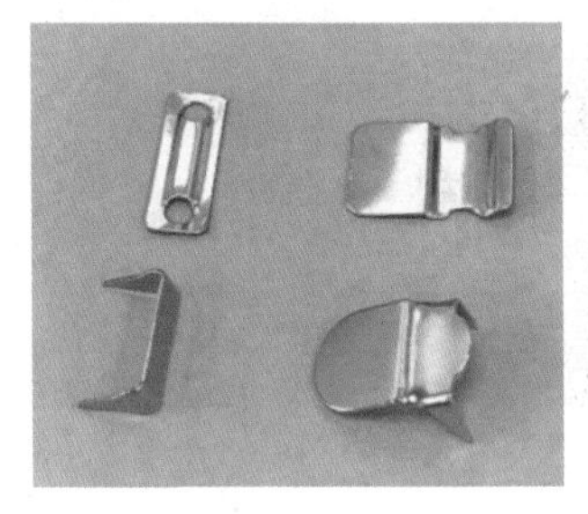

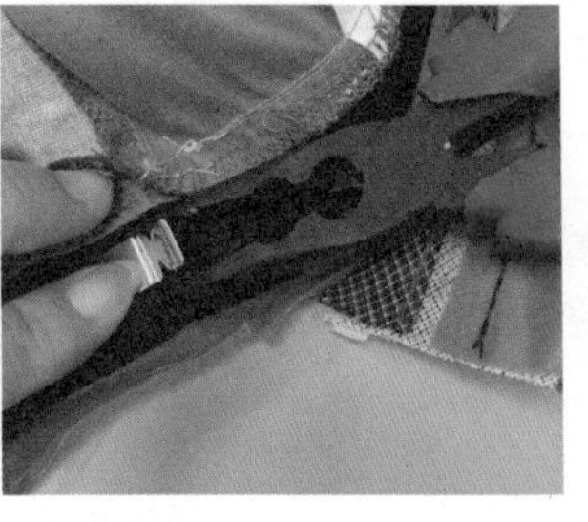

图 3-33　定四件钩扣示意图

（13）合后裆中缝及后腰头中缝：按净样线从后裆缝往腰口缉合左右裤片及腰头，装腰缝处要打开缉缝，近袋布两端缝份需打剪口、分缝烫开，腰里收尾处折三角扣烫，如图 3-34 所示。

（14）固定后袋布与腰里内层：后袋布腰口缝份打剪口，缉缝固定于腰里上，如图 3-35 所示。

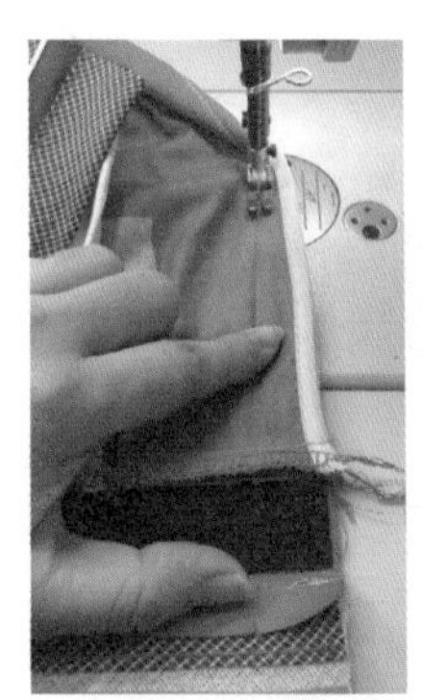
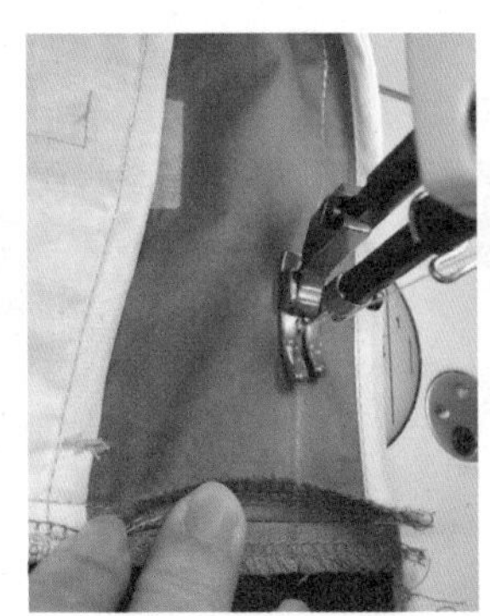
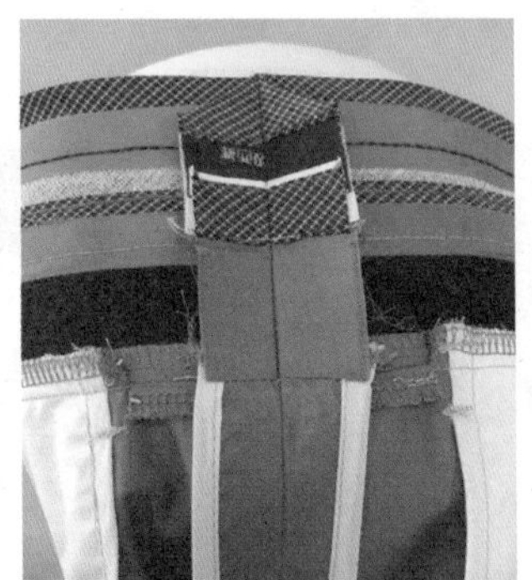
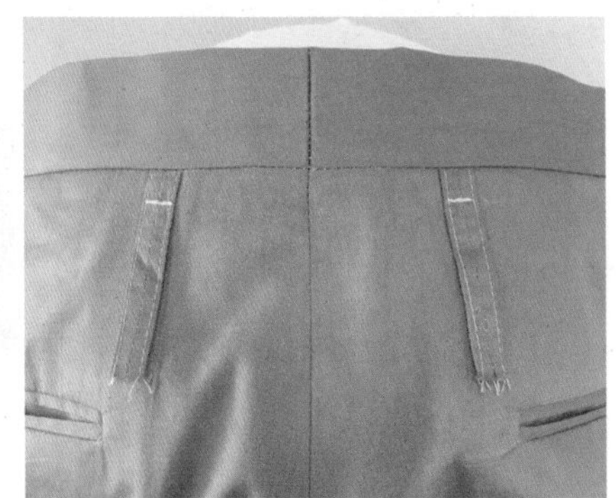

图 3-34　合后中缝示意图

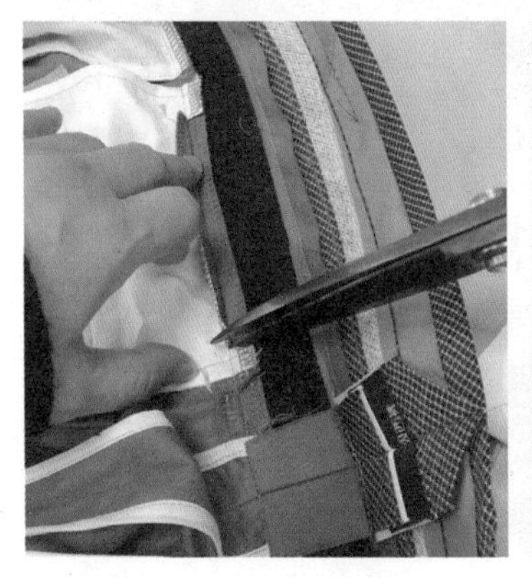
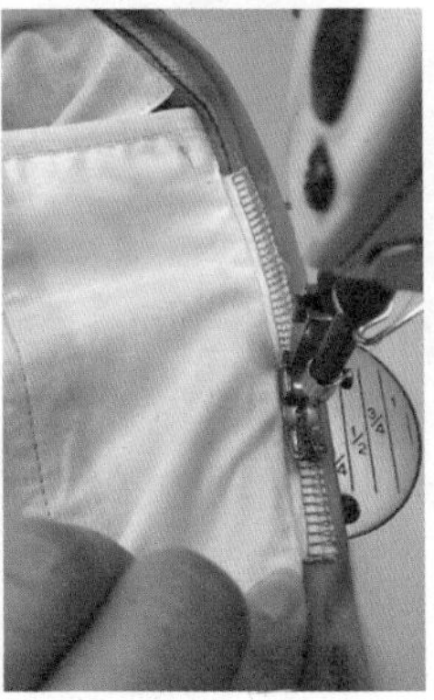

图 3-35　固定后袋布与腰里内层示意图

（15）封里襟腰口并缉里襟明线：里襟里与右腰面外口对齐缉合，翻转熨烫，反面珠针固定里襟里及腰里缝份→漏落缝固定里襟腰口→缉里襟周边明线 0.1 cm，如图 3-36 所示。

（16）封门襟腰口并缉门襟明线：将左腰头门襟口翻折，缉封腰顶并翻转熨烫，反面珠针固定门襟及腰里缝份，缉牢；按门襟净样板缉门襟明线，反面固定门里襟下口，如图 3-37 所示。

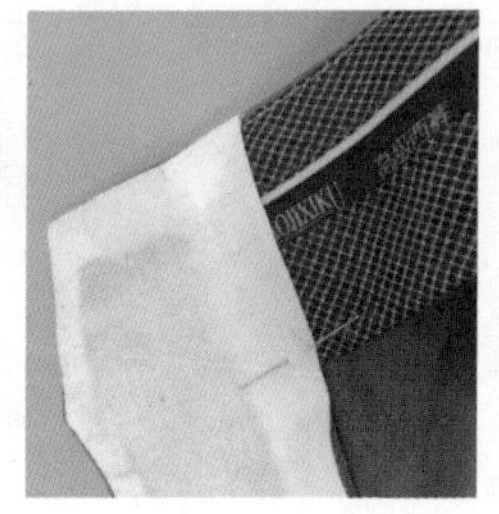
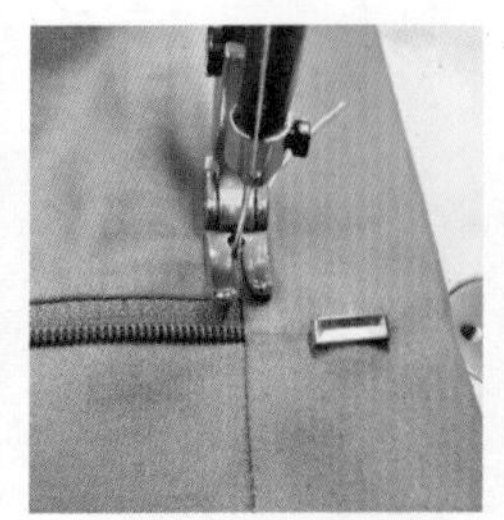
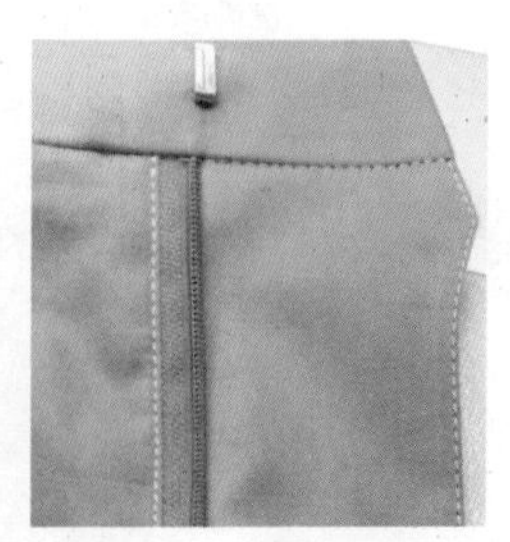
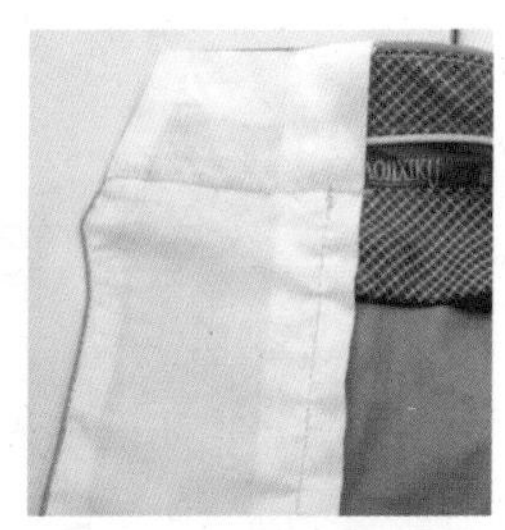

图 3-36　封里襟腰口并缉里襟明线示意图

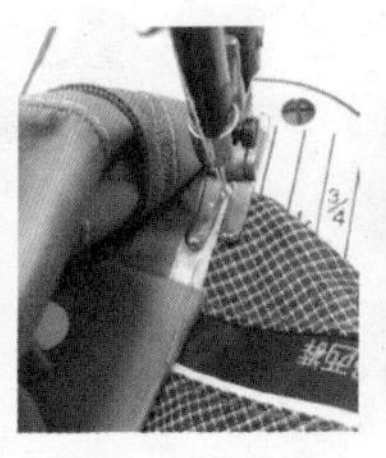

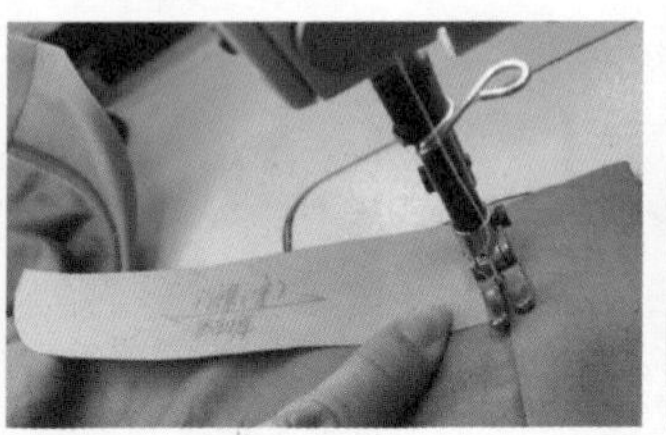
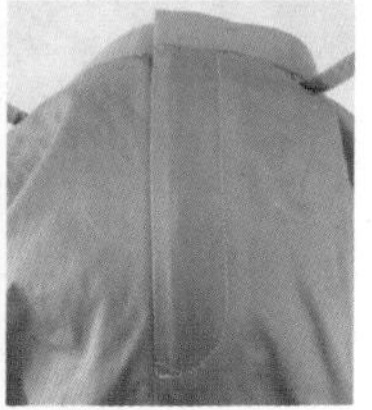

图 3-37　封门襟腰口并缉门襟明线示意图

（17）定过桥及裤耳上口：整理裆部过桥，缉两边 0.2 cm 明线→定裤耳上口，如图 3-38 所示。

（18）做脚口、封腰里、锁眼钉扣及整烫：按标记折烫脚口，珠针固定，沿锁边线挑三角针，单线 5 ~ 6 针 /3 cm；别合腰里，翻起用手缝线固定腰里与口袋布、裤身缝份。里襟尖嘴处画扣眼长，门襟腰里处画钉扣位；手工缝钉扣子，锁眼机锁眼；开蒸汽整烫，如图 3-39 所示。

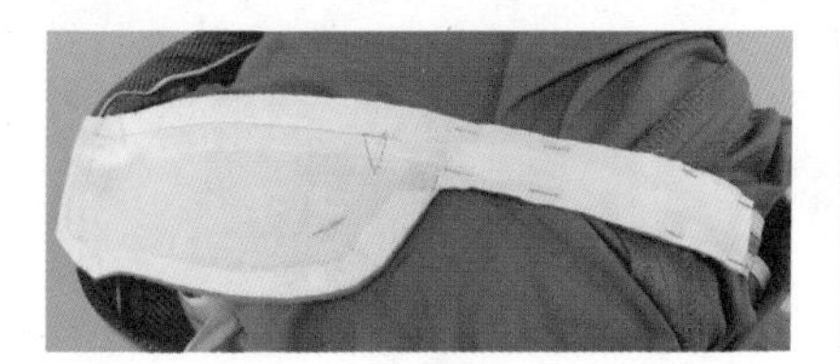

图 3-38　定过桥、定裤耳上口示意图

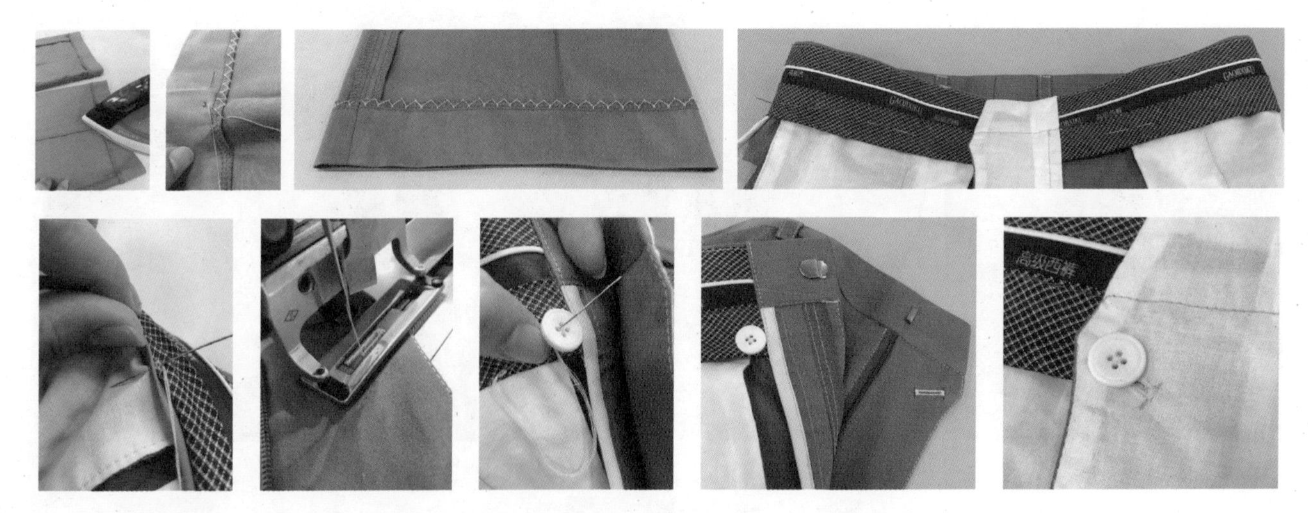

图 3-39　做脚口、封腰里、锁眼、钉扣示意图

8. 男西裤质量检验及成品展示

（1）成品规格检验：平铺测量各部位成品规格，与工艺单规格表及表 3-2 对照，检验各部位规格尺寸是否在公差范围内，如图 3-40 所示。

（2）外观质量检验：对照表 3-3 从各角度观察并检验男西裤成品的外观质量，如图 3-41 所示。

表 3-2　男西裤成品规格公差范围参照表

序号	部位	成品测量方式	公差范围	备注
1	裤长	沿裤中线叠好、摊平，由腰上口沿侧缝垂直量至脚口	±1.5 cm	5•2 系列（长裤）
2	腰围	将裤钩或纽扣扣好，沿腰宽中间横量（周围计算）	±1.0 cm	
3	臀围	裤子摊平，从前身侧缝袋下口处横量（周围计算）	±1.0 cm	
4	脚口	沿裤中线叠好、摊平，裤子下口横量（周围计算）	±0.5 cm	

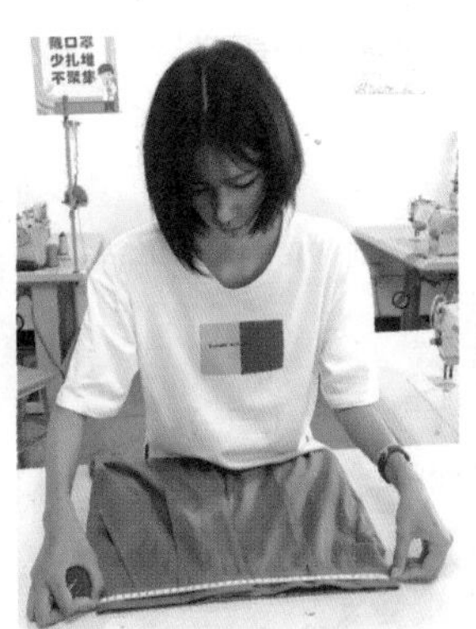
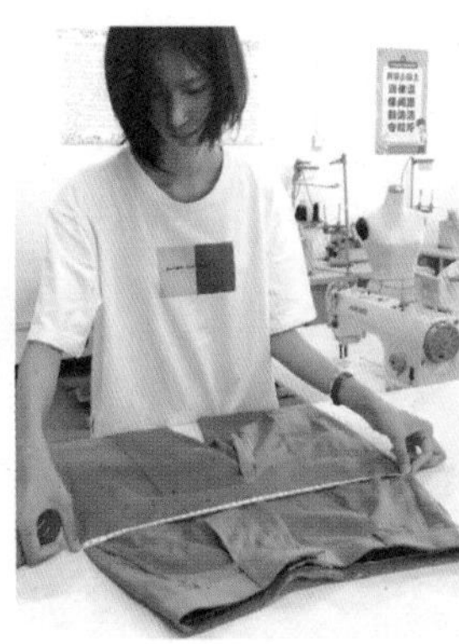

图 3-40　男西裤成品测量示意图

表 3-3　男西裤外观质量检验标准参照表

序号	部位	外观质量检验标准
1	腰头及门、里襟	面里衬松紧适宜且平服，缝线顺直，长短互差不大于 0.3 cm
2	前、后裆	缝线圆顺、平服，上裆缝、十字缝平整且无错位
3	裤耳	位置准确，前后互差不大于 0.6 cm，高低互差不大于 0.3 cm，缝合牢固
4	裤袋	袋位高低、前后、斜度大小一致，互差不大于 0.5 cm，袋口顺直平服，无毛漏；袋布平服
5	裤腿、脚口	裤腿长短、肥瘦一致，两脚口平服且大小一致，互差不大于 0.4 cm
6	线迹	明线针距密度每 3 cm 为 14 ~ 17 针；手工针每 3 cm 不少于 7 针；三角针每 3 cm 不少于 4 针
7	整体	各部位熨烫平服、到位，无亮光、水花、污渍；裤线顺直，臀部圆顺，裤脚口平直

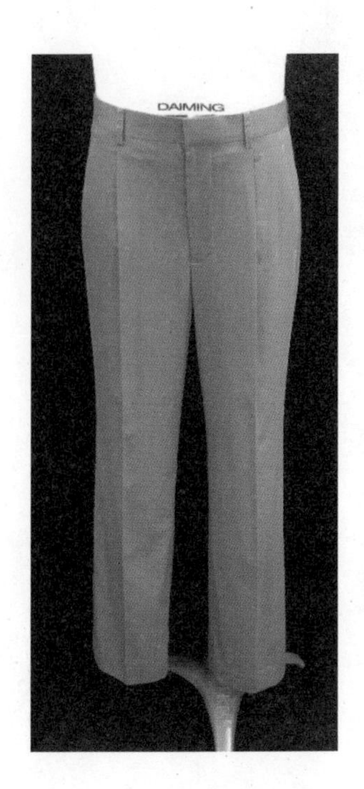

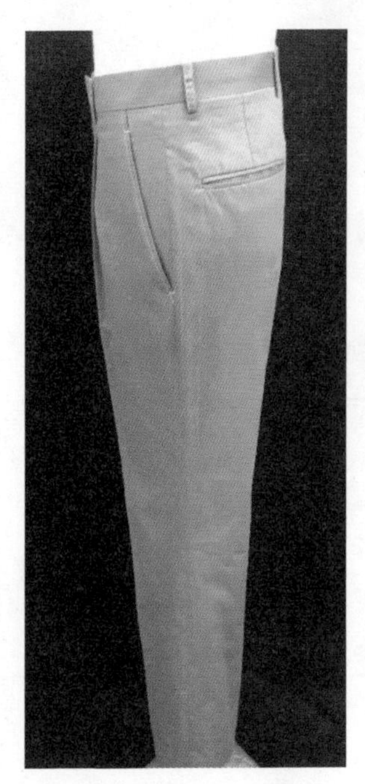
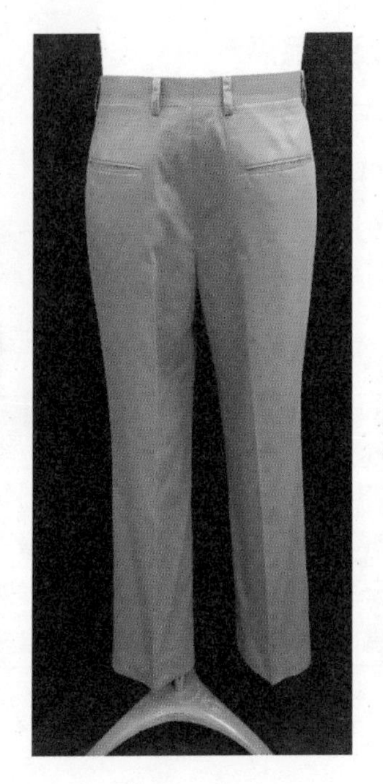
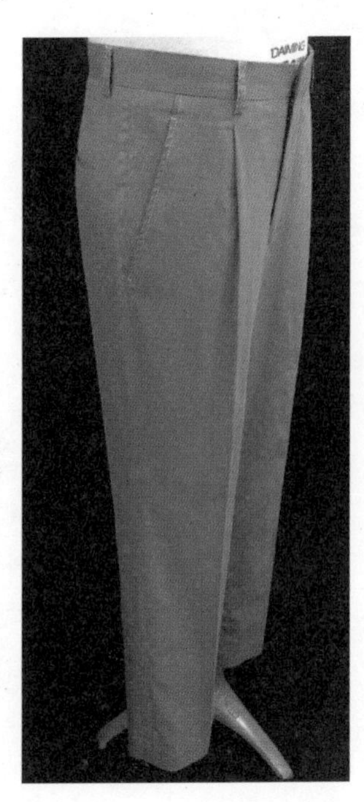

图 3-41　男西裤成品展示及外观检验示意图

三、学习任务小结

通过本次任务的学习，同学们已经完成了第一条男西裤 1:1 的打版与实样制作，可以总结一下经验与老师、同学分享。口袋和门里襟的结构与工艺是难度较大的地方，需要大家在课后不断加强练习。服装打版与制作需要细心、耐心，除了多观察、多思考相近款式在结构与工艺上处理的异同，一定要持续不断地动手实践，才能熟能生巧、举一反三。

四、课后作业

（1）用 PPT 展示自己课堂所做 1:1 男西裤打版与制作的全流程，并完成总结与反思。

（2）按图 3-42 绘制该款男西裤工艺单，完成 1: 5 制图及 1: 1 后袋（单嵌线挖袋）的制作。

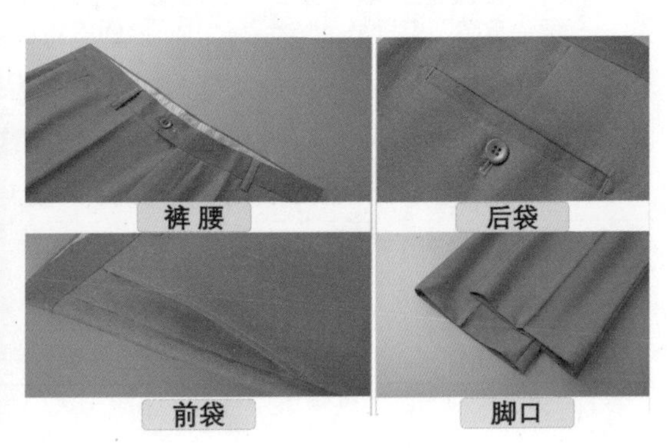

图 3-42　男西裤产品信息示意图

女式时装裤打版与工艺分析

教学目标

（1）专业能力：了解女裤变化规律，掌握时装裤结构变化原理，能进行打版及工艺流程分析。

（2）社会能力：引导学生遵守岗位职责，树立安全意识，掌握安全和规范操作的方式方法。

（3）方法能力：培养填表画图、语言表达和总结规律、举一反三的能力。

学习目标

（1）知识目标：能区分裤子的类别，理解女裤变化规律，了解女裤结构变化原理和制图方法。

（2）技能目标：能运用裤子结构变化原理对不同裤子进行结构处理，能按工艺要求制作女裤。

（3）素质目标：会使用安全和规范操作的方式方法，知道严谨规范、细致耐心的重要性。

教学建议

1. 教师活动

（1） 展示样衣或图片，引导学生分析女裤款式、规格、工艺技术要求及面辅材料与男裤的异同。

（2）教师运用多媒体课件、实例过程演示等，讲授女裤规格设定的方法、女裤结构变化原理。

2. 学生活动

（1）观察样衣或款式图片，积极思考并回答教师的提问。

（2）选定女式时装裤，制作工艺单，按变化款原理制图、打版并制作女裤样衣。

一、学习问题导入

各位同学，大家好！今天我们开始学习女式时装裤的打版与制作。通过之前男西裤的学习，我们知道了裤子与裙子在结构上最大的不同是多了一个裆部。那么女裤和男裤在设计上有什么不同呢？版型及工艺处理上又有什么区别？观察图 3-43，说说男裤和女裤的异同点。

图 3-43　男裤和女裤实物图片

二、学习任务讲解

1. 男、女裤装的异同点

分析男、女裤装的异同点，如表 3-4 所示。

表 3-4　男、女裤装异同点分析

异同点	男裤	女裤
款式 / 造型方面	廓形单一，以 H 形长裤、九分裤、五分短裤为主，细节设计点较少	廓形随潮流及功能而变，H、A、X、O、V 形的长裤、九分裤、七分裤、五分裤、超短裤等均可，细节设计点多。
色彩方面	以黑色、藏蓝、灰色、卡其等沉稳的中性色为主	不拘一格，可按场合、风格、流行、喜好等选择沉稳、张扬、清新、古朴等色彩
材质方面	棉、麻、毛、涤、混纺等为主，挺括、悬垂、耐磨上要求较高	除棉、麻、毛、涤、混纺外，真丝、锦纶、氨纶、人造纤维、复合纤维等均可，或轻薄飘逸，或厚实挺括，或滑爽悬垂，或高弹紧致
结构 / 工艺方面	合体型为主，传统经典工艺为主导	规格、结构均跟随款式而变，腰臀合体或宽松。腰头、裤耳、开口、真假口袋等变化较多；拼接 / 滚边 / 腰带 / 开叉等装饰变化多样

2. 女裤规格设定方法

裤子规格尺寸应根据款式图、人体测量、样衣测量或穿着者要求等设定。松量的设计以合体美观为前提且需符合人体运动机能与舒适度。同样是西裤，不同年龄的男性、女性有不同喜好，对合体的理解也不一样。比如年轻女性大多喜欢腰围紧一些，可以使腰显得更细，故裤子腰围松量设 0 ~ 2 cm；而男性喜欢裤腰略松一些，穿起来腰位可落在腰线下一点的位置，故裤子腰围松量设 2 ~ 3 cm。西裤臀围松量可比西裙大 3 ~ 6 cm，上裆体测后可加 2 cm 左右松量，以满足裆部和下肢活动需要。关键部位测量可参考图 3-44。

（1）下身长：光脚从腰围线垂直量至脚后跟（地面）的长度。定长裤的裤长一般应穿上鞋量至踝骨下 3 cm 左右。

（2）腰围：在腰部最细处水平围量一周。

（3）臀围：在臀部最宽处水平围量一周。

（4）臀长：从腰围线垂直量至臀围线的长度。

（5）上裆长：又称为直裆，坐着或站着测量均可。坐姿测量是从腰围线垂直量至板凳面的长度；站姿测量是从腰围线垂直量至裆底的长度（站姿时裆底可夹一直尺，方便测量）。

（6）下裆长：站姿从裆底垂直量至地面的长度（裤长 = 上裆长 + 下裆长）。

（7）足围：从脚后跟绕脚背一圈测量。

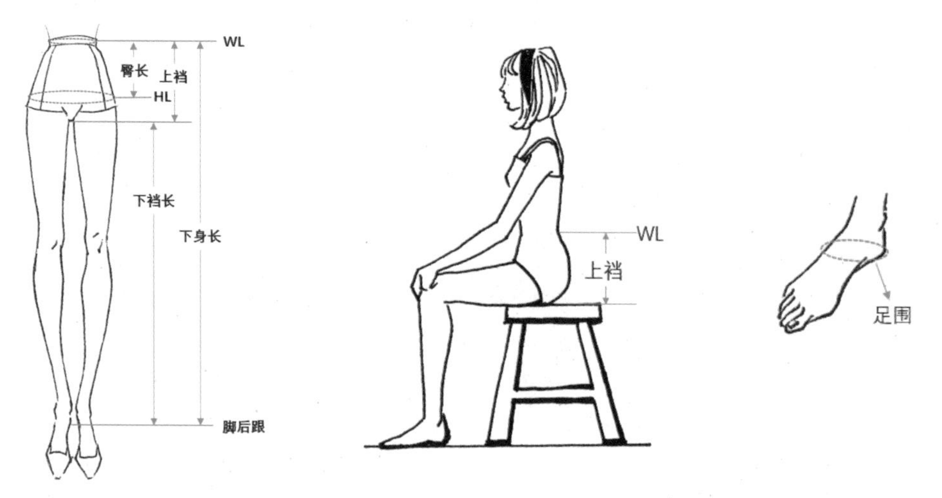

图 3-44　人体下身测量示意图

3. 女裤结构变化原理

在款式上女裤可以按廓形、腰头、长短、省褶等分类，结构也相应发生变化。

（1）不同廓形的女裤结构处理如图 3-45 所示。

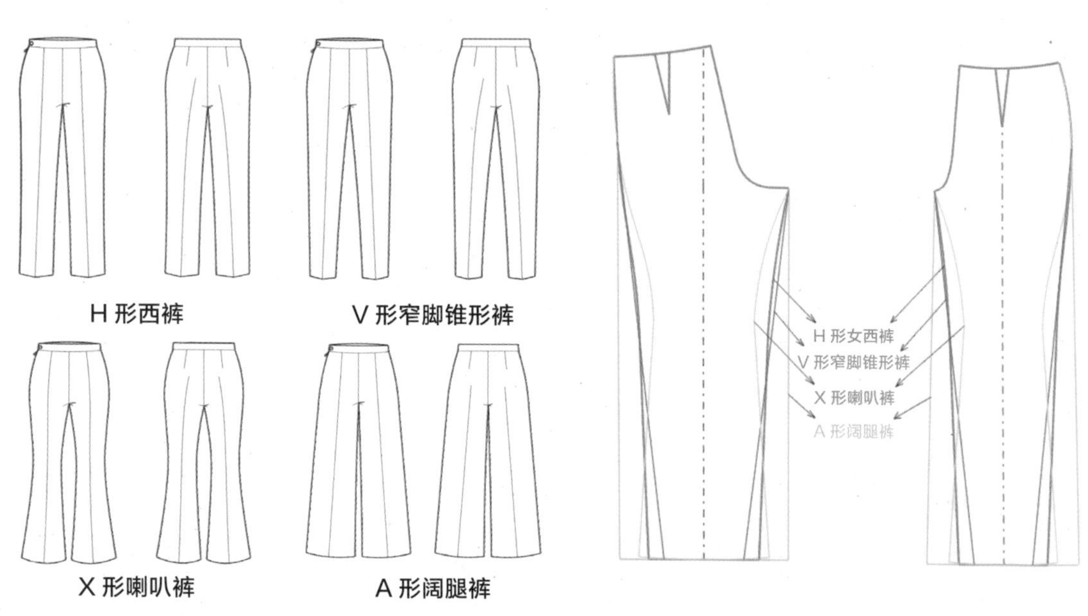

图 3-45　不同廓形女裤的结构示意图

（2）不同腰头女裤的结构处理如图 3-46 所示。

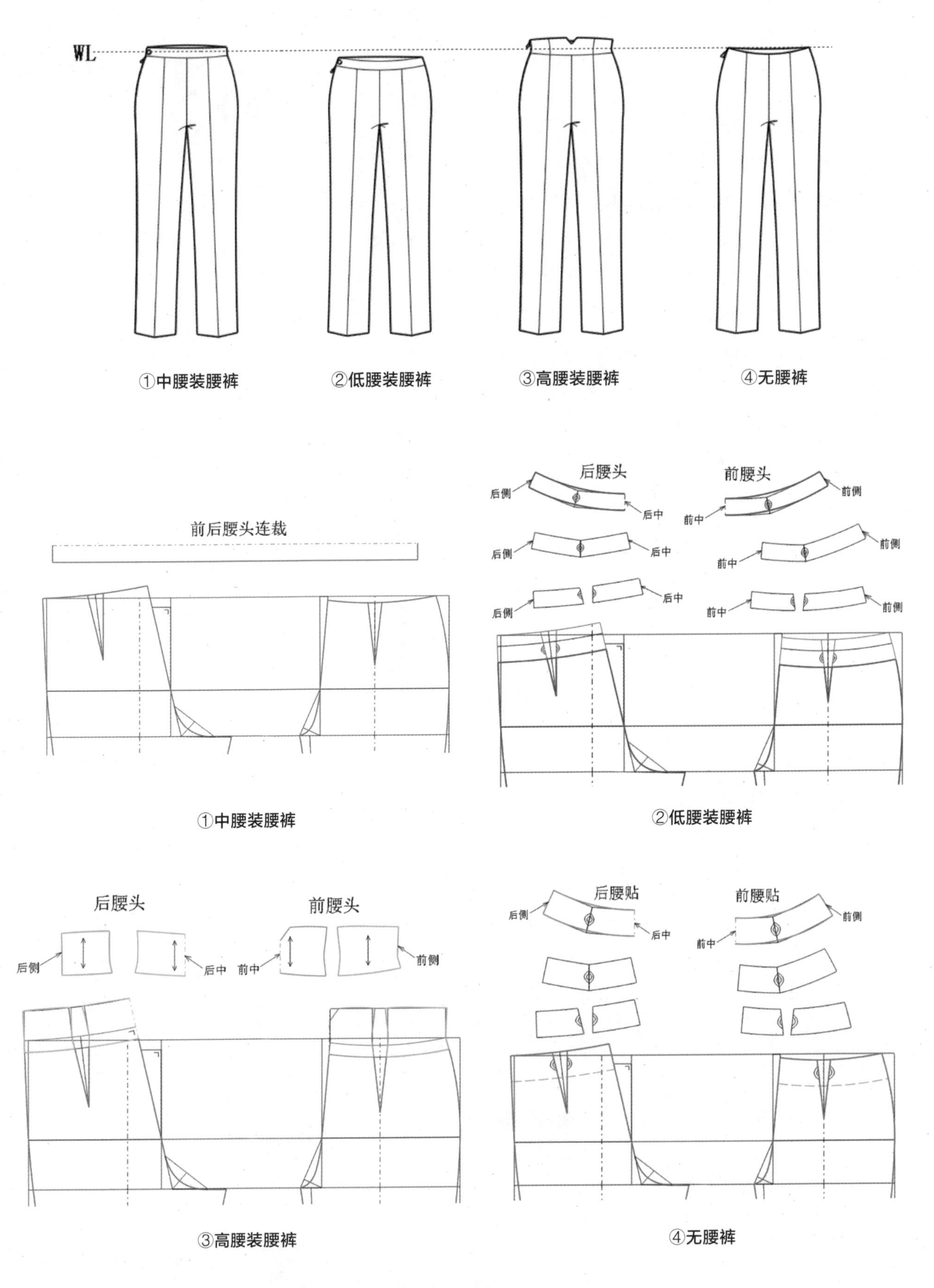

图 3-46　不同腰头女裤的结构示意图

（3）不同长短女裤的结构处理：长裤与九分裤（长裤的 9/10，脚踝略上）、七分裤（长裤的 7/10，小腿肚附近）、中裤（膝盖略下）、五分裤（长裤的 5/10，膝盖附近）、短裤（大腿中部附近）、热裤（接近裆底）等长短方面结构变化，参见图 3-47。

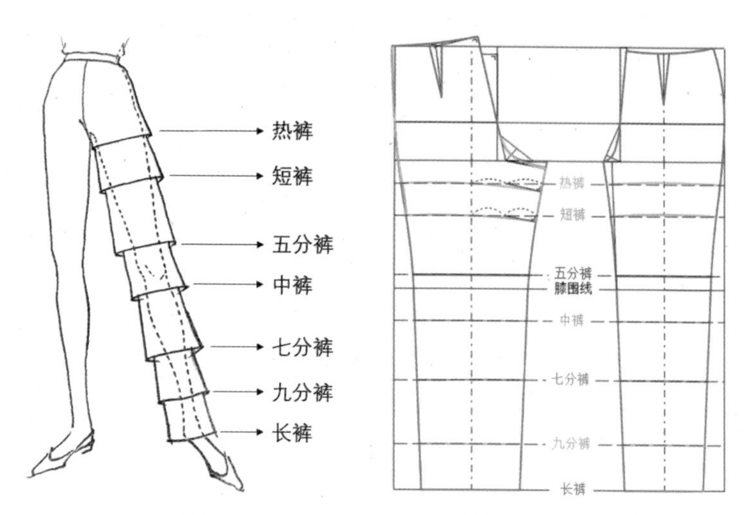

图 3-47　不同长度女裤的结构示意图

（4）不同省褶数量女裤的结构处理：女裤臀腰差量可用省道、分割线或褶裥进行处理。合体型或紧身型女裤，后片一般可设置 1 ~ 2 个省，前片腰部无褶无省或 1 ~ 2 个省；臀部较宽松型裤子，前腰部可设 1 ~ 2 个褶裥；臀部宽松型裤子，前腰部可设多个褶裥。不同省褶数量的裤子结构处理参见图 3-48。

4. 实例分析女式时装裤的打版与制作

（1）产品分析，如表 3-5 所示。

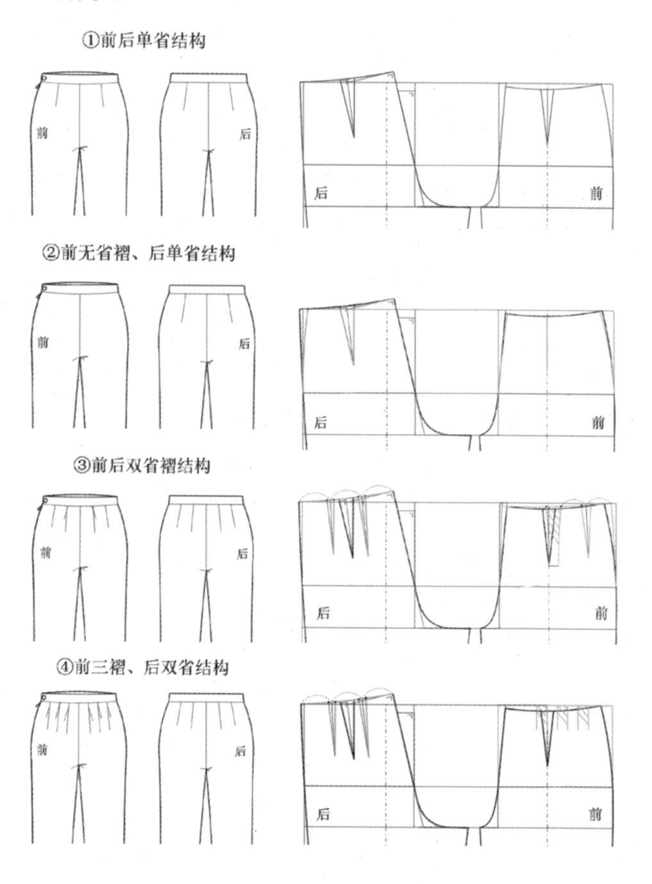

图 3-48　不同省褶数量女裤的结构示意图

表 3-5　女式阔腿时装裤工艺单

服装工艺单		
品牌	GHL	正面款式图　背面款式图
款号	2022F-002	
季节	夏季	
款式名称	女式阔腿时装裤	
工位号		
交货日期		

1. 款式特征

（1）裤头、拉链：女式阔腿时装裤，直腰头，无裤耳，前中装门里襟拉链，腰上锁眼钉扣一粒。

（2）裤片：前、后裤片烫裤中线，前、后腰口左右各收一个省，侧缝直插袋左右各一，且袋口有装饰明线。

（3）裤脚口：平脚口，缉明线。

2. 成衣规格表（单位：cm）

号型	裤长	腰围	臀围	上裆	脚口	腰宽	侧袋大
160/66A	100	68	94	28	56	3	15

注：合体女式时装裤腰围松量 0 ~ 2 cm，臀围松量 7 ~ 10 cm，上裆（立裆）=H/4+3 ~ 4 或直接测得。本例裤长规格含腰头宽，从腰头顶沿侧缝垂直量至脚踝下 2 cm 而得。

3. 工艺技术要求

（1）针距要求：平缝 14 ~ 17 针 /3 cm。

（2）裤头、门里襟拉链：门里襟装尼龙明裤链，里襟连裁，门襟沿弯刀缉明线，里襟缉 0.1 cm 明线；门襟在右、里襟在左，腰头锁眼及钉扣各一。

（3）前袋：侧缝直插袋，正面袋口缉 0.5 cm 装饰明线，袋底来去缝兜缉 0.4/0.6 cm。

（4）侧缝、裆缝：单层锁边、分缝烫。

（5）脚口：折双折缉 2.5 cm 明线。

4. 面料、辅料说明

（1）面料：梭织无弹棉麻布，口袋布与面布可同料。

（2）辅料：树脂腰衬、直丝牵条衬、双面衬、闭尾西裤链、树脂纽扣、面料缝纫线。

以上工艺单描述了这款女式时装裤的款式特征，确定了结构处理方式和规格尺寸，厘清了工艺要点及要求，明确了各部位面辅材料品类。现在我们依据这张工艺单开始制图。

（2）结构制图。

①前后片框架制图：为使阔腿裤更美观，侧缝可略往后身移动，因此前臀围制图公式设置为 H/4+0.5，而后臀围设置为 H/4-0.5，前、后腰围公式也相应加减 0.5。根据人体体型及裤型不同，男裤一般后裆斜度取 15 ：3，而女裤取 15 ：3.5。如图 3-49 所示。

②前后片轮廓制图：单个省的大小一般控制在 3 cm 或以下，臀腰差量较大的时候可将臀腰差量分配在省褶、侧缝、中缝或内部分割线处，如图 3-50 所示。

③零部件制图：包括腰头、门襟、里襟、侧缝直插袋袋布，如图 3-51 所示。

（3）打版。

①面布样板：本款女式阔腿时装裤共 5 个面布样板，分别是前裤片、后裤片、门襟、里襟和腰头，均可采用统一布料，参见图 3-52。

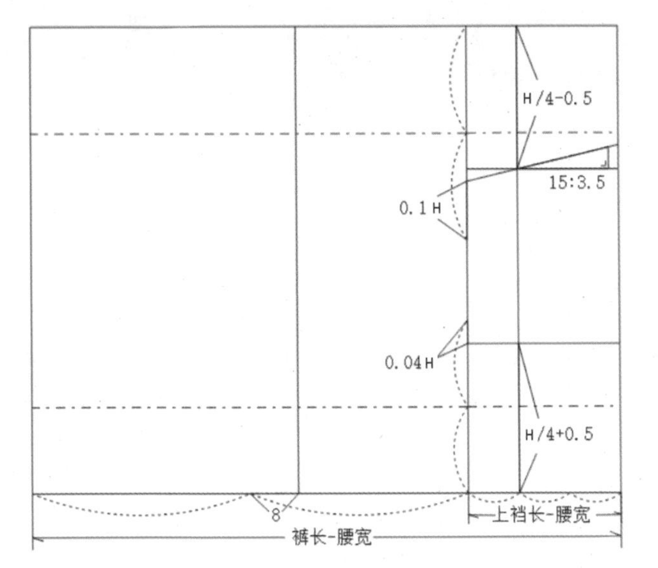

图 3-49　女式阔腿时装裤前后片框架制图示意图

图 3-50　女式阔腿时装裤前后片轮廓制图示意图

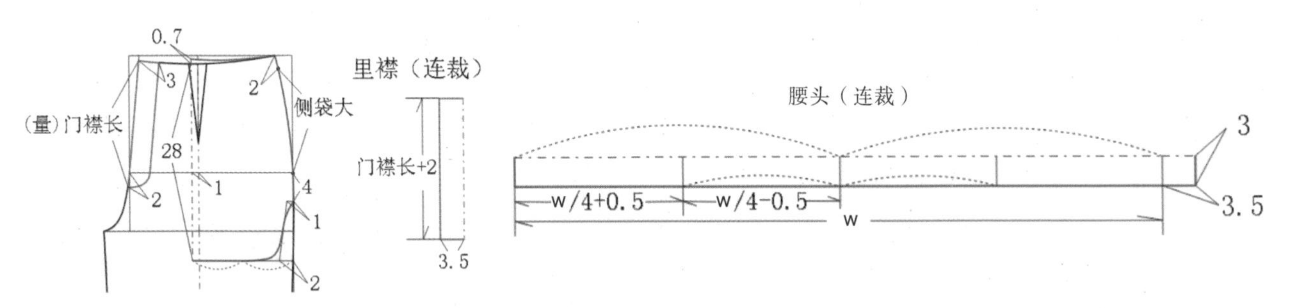

图 3-51　女式阔腿时装裤零部件制图示意图

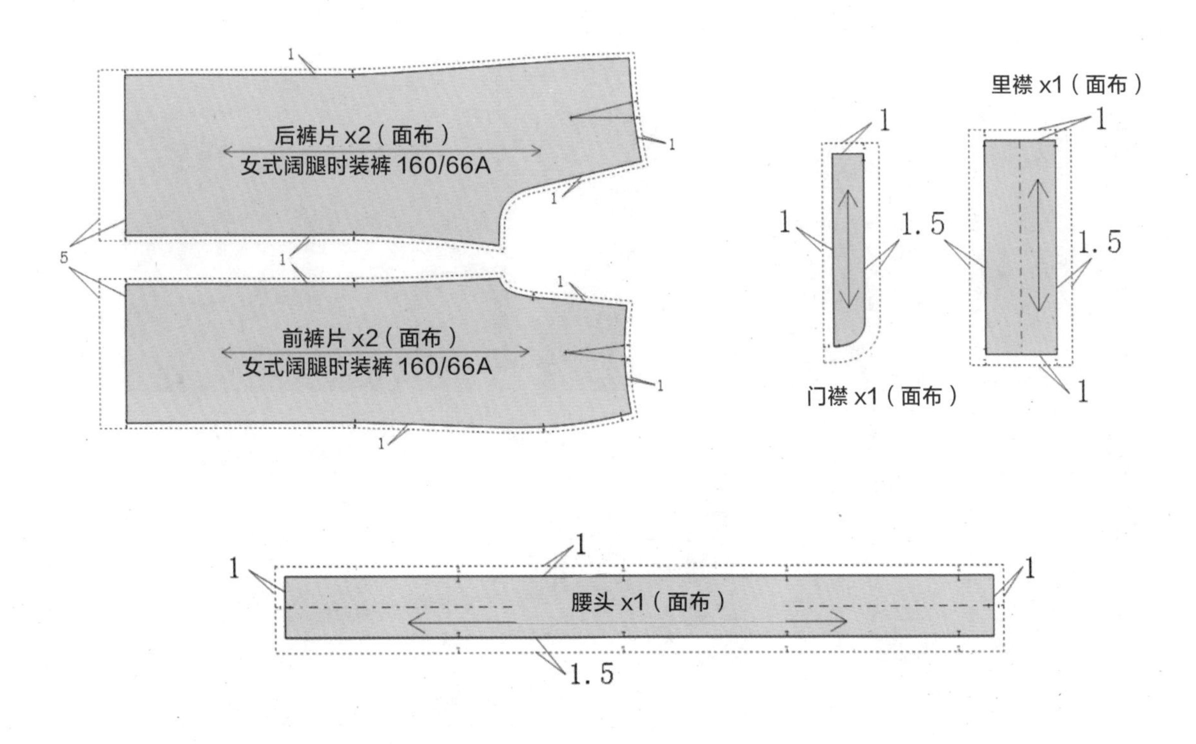

图 3-52　女式阔腿时装裤面布样板放缝示意图

②袋布样板：袋布建议采用与裤身同色薄棉布，上下层袋布可连裁，参见图 3-53。

③衬料样板：本款女式阔腿时装裤共 3 个衬料样板，分别是门襟衬、里襟衬、腰头衬各一片，参见图 3-54 中示意图阴影部分。

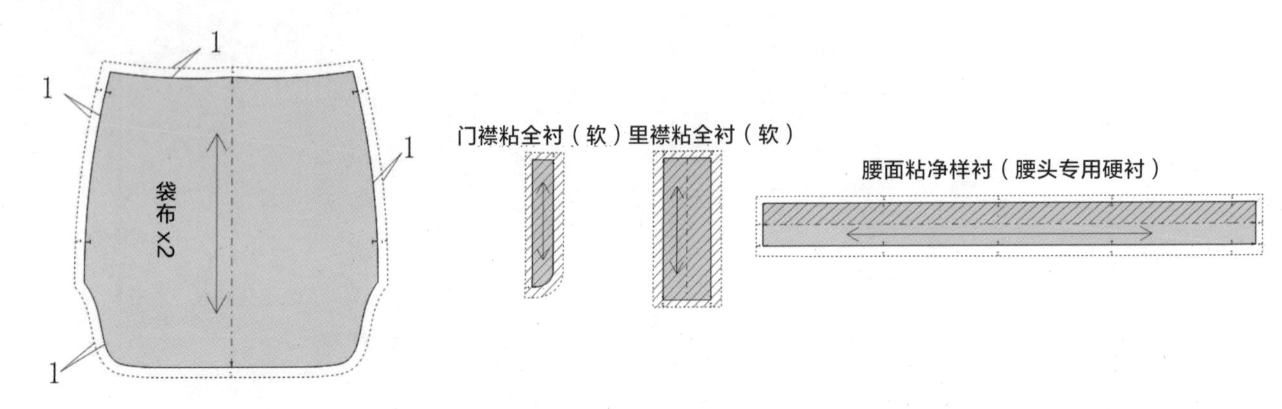

图 3-53　女式阔腿时装裤袋布样板放缝示意图

图 3-54　女式阔腿时装裤衬料样板示意图

（4）工艺分析。

①工艺流程：检查裁片→归拔裤片、烫出裤中线→锁边→缉省、烫省→缉合侧缝、分烫→做、装直插袋→缉合下裆缝、分烫→缉合裆缝、分烫→做、装门里襟拉链→做、装直腰头→做脚口→锁眼钉扣→整烫→检验。

②工艺重难点。

A. 做、装直插袋：为了更清晰呈现两层袋布组合的关系，本款式工艺制作图例中的袋布并非连裁，而是分开上、下两层，上层袋布采用了异色布料（白棉布），特此说明。

合侧缝（袋口不缝），分缝烫开→小袋布与袋口缉缝→袋口缉明线→大小袋布袋底兜缉来去缝→合大小袋布中缝，锁边，固定大袋布与后裤片侧缝→正面垫水布熨烫，如图 3-55 所示。

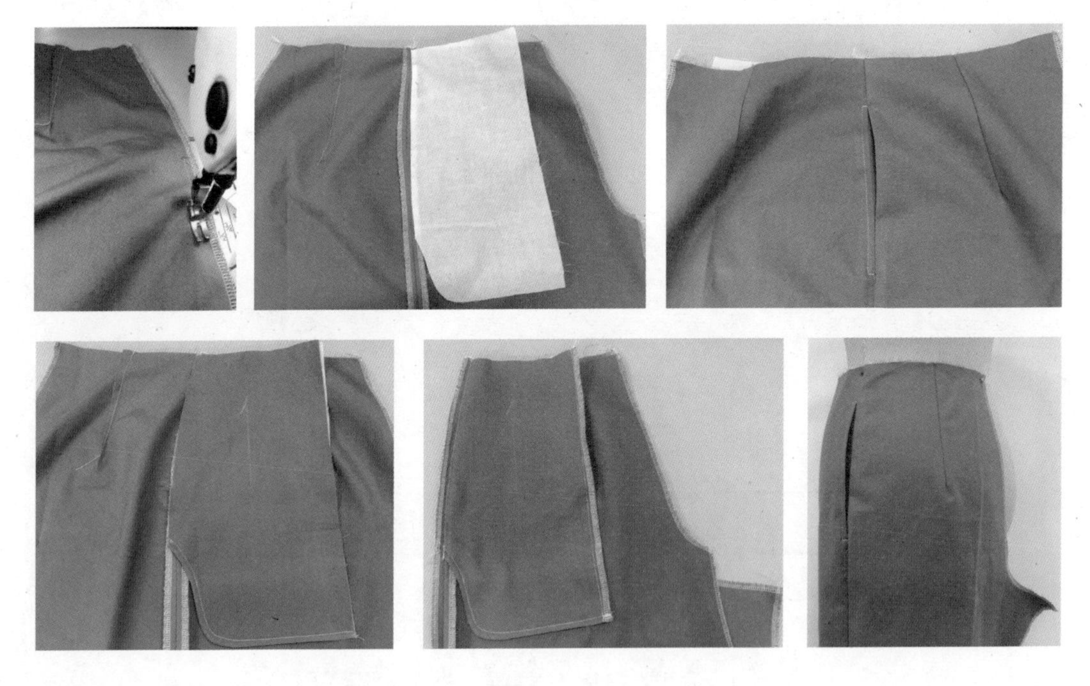

图 3-55　做、装直插袋示意图

B. 做、装门里襟拉链：合前后裤片裆缝、门里襟粘衬→缉合里襟底，门里襟锁边→拉链固定在里襟上→绱门襟→缉门襟明线→绱里襟→摞针固定门里襟口→翻至里口固定门襟片与拉链位→正面缉缝双线固定门襟拉链→正面漏粉定弯刀明缉线迹→缉缝明线并封三角→反面固定门里襟，如图 3-56 所示。

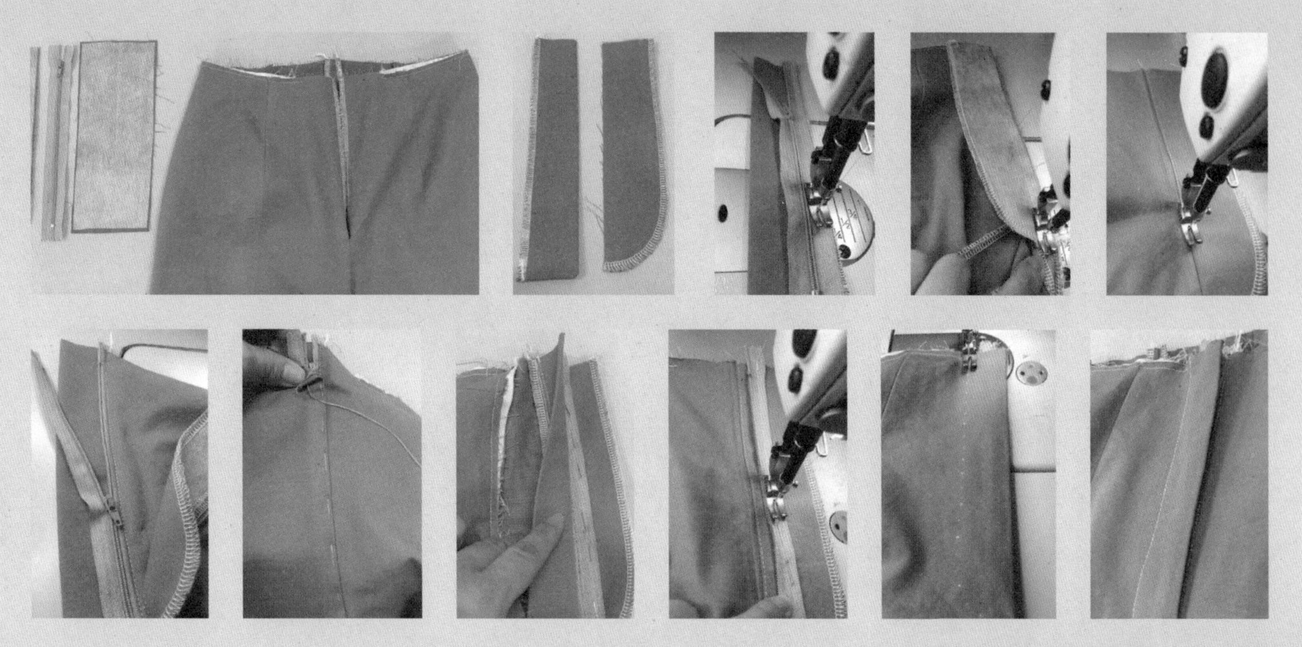

图 3-56　做、装门里襟拉链示意图

三、学习任务小结

通过本次任务的学习，同学们了解了裤子的款式变化规律及结构变化原理，通过一款女式时装裤打版与实样制作的练习，加深对裤装结构与工艺变化的认知。女裤直插袋、门里襟均与男西裤不一样，需要大家在制作时多多对比与思考，课后鼓励同学们拓展其他款式进行练习，加强裤装结构变化的思考与工艺重难点的探索。

四、课后作业

（1）收集女裤资料，绘制一款女式时装裤工艺单，完成其小板、大板与实样制作。

（2）用 PPT 展示自己所做女式时装裤打版与制作的全过程，并完成总结与反思。

牛仔裤打版与制作

教学目标

（1）专业能力：培养识图看单能力；掌握牛仔裤打版与制作流程和方法；按单制作样衣。

（2）社会能力：引导学生遵守岗位职责，树立安全意识，掌握安全和规范操作的方式方法。

（3）方法能力：培养能识图、会表达以及总结反思的能力。

学习目标

（1）知识目标：能识图看单，说出打版和制作的依据；了解牛仔裤打版与制作的流程和方法。

（2）技能目标：能分析牛仔裤产品信息和制作工艺单，制作牛仔裤样衣，完成质量检验。

（3）素质目标：了解安全和规范操作的方式方法，培养严谨规范、细致耐心的品质。

教学建议

1. 教师活动

（1）教师展示牛仔裤工艺单及样衣，引导学生找出制图、打版和工艺制作的依据。

（2）运用多媒体、实例演示等，讲授牛仔裤打版与制作流程和方法，引导学生制作样衣并质检。

2. 学生活动

（1）观察工艺单及样衣，思考并回答教师提问。

（2）制作自己的牛仔裤工艺单，按打版与制作流程制作 1：1 样衣并进行质量检验。

一、学习问题导入

各位同学，大家好！今天我们学习牛仔裤的打版与制作。我们知道在开始一件服装产品的打版与制作之前，必须先了解产品的款式、面料、结构及工艺，下面我们先来仔细观察一下产品。同学们都比较熟悉牛仔裤，请描述一下它的典型特征。仔细观察图 3-57 几款牛仔裤，说说牛仔裤和西裤、时装裤有什么异同。

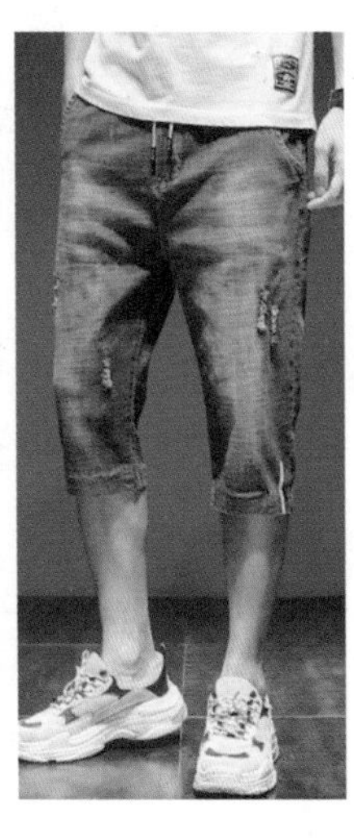

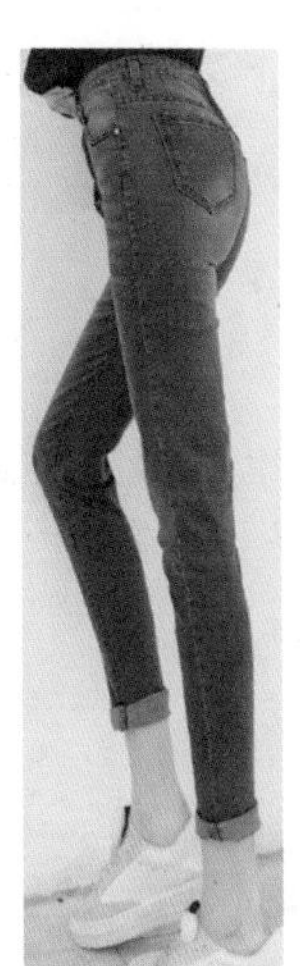
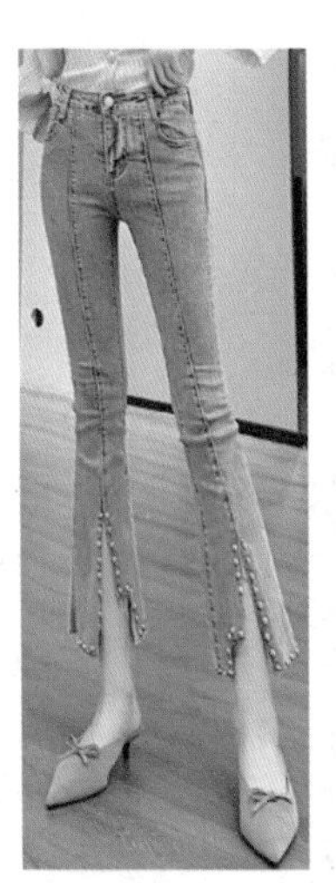
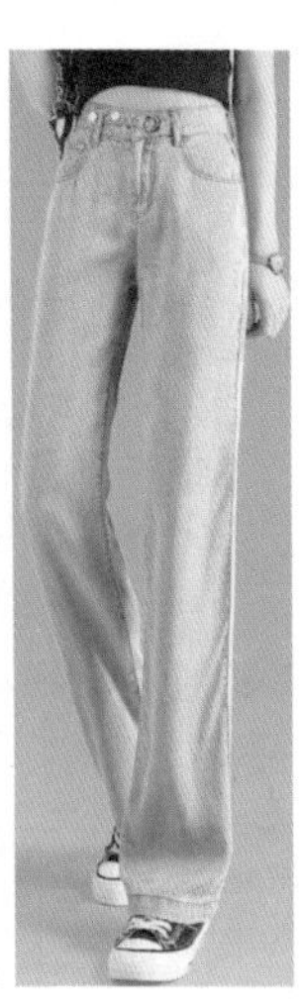

图 3-57　牛仔裤实物图片

二、学习任务讲解

1. 产品分析

本次打版与制作的任务是一款牛仔裤，我们首先分析并绘制这件牛仔裤的工艺单，如表 3-6 所示。

表 3-6 所示工艺单描述了这款牛仔裤的款式特征，确定了结构处理方式和规格尺寸，厘清了工艺要点及要求，明确了各部位面辅材料品类。现在我们依据这张工艺单开始制图。

2. 牛仔裤制图

（1）框架制图：牛仔裤通常包臀合身，强调臀部曲线，侧缝偏前更能突出臀部造型，因此本例前臀围制图公式设置为 H/4-2，而后臀围设置为 H/4+2，前、后腰围公式相应加减，前、后脚口分配公式也作相应调整。根据人体体型及裤型不同，牛仔裤一般后裆斜度取 15 ： 3.5 ~ 4.5，大、小裆宽的差数也可以略减，如图 3-58 所示。

（2）轮廓制图：牛仔裤轮廓制图如图 3-59 所示。

①前后身轮廓：定出腰口大→定出脚口大→定内裆→连接并画顺侧缝、腰口、裆缝、内裆、脚口→定省线、低腰线、飞机头→定前袋口、袋垫、表袋、小袋布、后贴袋→定门襟。

②零部件轮廓：前后腰头合并→飞机头合并→定大袋布→定里襟、裤耳。

3. 牛仔裤样板制作与复核

（1）裁剪样板。

①面布样板：如图 3-60 所示，本款牛仔裤共 10 个面布样板，均采用统一牛仔布。本例绿色填充部分表示净样，虚线表示毛样。除图中标注的放缝量外，其余未标注的各边放缝量均为 1.2 cm。

表 3-6　牛仔裤工艺单

服装工艺单		
品牌	GHL	正面款式图　背面款式图
款号	2022F-003	
季节	夏季	
款式名称	牛仔裤	
工位号		
交货日期		

1. 款式特征

（1）裤头、拉链：低腰牛仔热裤，装腰头，锁眼装扣，裤耳 5 只，前门里襟装金属拉链。

（2）裤片：前侧左右各一月牙形插袋，右侧小贴袋（表袋）一个，袋口有撞钉装饰；后片有飞机头分割线，后贴袋左右各一。

（3）裤脚口：折双折缉单明线。

2. 成衣规格表（单位：cm）

号型	裤长	腰围	臀围	上裆	脚口	腰宽	内裆	门襟长 / 宽	裤耳长 / 宽	前袋大 / 深	后袋大 / 深
160/66A	30	70	96	26	58	4	6	11.5/3.5	5.5/1.2	10/7	13.5/13.5

注：低腰牛仔裤腰围按低腰位测量，臀围松量 8 ~ 10 cm，上裆（立裆）=H/4+1 ~ 2 或直接测得。本例裤长规格含腰头宽，从腰头顶沿侧缝量至脚口。

3. 工艺技术要求

（1）针距要求：平缝 9 ~ 11 针 /3 cm。

（2）前袋：两侧月牙形插袋，正面袋口缉 0.2/0.6 cm 双明线，袋底来去缝缉 0.4/0.6 cm。

（3）门里襟拉链：门里襟装拉链，里襟缉 0.2 cm 明线，门襟弯刀缉 3.5/0.6 cm 双明线。

（4）后袋：左右贴袋，袋口缉 1.2 cm 明线，周边缉 0.2/0.6 cm 双明线。

（5）飞机头、前后裆缝：锁边、倒缝烫，正面缉 0.2/0.6 cm 双明线。

（6）内裆缝（下裆缝）：平缝、锁边、倒缝烫，正面缉 0.2 cm 明线。

（7）侧缝：平缝、锁边、倒缝烫，正面上口 15 cm 缉 0.2 cm 明线。

（8）腰头：四周缉 0.2 cm 明线。

（9）脚口：脚口折双折，缉 1.2 cm 明线。

4. 面料、辅料说明

（1）面料：梭织无弹混纺斜纹牛仔布。

（2）辅料：梭织白色涤棉布（前袋布）、闭尾金属拉链、金属牛仔扣、撞钉、牛仔缝纫线

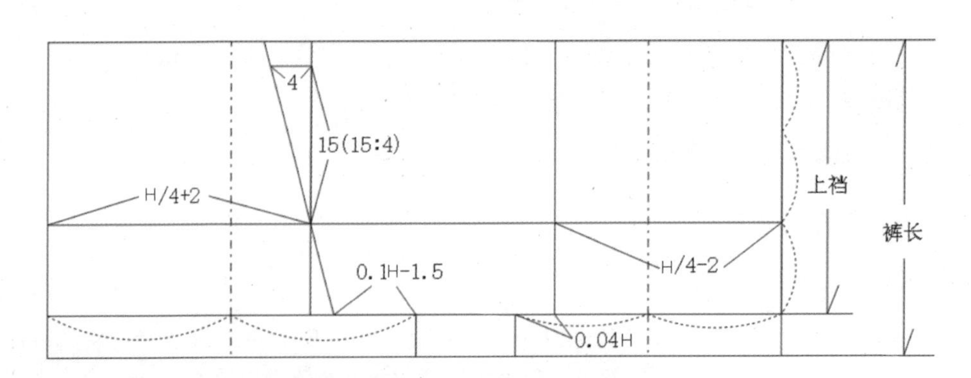

图 3-58　牛仔裤框架制图示意图

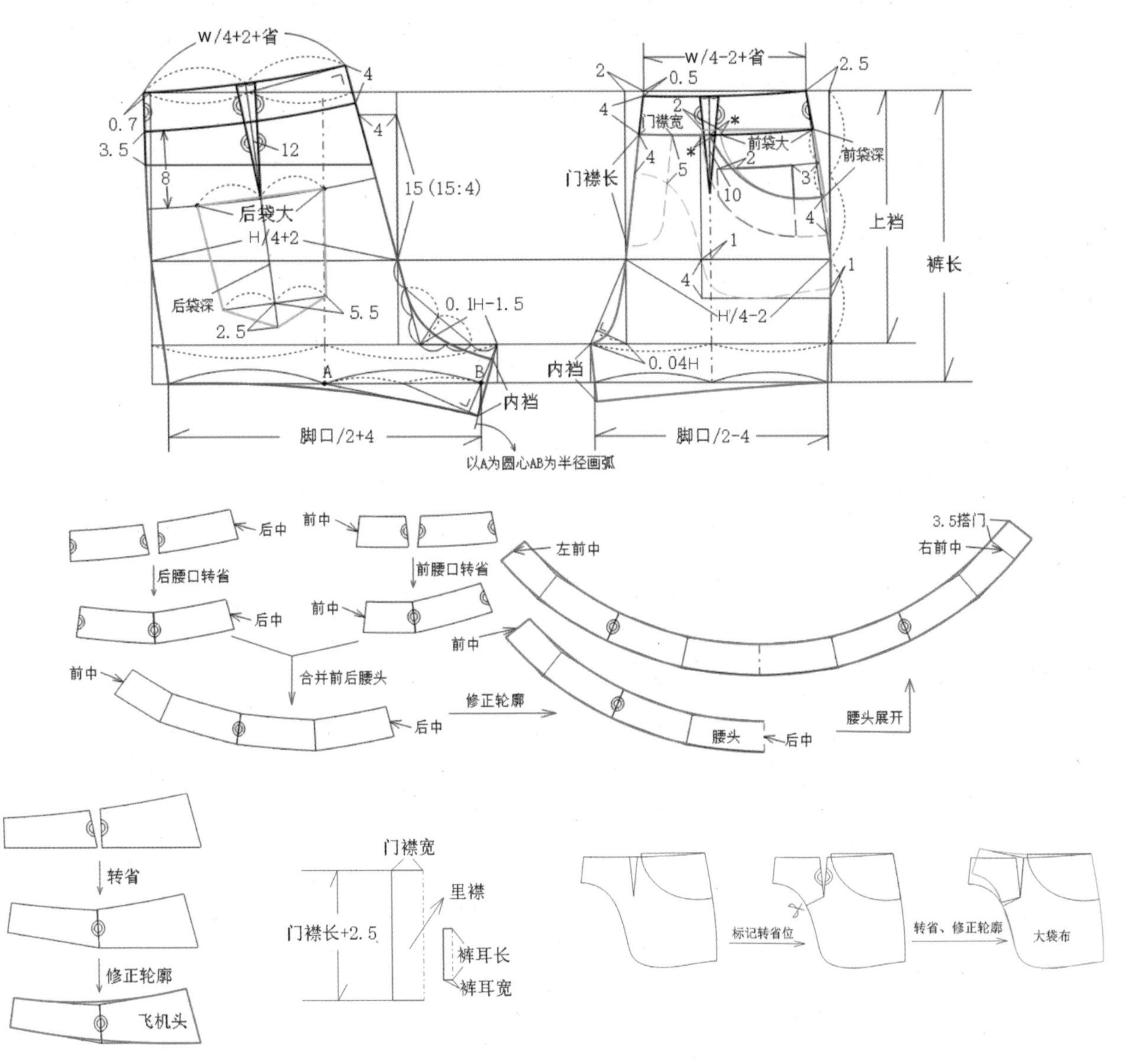

图 3-59　牛仔裤轮廓制图示意图

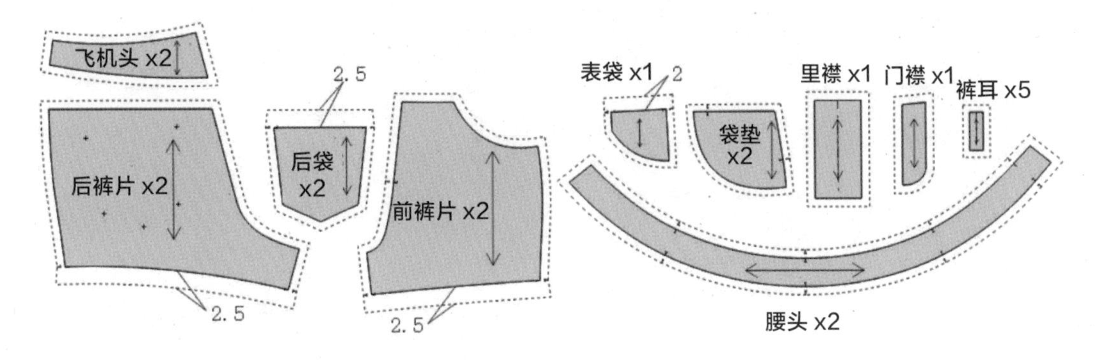

图 3-60　牛仔裤面布样板放缝示意图

②里布样板：如图 3-61 所示，本款牛仔裤共 2 个里布样板，分别是大、小前袋布，采用白色涤棉布，各边放缝量均为 1.2 cm。

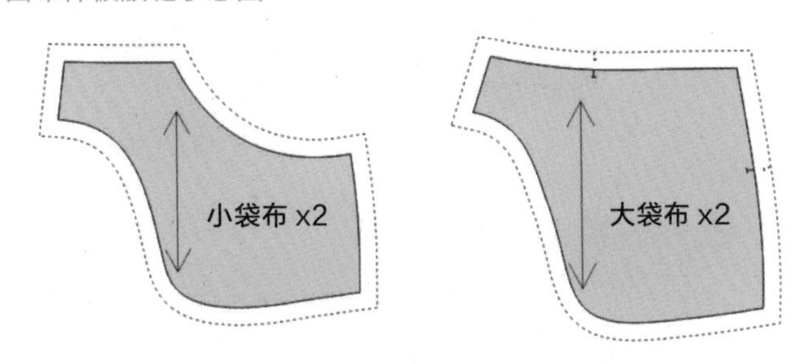

图 3-61　牛仔裤里布样板放缝示意图

（2）工艺样板。

①画线净样板：门襟、腰头。

②扣烫净样板：后袋、裤耳。

（3）样板复核。

①数量：检查各种样板数量与要求是否相符；检查标记及文字说明是否齐全。

②规格尺寸：检查放缝量是否合适；检查前、后侧缝是否等长；检查前、后下裆缝长度是否相等；检查腰头长度和腰围成品规格是否相符，注意观察剪口位是否对齐。

③线条轮廓：检查前后裆弧线对合后外轮廓是否圆顺；样板线条是否清晰顺直。

4. 牛仔裤备料

（1）面布：梭织无弹混纺斜纹牛仔布，门幅 144 cm，本例短裤用料长度≈腰围 +10 cm。

（2）袋布：前袋大小袋布用梭织白色涤棉布，门幅 144 cm，用料长度≈ 30 cm。

（3）拉链：13 cm 牛仔裤闭尾金属拉链 1 条，与面料配色。

（4）钮扣：金属牛仔扣 1 粒，直径 1.7 cm。

（5）铆钉：金属撞钉 5 粒，直径 0.7 cm。

（6）缝纫线：牛仔布通常配异色牛仔线，里料一般用与里料同色的缝纫线。（注：本书图例均用异色线。）

5. 牛仔裤排料划样裁剪

（1）检验：纸样及布料准备情况。

（2）铺布、排料划样：单件牛仔裤制作建议采用上下对折的双层铺布方式，排料根据纸样的大小、长短、主次依次排入，采用“一套、二对、三先三后”的基本原则，如图 3-62 所示。

（3）裁剪、捆扎：按裁剪原则开裁，先裁面布再裁袋布。做好正反标记，分类捆扎。

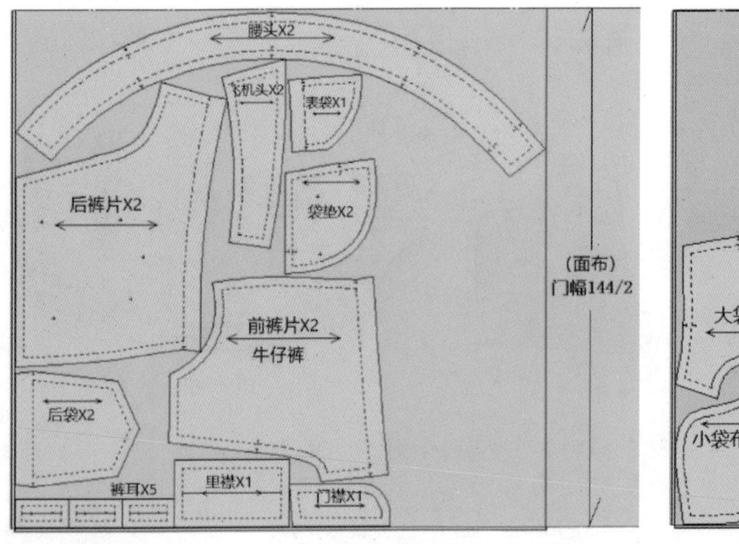

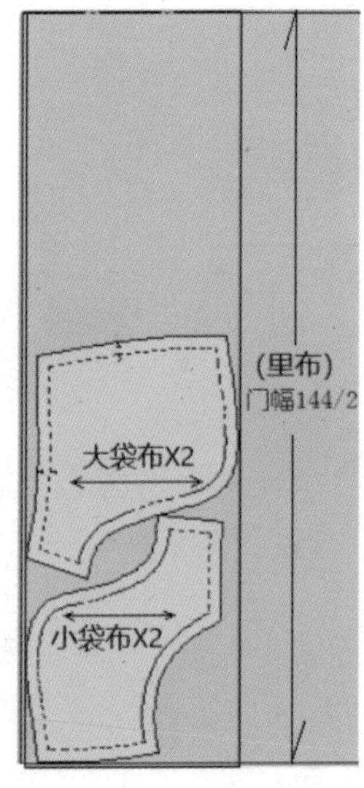

图 3-62　牛仔裤面布、里布排料示意图

6. 牛仔裤工艺流程分析

检查裁片→做后片→合后裆缝→做前插袋→做、装门里襟拉链→合下裆缝→合侧缝→做、装腰头→做、装裤耳→做脚口→锁眼、装牛仔扣、敲撞钉→整烫。

7. 牛仔裤缝制

（1）检查裁片：要求数量准确，内部干净，轮廓完整，标记齐全。

（2）做后片。

①拼合飞机头与后裤片：后裤片略吃与飞机头拼缝，锁边，缝份倒向飞机头，正面缉双明线，如图 3-63 所示。

②做后袋：折双折烫好后袋口，缉明线；按后袋净样板扣烫后袋周边缝份，如图 3-64 所示。

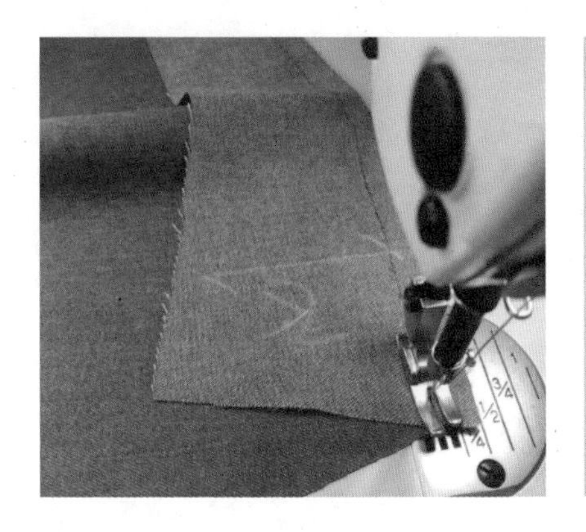
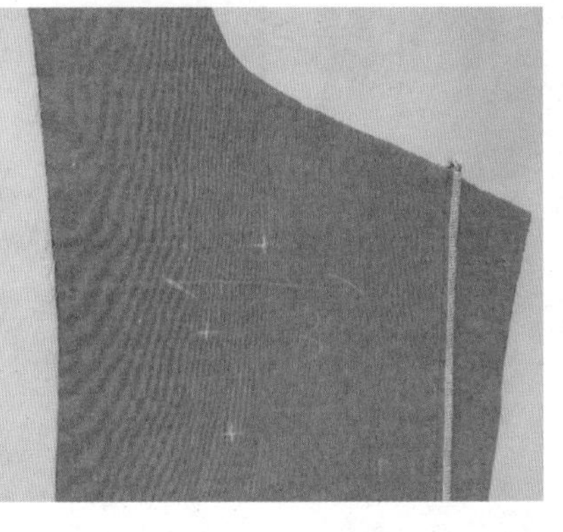

图 3-63　拼合飞机头与后裤片示意图

图 3-64　做后袋示意图

③绱后袋：正面做好后袋位标记，缉双明线将后袋贴缝于后裤片上，如图 3-65 所示。

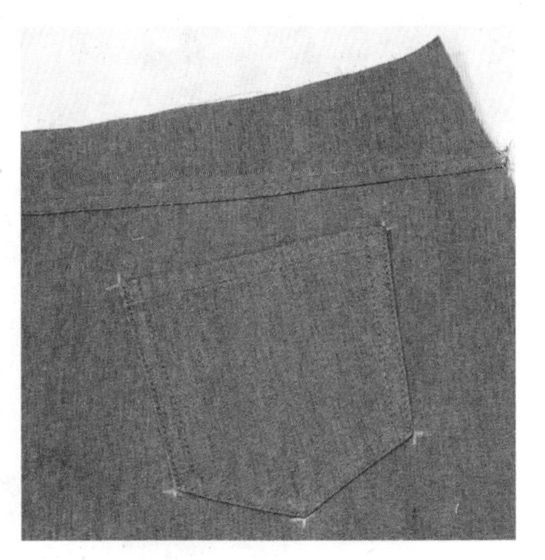

图 3-65　绱后袋示意图

（3）合后裆缝：左右后裤片拼合，锁边，缝份倒向左片，正面缉双明线，如图 3-66 所示。

（4）做前身月牙形插袋，如图 3-67 所示。

①做、装表袋：袋口扣烫缉双明线；袋两边缝份扣烫；将表袋按标记点贴缝装于右袋垫布上。

②固定垫袋布：左右垫袋布分别锁边，并沿锁边线缉缝固定于左右大袋布上。

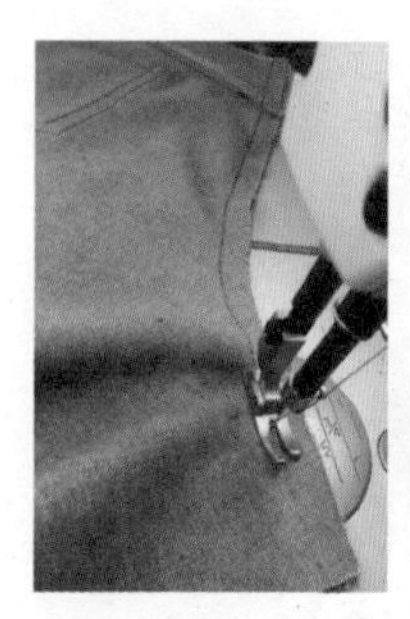

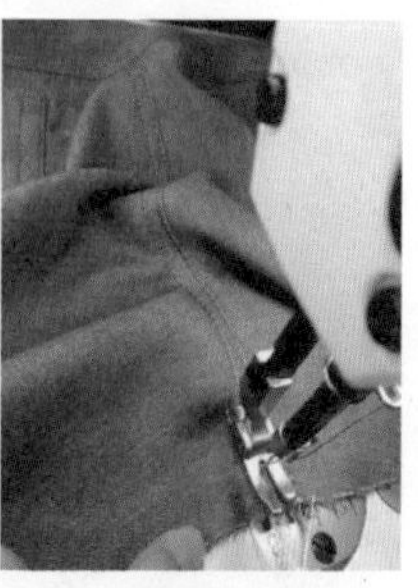
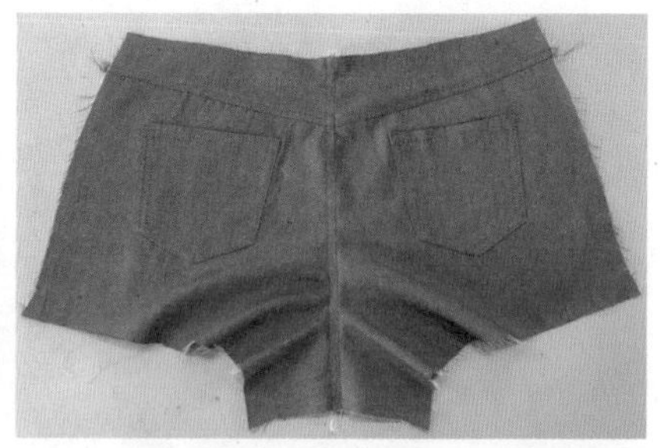

图 3-66　合后裆缝示意图

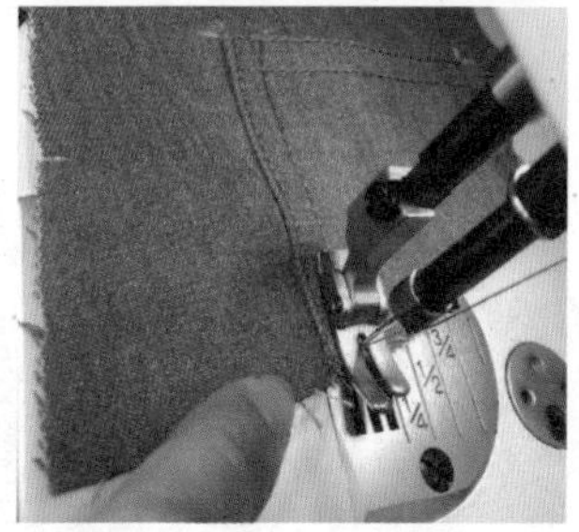

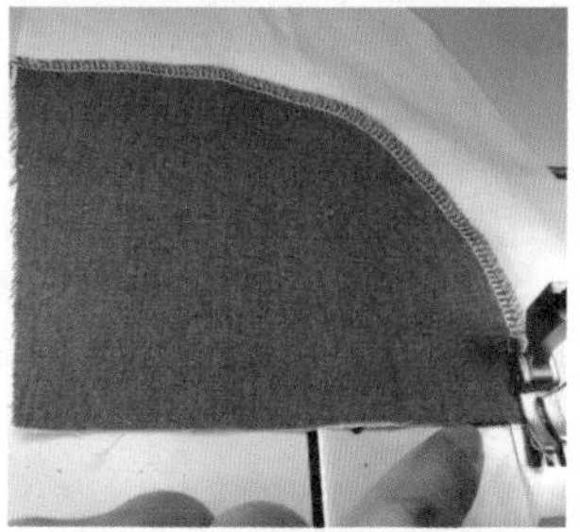

图 3-67　做装表袋、垫袋布与大袋布示意图

③做插袋口：缉合小袋布与前裤片袋口；缝份打剪口，翻转归烫袋口；缉双明线。具体如图 3-68 所示。

④拼合大小袋布底：来去缝兜缉大小袋布底边；轮廓对齐，缉缝固定袋布。具体如图 3-69 所示。

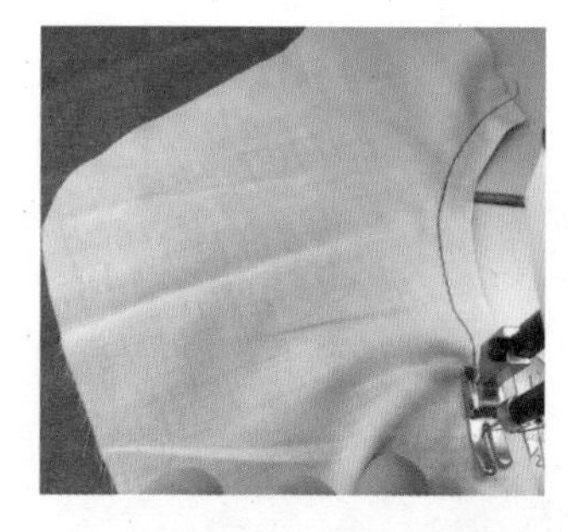
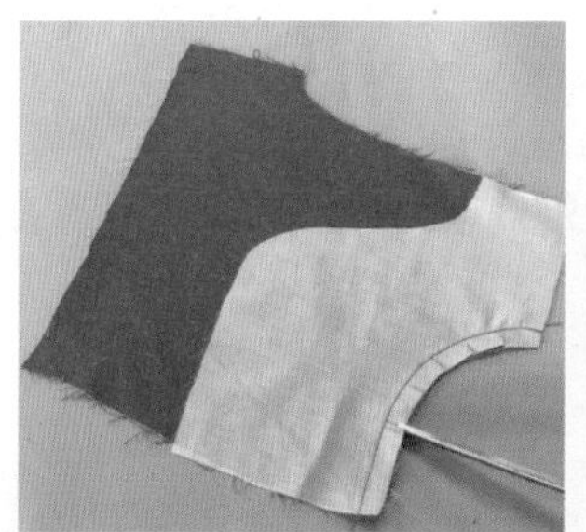
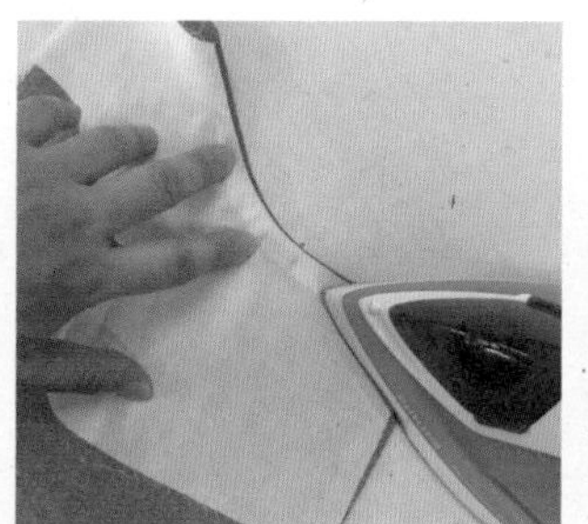
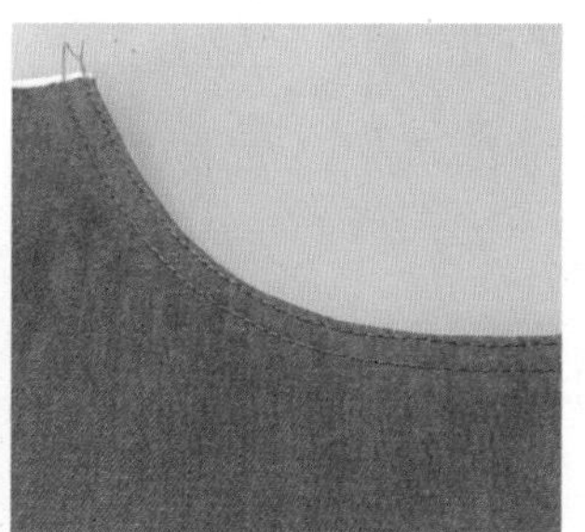

图 3-68　做插袋口示意图

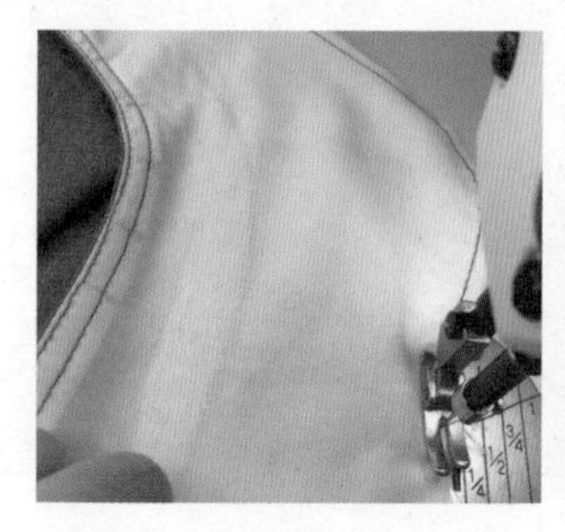

图 3-69　拼合大小袋布底示意图

（5）做、装门里襟拉链，如图 3-70、图 3-71 所示。

①做里襟底口：对折里襟，沿底口缉缝，翻转熨烫。

②锁边：左右前裆缝、门襟弯刀口、里襟长边口锁边。

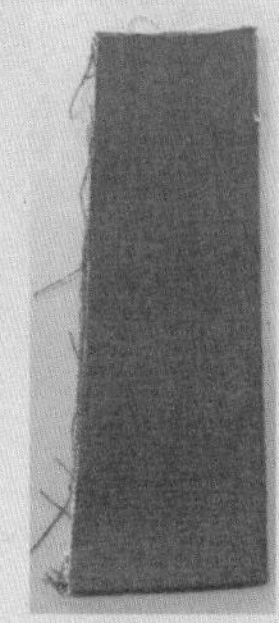

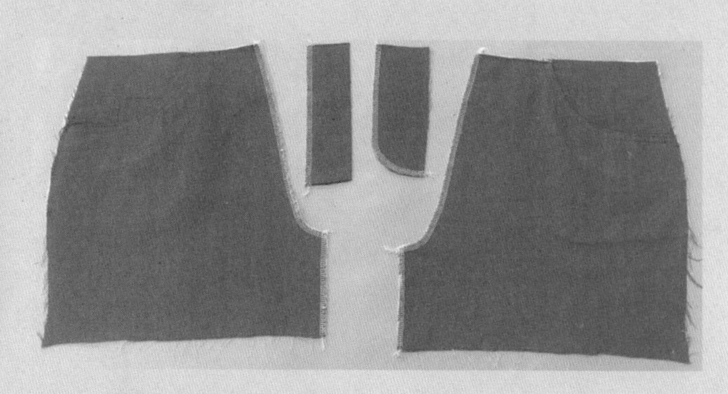

图 3-70 做里襟及锁边示意图

③装里襟拉链：缉缝固定拉链与里襟，右前裤片裆缝扣烫 1 cm，对齐里襟夹缉拉链 0.2 cm 明线。

④装门襟拉链：门襟与左前裤片对齐缉缝 1 cm，翻转缉明线；手针临时攥定门里襟口，翻至反面找准门襟拉链位，双线缉缝固定门襟拉链；沿弯刀净样粉印缉缝门襟弯刀装饰明线。

⑤拼合前裆底：右裤片拉链底缝份打剪口，折烫左裤片前裆缝，与右裤片前裆缝份对齐，珠针固定后，搭缉 0.2/0.6 cm 双明线；反面缉合固定门里襟。

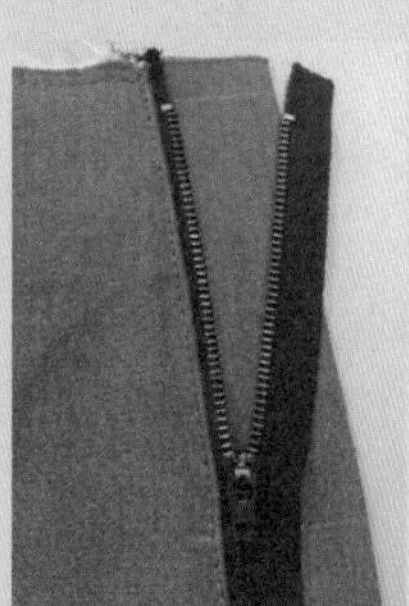

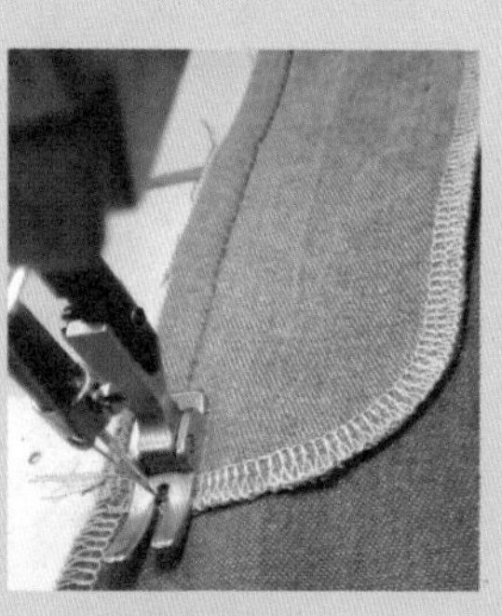

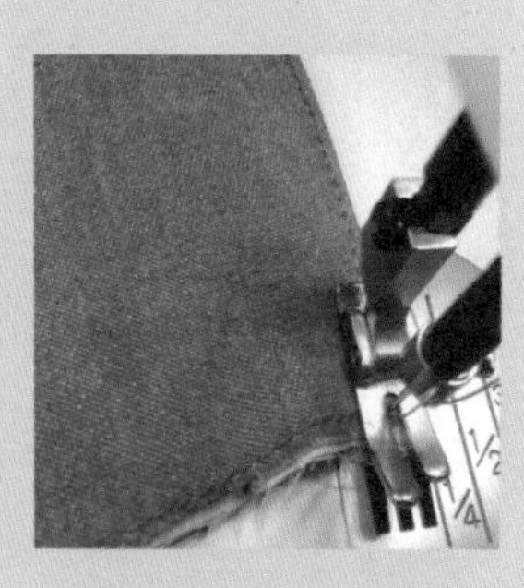

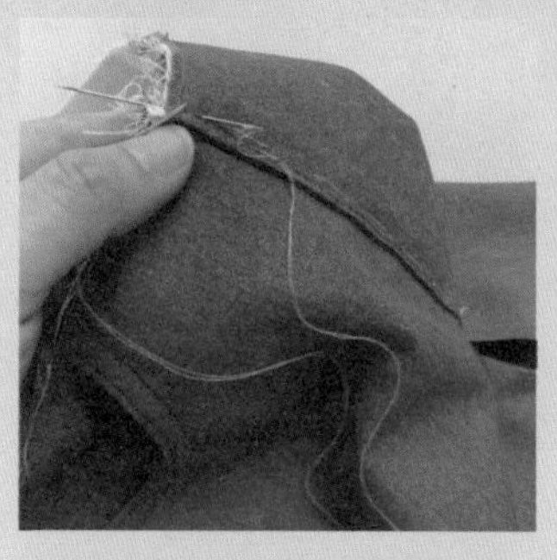

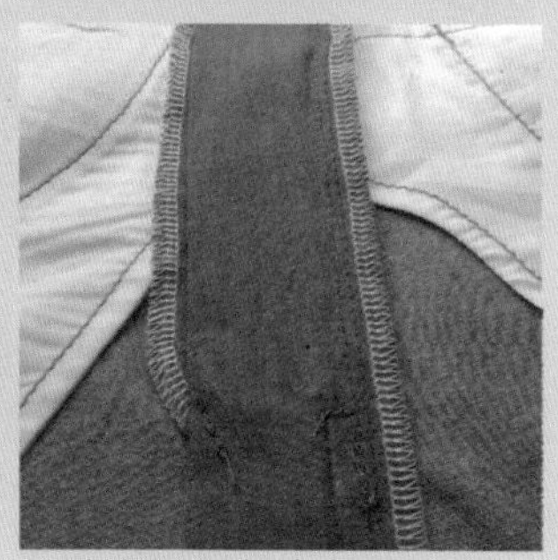

图 3-71 装门里襟拉链示意图

（6）合下裆缝：拼合前后片下裆缝，锁边，缝份倒向前裤片，正面缉单明线，如图 3-72 所示。

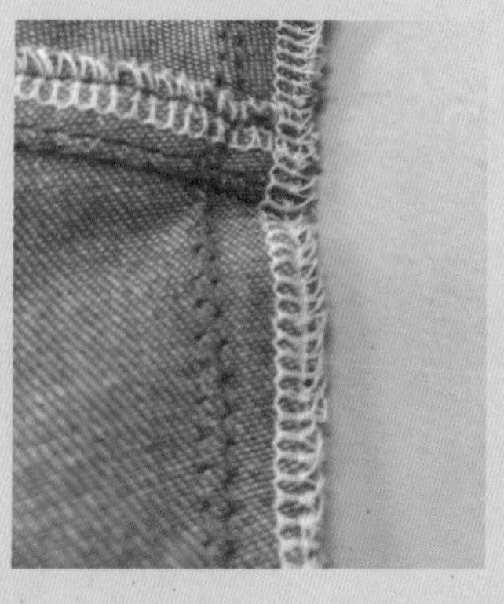
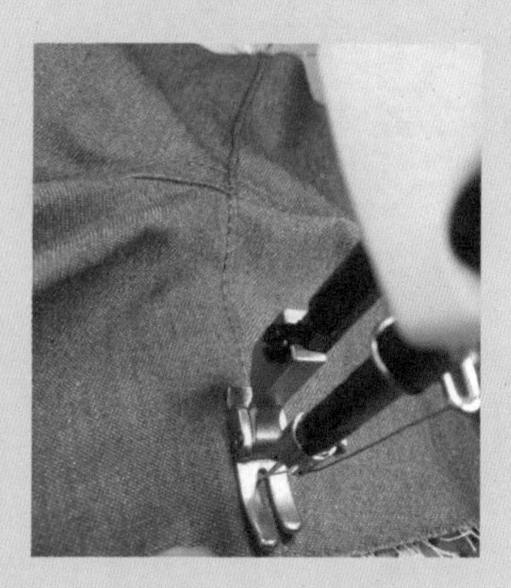

图 3-72　合下裆缝示意图

（7）合侧缝：拼合前后片侧缝，锁边，缝份倒向后片，上口 15 cm 缉单明线，如图 3-73 所示。

（8）做、装腰头：扣烫腰面、腰里，外口拼合，翻转对齐熨烫；腰头夹裤片珠针固定，腰头与腰口各对位点要对齐，沿珠针缉缝固定，腰头一圈缉装饰明线。具体如图 3-74 所示。

（9）做、装裤耳，做脚口：折烫裤耳缉双明线；折双折扣烫脚口缉明线固定。具体如图 3-75 所示。

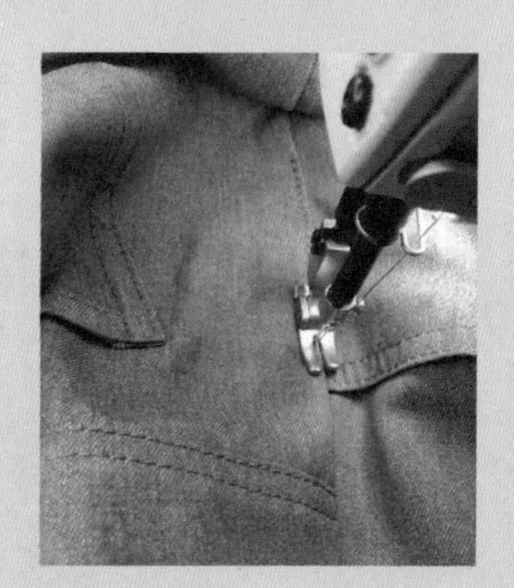

图 3-73　合侧缝示意图

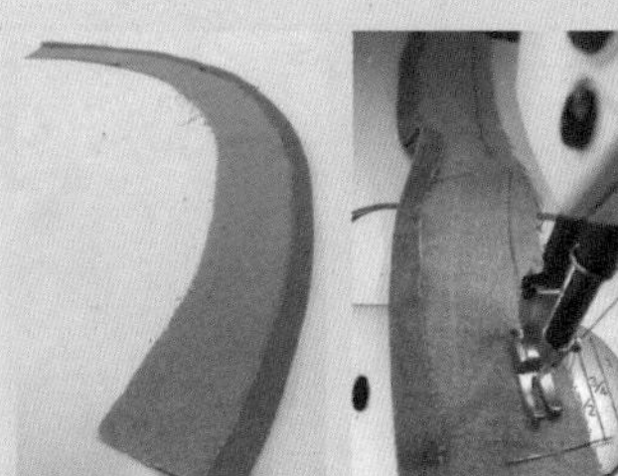

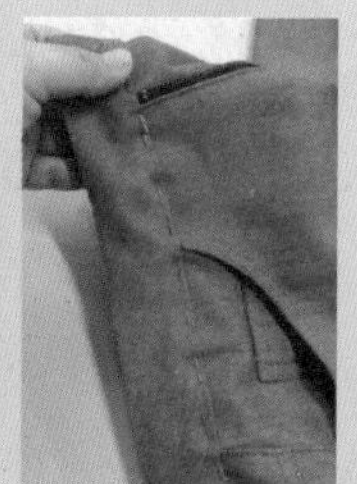
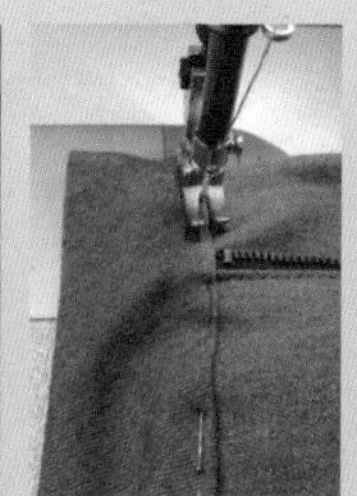
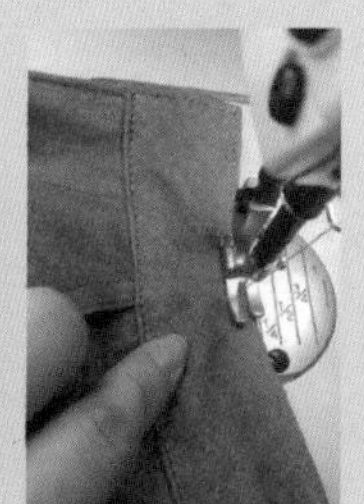

图 3-74　做、装腰头示意图

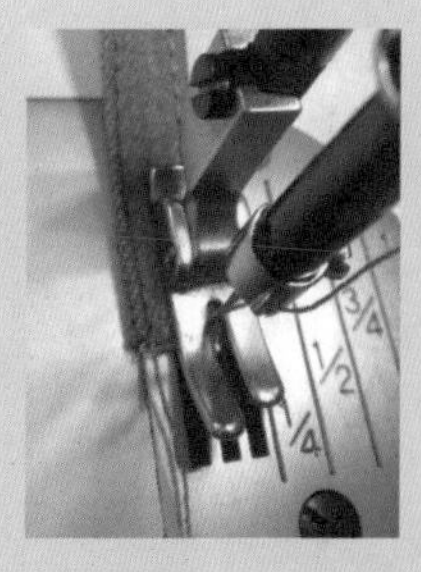

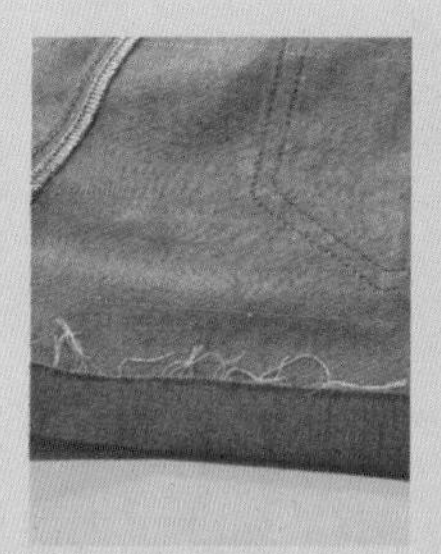

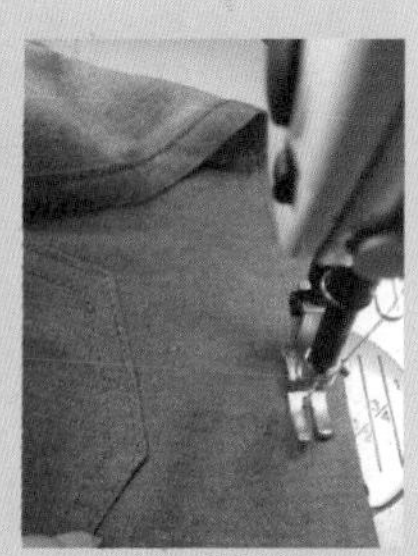

图 3-75　做、装裤耳及脚口示意图

（10）锁眼、装扣、敲撞钉：牛仔裤通常锁凤眼、装牛仔扣、敲撞钉，如图 3-76 所示。

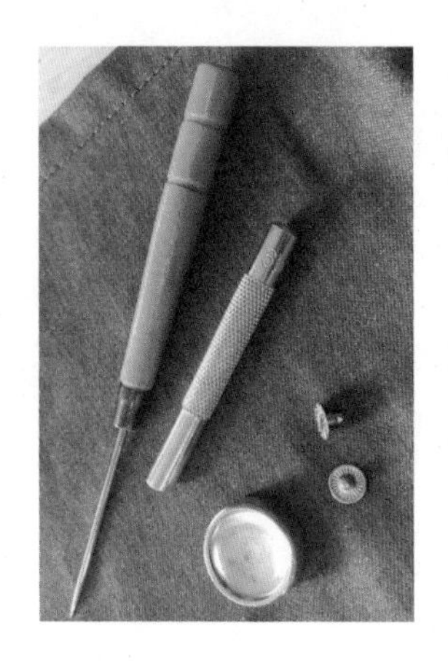

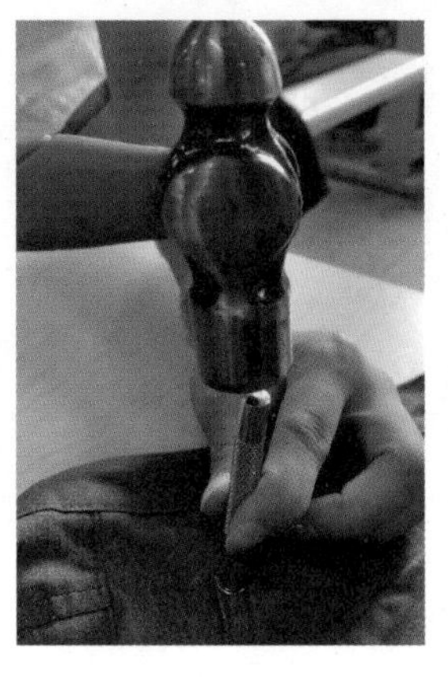

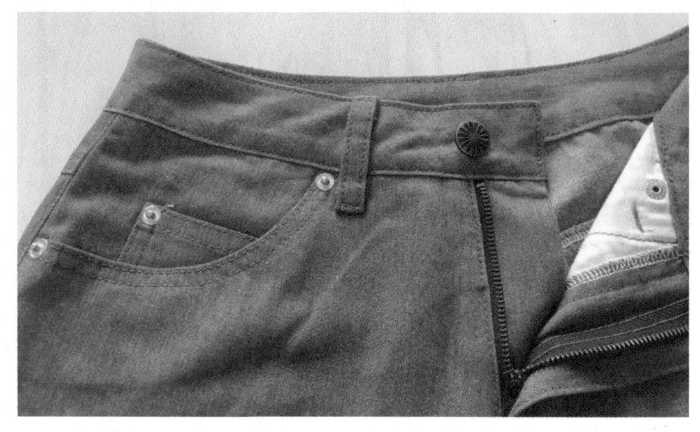

图 3-76　锁眼、装扣、敲撞钉示意图

（11）整烫：真空吸湿烫台整烫，先反面再正面，先局部再整体，从后至前，从上至下。

8. 牛仔裤质量检验及成品展示

（1）成品规格检验：平铺测量各部位成品规格，对照工艺单规格表及表 3-7 所示参照表，检验各部位规格尺寸是否在公差范围内，如图 3-77 所示。

表 3-7　牛仔短裤成品规格公差范围参照表

序号	部位	成品测量方式	公差范围	备注
1	裤长	门襟居中摊平，从腰头上口起沿侧缝量至裤脚口	±1.0 cm	5•2 系列（短裤）
2	腰围	纽扣扣好，沿腰头上沿弧线量度（周围计算）	±1.0 cm	
3	臀围	裤子摊平，从左至右沿拉链底口横量（周围计算）	±1.0 cm	
4	脚口	裤口摊平，从左至右沿裤口横量（周围计算）	±0.5 cm	

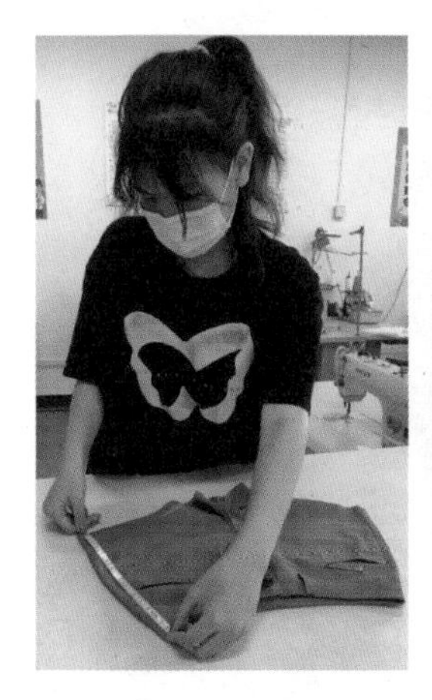

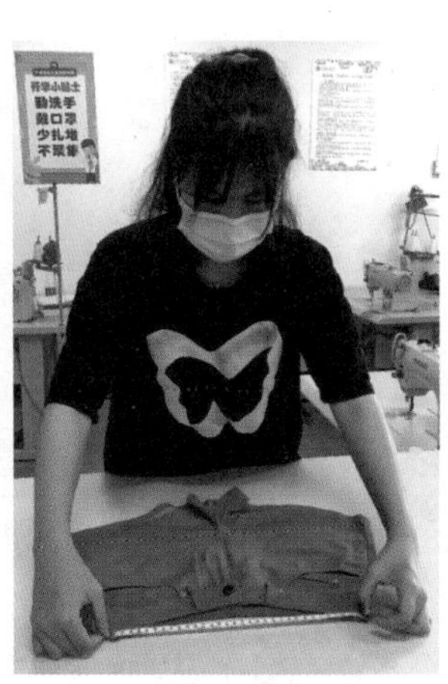

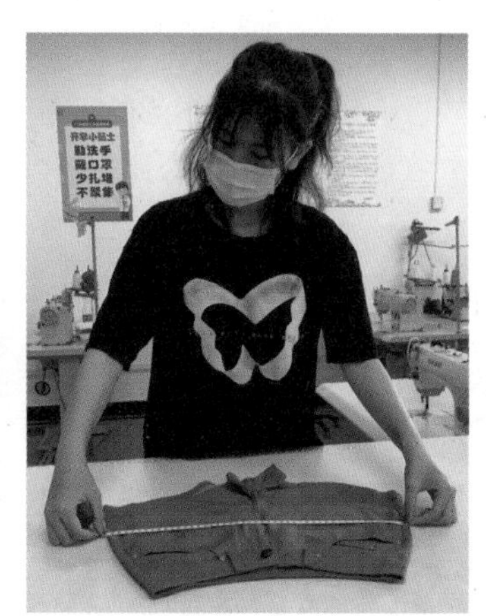

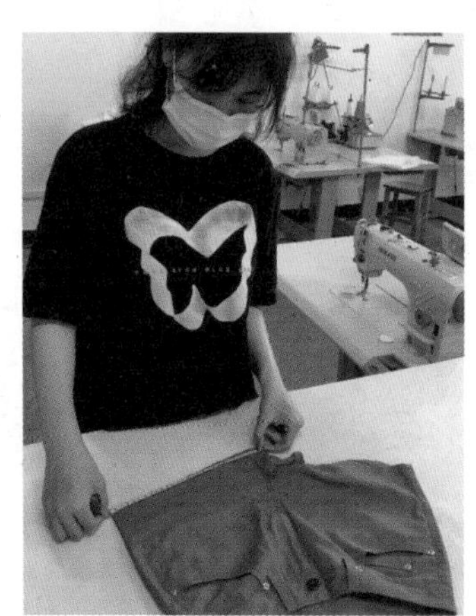

图 3-77　牛仔裤成品测量示意图

（2）外观质量检验：如图 3-78 所示，在人台上展示牛仔裤成品，对照表 3-8，从各个角度和部位观察并检验牛仔裤成品的外观质量。

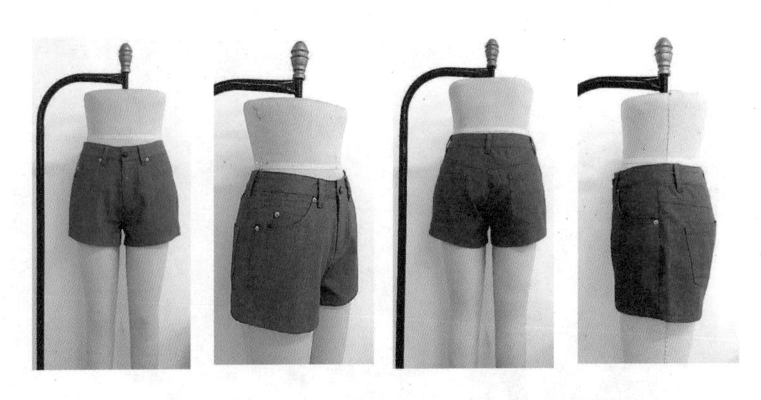

图 3-78　牛仔裤成品展示及外观检验示意图

表 3-8　牛仔裤外观质量检验标准

序号	部位	外观质量检验标准
1	腰头	面、里松紧适宜且平服，缝线顺直
2	门、里襟	面、里平服且松紧适宜，明线顺直；门、里襟长短互差不大于 0.3 cm
3	前、后裆	缝线圆顺、平服，上裆缝、十字缝平整且无错位
4	裤耳	长短、宽窄一致，位置准确、对称，前后互差不大于 0.6 cm，高低互差不大于 0.3 cm，缝合牢固
5	裤袋	袋位高低、前后、斜度大小一致，互差不大于 0.5 cm，袋口顺直平服，无毛漏；袋布平服
6	裤脚口	两裤脚口大小一致，互差不大于 0.4 cm，且平服
7	线迹	针距密度每 3 cm 为 9 ~ 11 针，各处明线宽度与工艺单相符
8	整熨	各部位熨烫平服、到位，无亮光、水花、污渍；臀部圆顺，裤脚口平直

三、学习任务小结

通过本次牛仔裤打版与实样制作，结合之前学习的裤装，大家可以总结一下裤装结构与工艺的规律和要点，把制作经验与老师、同学们分享。牛仔裤款式变化比较多，分割线、口袋、明线装饰等具有其鲜明特点，装拉链、绱腰头、装裤耳等工艺方法与西裤、时装裤都有不同，注意区分。除了缝制工艺，牛仔裤还有特定的洗水工艺、做旧工艺、毛边工艺等，建议同学们多观察、多思考，可以尝试改造一下自己的牛仔裤。

图 3-79　牛仔裤款式图片

四、课后作业

（1）用 PPT 展示自己课堂所做 1∶1 牛仔裤打版与制作的全流程，并完成总结与反思。

（2）按图 3-79 牛仔裤款式图片绘制该款牛仔裤工艺单，完成其 1∶5 制图及工艺流程分析。

项目四
衬衫打版与制作

学习任务一　男衬衫打版与制作
学习任务二　女上衣原型绘制及省转移
学习任务三　女衬衫打版与制作
学习任务四　衬衫领、袖结构变化与工艺分析

男衬衫打版与制作

教学目标

（1）专业能力：了解男衬衫工艺单，掌握流程和方法；制作出男衬衫样衣并进行质量检验。

（2）社会能力：培养爱岗敬业精神，掌握安全和规范操作的方式方法。

（3）方法能力：培养独立完成任务的能力；具备一定的语言表达和识图、看表、绘图的能力。

学习目标

（1）知识目标：能找出打版和制作的依据；了解男衬衫打版与制作的流程和方法。

（2）技能目标：能熟练运用工具、材料及设备，按单完整制作出样衣并进行质量检验。

（3）素质目标：能进行安全和规范操作，积极提升自身综合职业能力。

教学建议

1. 教师活动

（1）教师通过展示男衬衫工艺单及样衣，引导学生找出男衬衫打版和制作的依据。

（2）通过多媒体课件、实例演示等，讲授男衬衫打版与制作流程和方法，引导学生制作样衣。

2. 学生活动

选取合适尺码，按工艺单要求完整制作出男衬衫样衣并进行质量检验。

一、学习问题导入

通过裙子、裤子的学习，大家对打版和制作有了进一步的认识。本次课我们学习上装，较下装而言，上装在结构和工艺上多了很多变化。衬衫是上装中非常大众化的品类，我们将从经典的男衬衫开始。学习的第一步仍然是充分了解产品的特征。下面请大家仔细观察图 4-1 几款男衬衫，说说它们的异同点。

图 4-1　男衬衫实物图片

二、学习任务讲解

1. 产品分析

本次打版与制作的任务是一款经典男衬衫，我们首先分析并绘制这件男衬衫的工艺单，如表 4-1 所示。

表 4-1 所示工艺单描述了这款男衬衫的款式特征，确定了结构处理方式和规格尺寸，厘清了工艺要点及要求，明确了面辅材料品类。现在我们依据这张工艺单开始制图。

2. 男衬衫制图

（1）前后衣片框架制图如图 4-2 所示。

（2）轮廓制图。

①前、后衣身及胸贴袋：包括左前片、右前片、后片、过肩、门襟、贴袋，如图 4-3 所示。

②袖、领及其他零部件：包括领座、翻领、袖片、袖头、大袖衩条、小袖衩条，如图 4-4 所示。

3. 男衬衫样板制作

（1）裁剪样板。

①面布样板：本款男衬衫共 12 个面布样板，均采用统一布料。本例浅蓝色填充部分表示净样，虚线表示毛样，除图中加剪口部位外，非 1 cm 的缝份两端也应做好标记，如图 4-5 所示。

②衬料样板：本款男衬衫共 8 个衬料样板，门襟、里襟口、翻领、领座、贴袋口各 1 片，袖头、大袖衩条、小袖衩条各 2 片。

（2）工艺样板。

①画线净样板：领座、翻领各 1 个。

②扣烫净样板：贴袋、大袖衩条、小袖衩条各 1 个。

表 4-1 男衬衫工艺单

<table>
<tr><th colspan="3">服装工艺单</th></tr>
<tr><td>品牌</td><td></td><td rowspan="6">正面款式图　　背面款式图</td></tr>
<tr><td>款号</td><td>2022F-002</td></tr>
<tr><td>季节</td><td>春季</td></tr>
<tr><td>款式名称</td><td>经典男式衬衫</td></tr>
<tr><td>工位号</td><td></td></tr>
<tr><td>交货日期</td><td></td></tr>
</table>

1. 款式特征

（1）领子：经典男衬衫领型，由翻领和领座组成。

（2）衣片：左前片明门襟，左胸袋一个，过肩双层，后身左右各一个明褶裥。

（3）袖子：宝剑头式大小袖开衩，圆角袖头。

（4）底摆：圆底摆、车缝明线。

2. 成衣规格表（单位：cm）

号型	衣长	胸围	领围	肩宽	袖长	袖口	袖头宽
175/92A	76	116	40	50	60	24	6

注：服装松量设计以合体美观为前提，需符合人体运动机能与舒适度，未标注尺寸的部位可根据款式图自行设计尺寸。

3. 工艺技术要求

（1）针距要求：平缝 14 ~ 17 针 /3 cm。

（2）门里襟：门襟两侧 0.5 cm 明线，里襟正面 2 cm 明线。

（3）口袋：正面袋口明线 2.5 cm，周边车缝明线 0.1 cm 于左前片。

（4）领子：翻领外口 0.6 cm 明线，领座一周 0.1 cm 明线。

（5）袖子：绱袖采用内包缝方法缝合。

（6）侧缝、袖缝：采用外包缝方法缝合。

（7）底摆：卷边缝，正面 0.6 cm 明线。

4. 面料说明

（1）面料：混纺无弹经典衬衫面料。

（2）辅料：粘合衬、树脂纽扣、缝纫线。

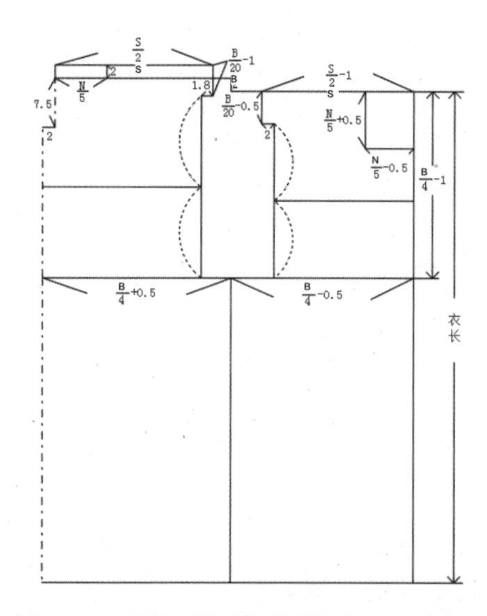

图 4-2 男衬衫前后衣片框架制图示意图

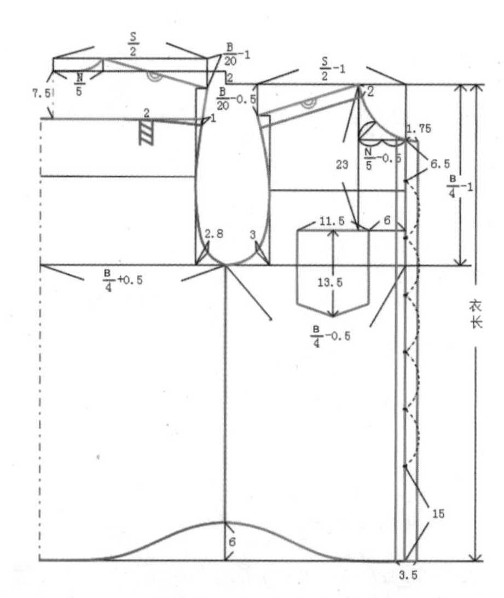

图 4-3 男衬衫前后衣身轮廓制图示意图

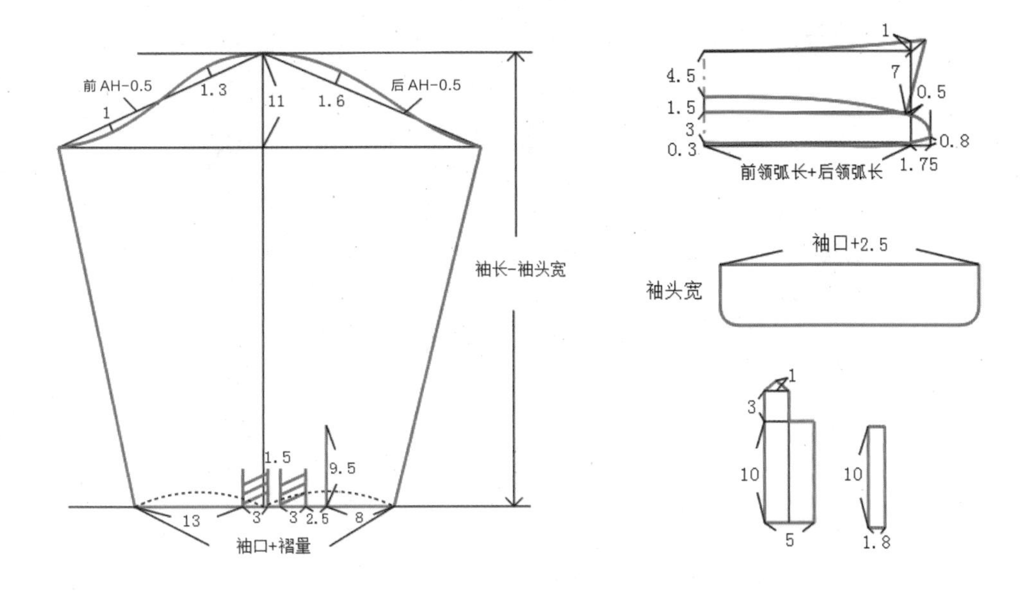

图 4-4　男衬衫零部件制图示意图

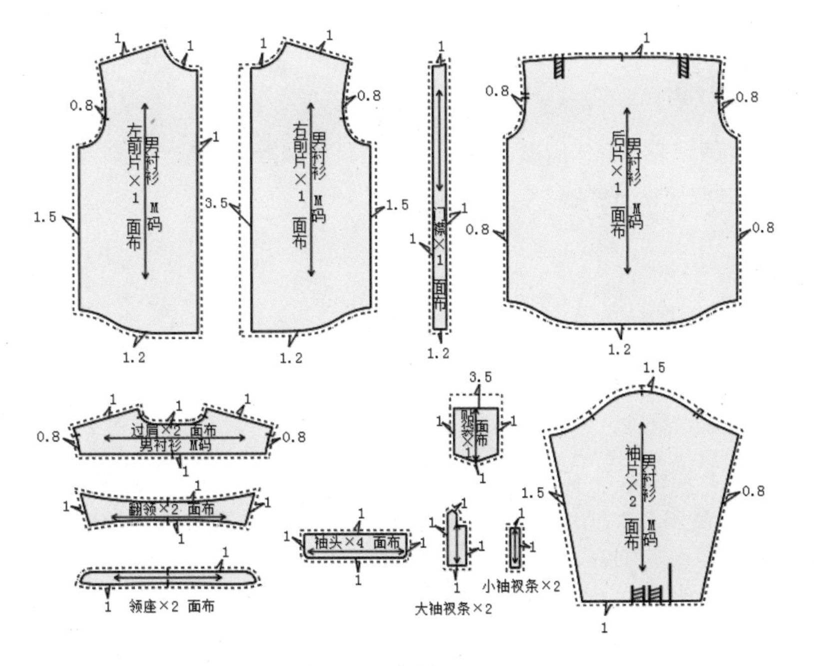

图 4-5　男衬衫面布样板放缝示意图

4. 男衬衫备料

（1）面布：混纺无弹经典衬衫面料，幅宽 144 cm，用料长度≈衣长 + 袖长 +30 cm。

（2）辅料：粘合衬适量，直径 1 ~ 1.2 cm 衫衬纽扣 11 粒，宝塔缝纫线 1 个。

5. 男衬衫排料划样裁剪

本例采用单层铺布方式，面料单色无倒顺，排料如图 4-6 所示。

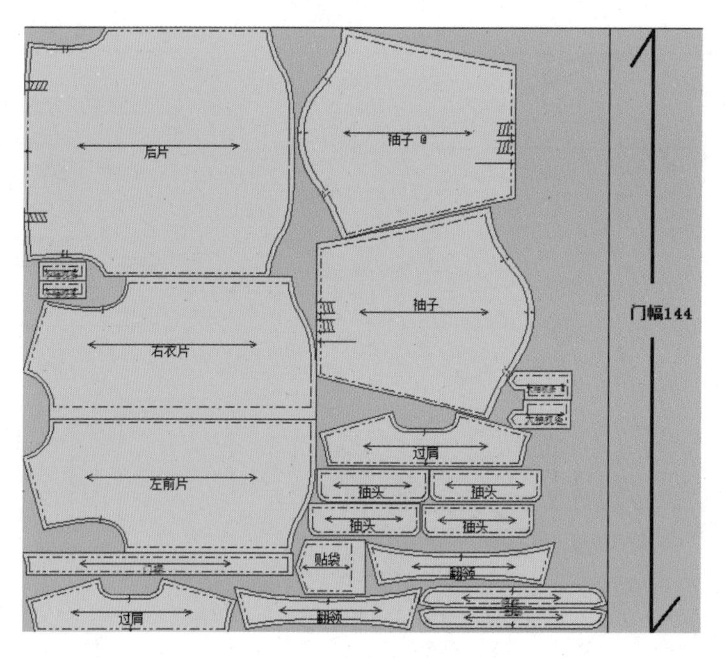

图 4-6　男衬衫排料示意图

6. 男衬衫工艺流程分析

检查裁片→粘衬→做、装贴袋→制作门襟、里襟→拼过肩、合肩缝→做领→绱领→做袖衩→绱袖→缝合袖缝、侧缝→做袖头→绱袖头→车缝底摆→锁眼、钉扣→整烫。

7. 男衬衫样衣缝制

（1）检查裁片：左前片 1 片、右前片 1 片、后片 1 片、袖片 2 片、过肩 2 片、门襟 1 片、翻领 2 片、领座 2 片、袖头 4 片、贴袋 1 片、大袖衩条 2 片、小袖衩条 2 片，如图 4-7 所示。

（2）粘衬：门襟、里襟、翻领、领座、胸袋口各 1 片，袖头、大小袖衩条各 2 片，如图 4-8 所示。

（3）做、装贴袋：按剪口扣烫并缉袋口明线，按贴袋净样板扣烫其余各边缝份，要求袋底尖角居中，两角斜度对称；根据袋位将贴袋用 0.1 cm 明线装于前左片，要求袋口牢固、车线整齐。如图 4-9 所示。

图 4-7　男衬衫裁片示意图

图 4-8　粘衬示意图

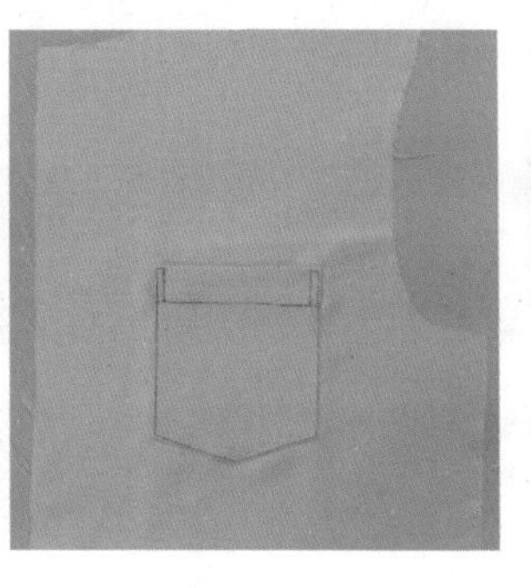

图 4-9　做、装贴袋示意图

（4）制作门襟、里襟：如图 4-10 所示。

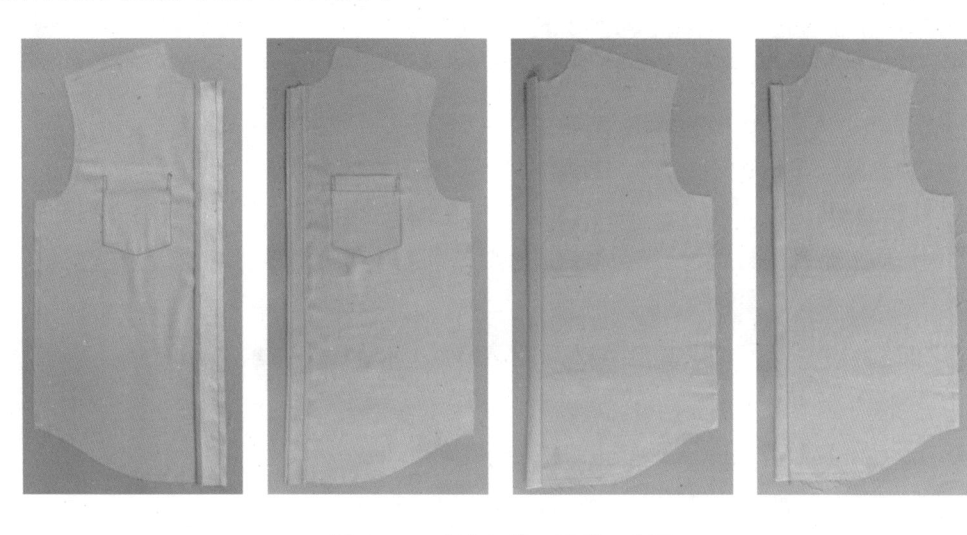

图 4-10　制作门襟、里襟示意图

①制作门襟：扣烫门襟，将粘衬后的门襟反面朝上，与左前片反面相对，沿门襟净线车缝；将门襟翻转到衣片正面，沿门襟两侧各车 0.5 cm 明线，明线要顺直、宽窄一致。

②制作里襟：将里襟贴边向衣片反面扣烫，再按里襟净宽 2 cm 扣烫均匀，反面沿折边缝份口车缝 0.1 cm 明线。

（5）拼过肩、合肩缝：车缝固定褶裥；将过肩正面相对，后片正面向上夹在两片过肩中间，三层一起车缝固定；将过肩翻向正面烫平，上层过肩与缝份车缝 0.1 cm 明线；将前小肩夹在两层后小肩中间，沿净边车缝肩缝，然后翻向正面熨烫平整，沿后小肩正面车缝 0.1 cm 明线，如图 4-11 所示。

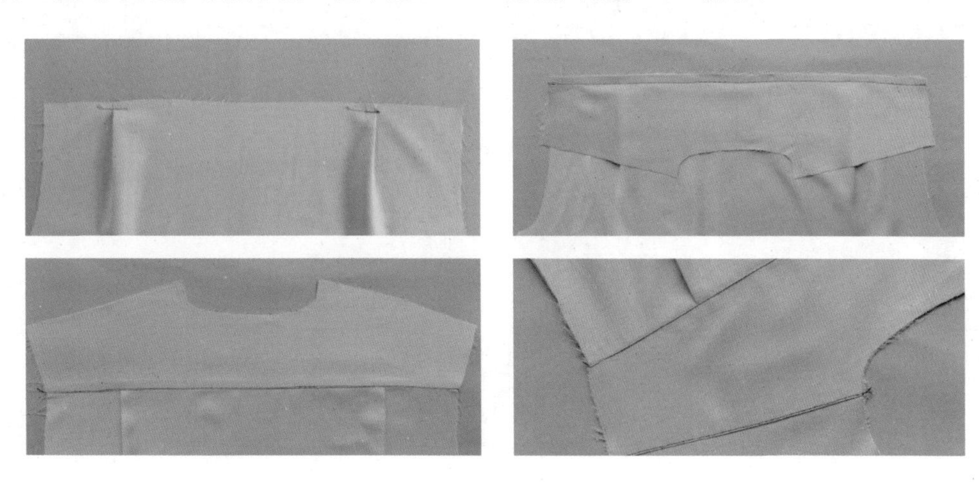

图 4-11　车过肩、合肩缝示意图

（6）做领：如图 4-12 所示。

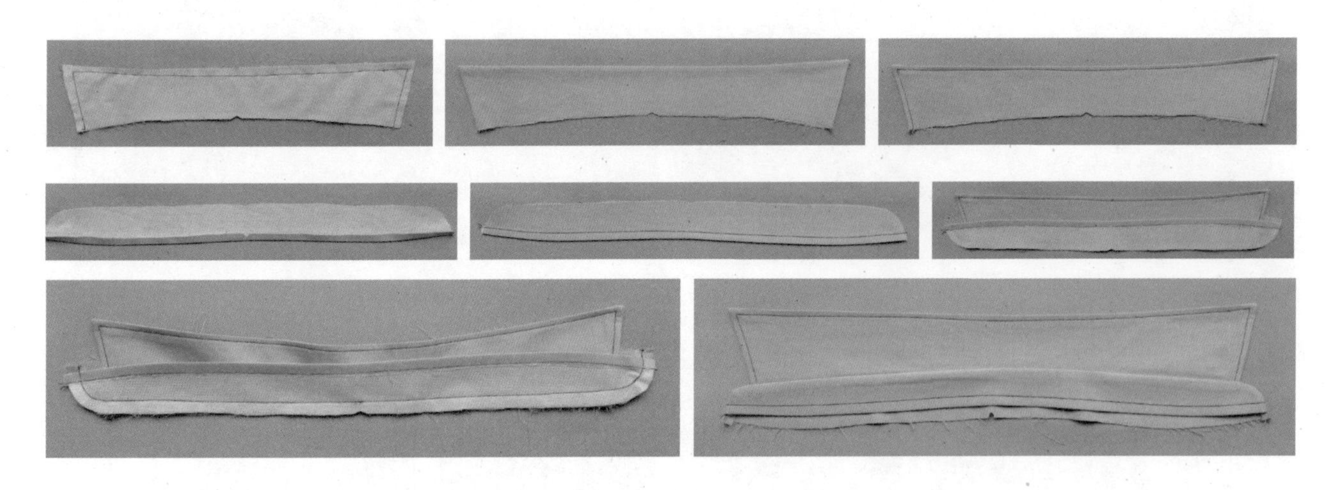

图 4-12　做领示意图

①做翻领：将翻领面、里正面相对，沿净边车缝，车缝时，领角两侧未粘衬的领里稍拉紧→沿翻领外口修剪留缝份 0.5 cm，翻出翻领，领尖要翻足、不变形，熨烫平整，要求止口不反吐，领角有窝势、不反翘→沿翻领外口车缝 0.6 cm 明线。

②做领座：按净边扣烫已粘衬的领座下口缝份，然后沿折边扣烫线车缝 0.7 cm 明线。

③缝合翻领与领座：两层领座正面相对，将翻领夹在两领座中间，有粘衬的在同一边，沿净边车缝后修剪缝份，两圆头留 0.3 cm，其余留 0.5 cm，翻正领座并熨烫平整。

（7）绱领：如图 4-13 所示。

①绱领子：未粘衬的领座与衣片领口正面相对，沿净边车缝，领座和衣身各对应点须对齐。

②车缝领子明线：领子盖住绱领线，从右领座上圆头进 4 cm 处起针，沿领座一周车缝 0.1 cm 明线固定。

（8）做袖衩：如图 4-14 所示。

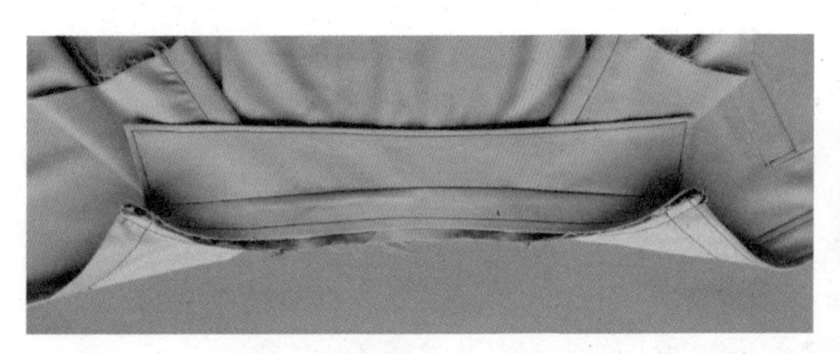

图 4-13　绱领示意图

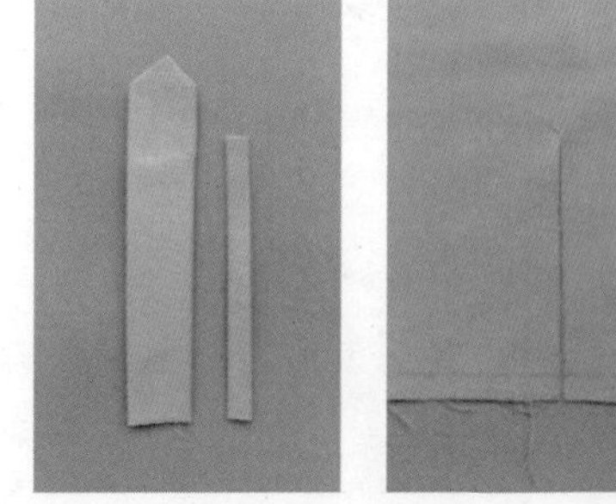

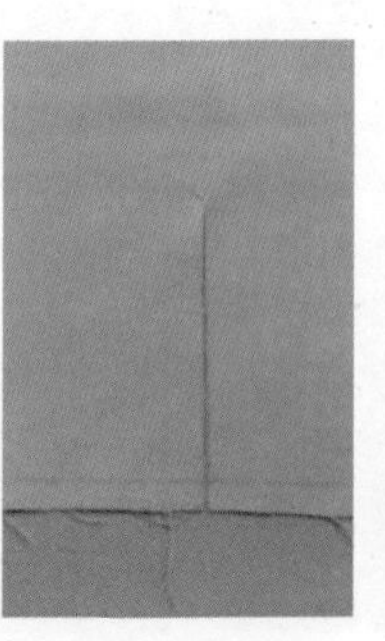

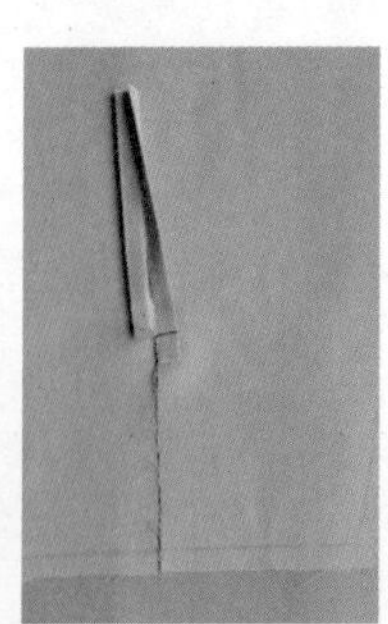

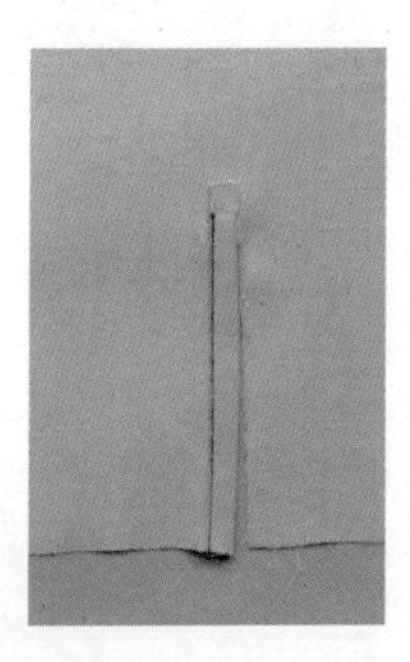

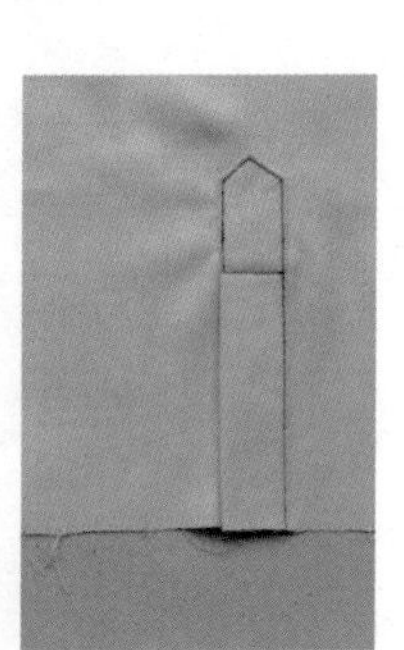

图 4-14　做袖衩示意图

①扣烫袖衩条：按净样扣烫大、小袖衩条。

②剪袖开衩：按袖片样板画出袖开衩位置并剪开。

③车缝小袖衩：先在小袖衩条上端沿对折线剪 0.8 cm 深的剪口，然后沿剪口将小袖衩条车缝在袖片反面的后袖一侧，再把袖衩翻向袖片正面，沿折边车缝 0.1 cm 明线。

④车缝大袖衩：先在大袖衩里上端剪 0.8 cm 深的剪口，然后沿剪口将大袖衩里车缝在袖片反面的另一侧，再把袖衩翻向袖片正面，同时折进开衩缝份 0.5 cm，沿边车缝 0.1 cm 明线。

（9）绱袖：将衣片与袖片正面相对，袖山顶点对准肩端点，采用内包缝方法，袖片在上，衣片在下，将袖片的缝份包住衣片的缝份车缝；将绱袖的缝份倒向衣片，沿袖窿车缝 0.9 cm 明线，如图 4-15 所示。

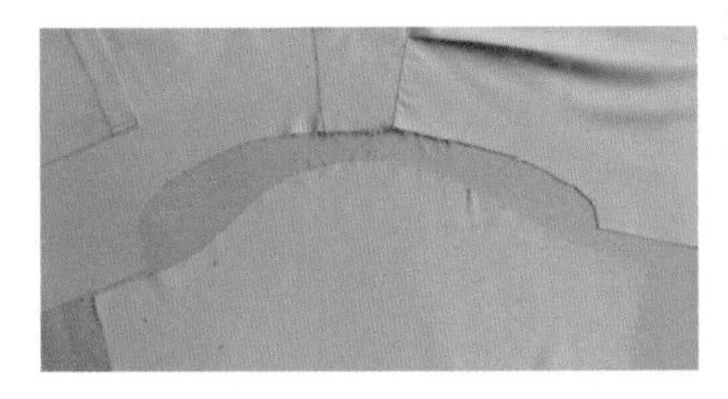

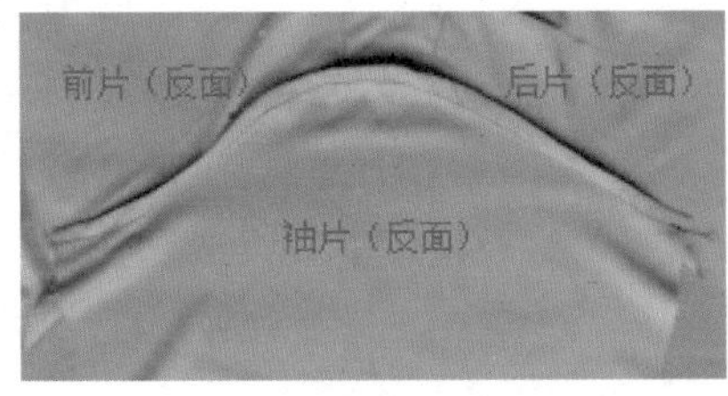

图 4-15　绱袖示意图

（10）缝合袖缝、侧缝：采用外包缝的方法缝合，后衣片在下，前衣片在上，反面相对，将前衣片、前袖片缝份中的 0.8 cm 包住后衣片、后袖片的缝份，车缝 0.7 cm 明线，然后将缝份向后倒，在前衣片、前袖片正面沿边车缝 0.1 cm 明线，如图 4-16 所示。

（11）做袖头、绱袖头：如图 4-17 所示。

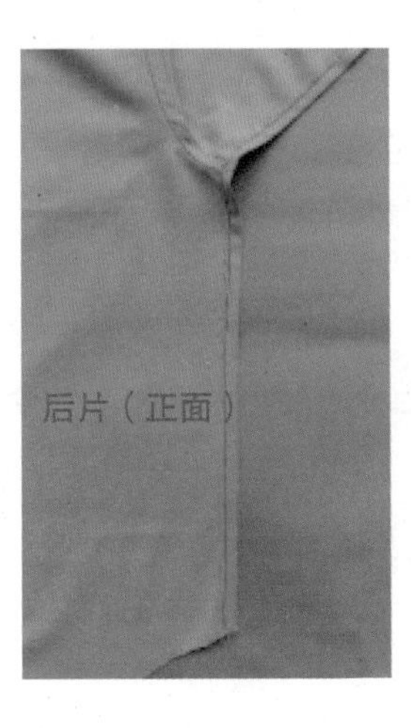

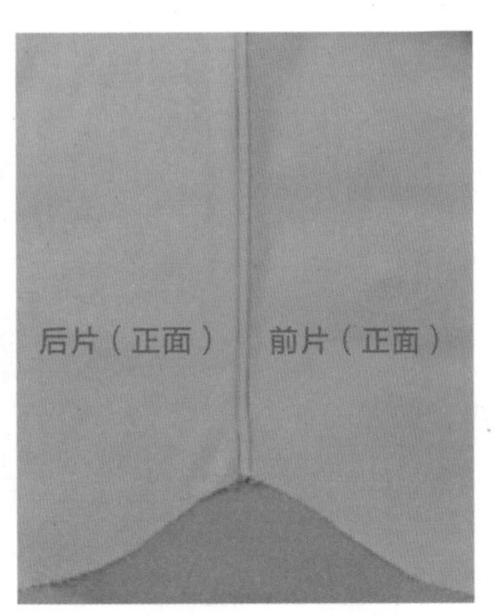

图 4-16　缝合袖缝、侧缝示意图

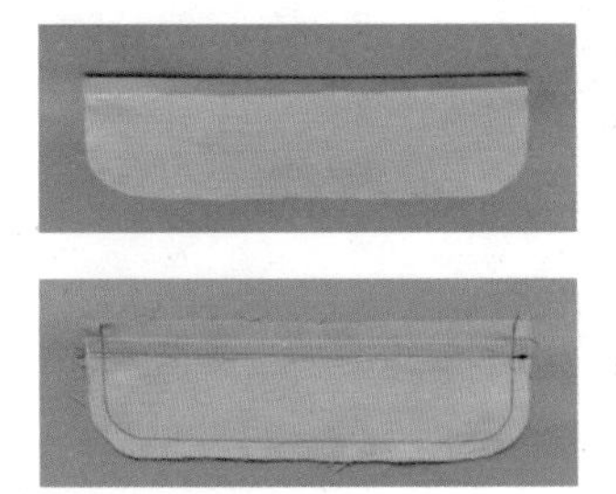

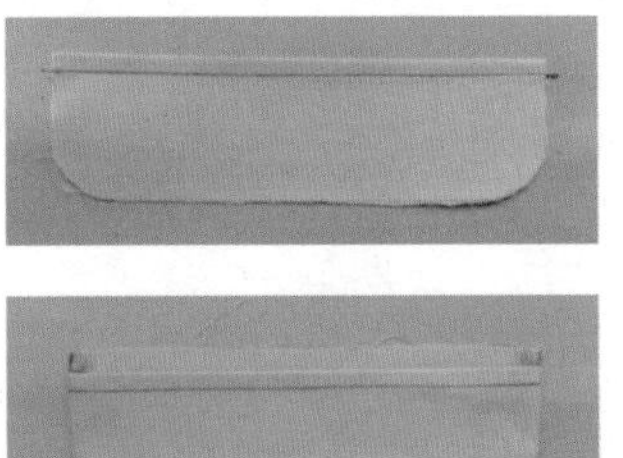

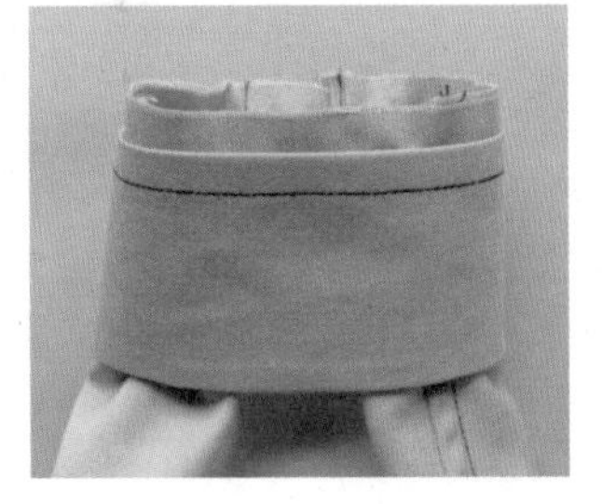

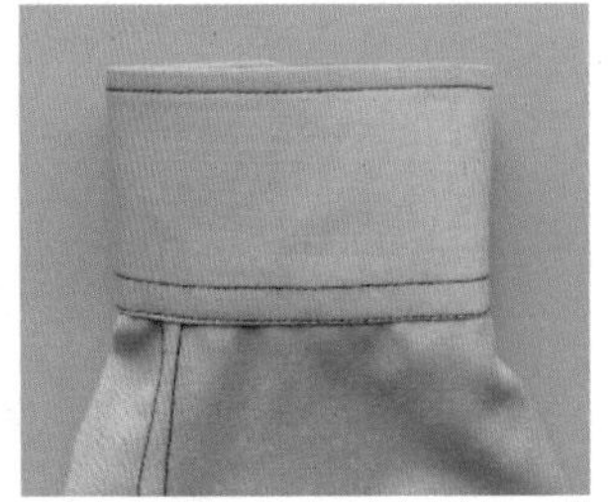

图 4-17　做袖头、绱袖头示意图

①做袖头：沿净边扣烫袖头面上口，沿折边车缝1 cm明线，然后将袖头面、里正面相对，沿净边车缝袖头，两圆头处里布适当拉紧，再修剪缝份，留缝0.5 cm，圆头处留缝份0.3 cm，翻出袖头，熨烫平整。

②固定袖口折裥：按袖口折裥位置折叠折裥，并车缝固定。

③绱袖头：将袖头里与袖口反面相对，沿边车缝，然后将袖头面整理好车缝0.1 cm上口明线，最后沿袖头三边缘车缝0.6 cm明线。

（12）车缝底摆：按缝份第一次折0.5 cm，第二次折0.7 cm，反面沿上口缝份折边车缝0.1 cm明线，门里襟长短要一致，底边不起皱，也可采用卷边器卷边，如图4-18所示。

图4-18　车缝底摆示意图

（13）锁眼、钉扣。

①平头扣眼：根据样板定出锁眼位，领座门襟头横眼1个，衣身门襟竖眼6个，两袖头各1个，两大袖衩处各1个，共11个。

②钉扣：根据定位，用“十”字缝订好扣子。

（14）整烫：衬衫缝制完毕后，先修剪线头、清除污渍，再进行成品整烫。首先翻领里在上，将翻领熨烫平整，领角要有窝势、不反翘，与领座贴合，翻转自如；其次将前后袖片、袖缝分别烫平；最后烫衣身，衣片反面在上，从里襟起，经后衣片至门襟，分别将衣身、底摆、口袋等熨烫平整。

8. 男衬衫成品质量检验

（1）成品规格检验：平铺测量各部位成品规格，对照男衬衫工艺单中的规格表以及表4-2，检验各部位规格尺寸是否在公差范围内，如图4-19所示。

（2）外观质量检验：对照表4-3，从各部位观察并检验男衬衫成品的外观质量。

表4-2　男衬衫成品规格公差范围参照表

序号	部位	成品测量方式	公差范围	备注
1	衣长	铺平上衣，从肩领点垂直量到下摆	±1.0 cm	5•4系列（上衣）
2	领围	将纽扣打开，摊平领子，从扣眼量至纽扣中心	±0.5 cm	
3	胸围	扣好纽扣摊平上衣，在袖窿底部或向下2.5 cm的位置水平横量（周围计算）	±2.0 cm	
4	肩宽	将纽扣扣好，反面铺平，量度两肩点之间的距离	±0.6 cm	
5	袖长	铺平袖子，量度肩点到袖口的长度，沿边直量	±0.8 cm	
6	袖口	扣好纽扣铺平袖口，水平横量袖口大（周围计算）	±0.5 cm	

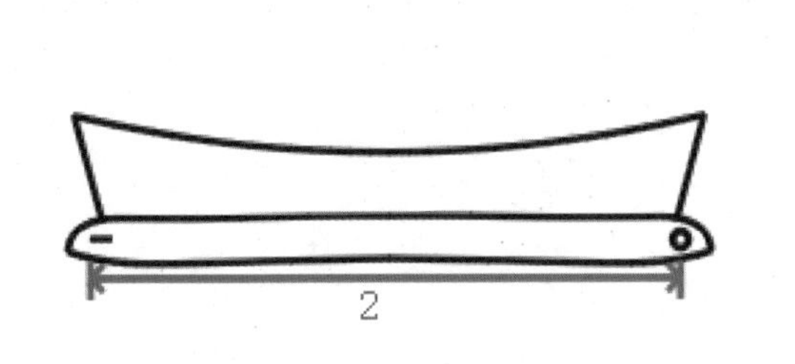

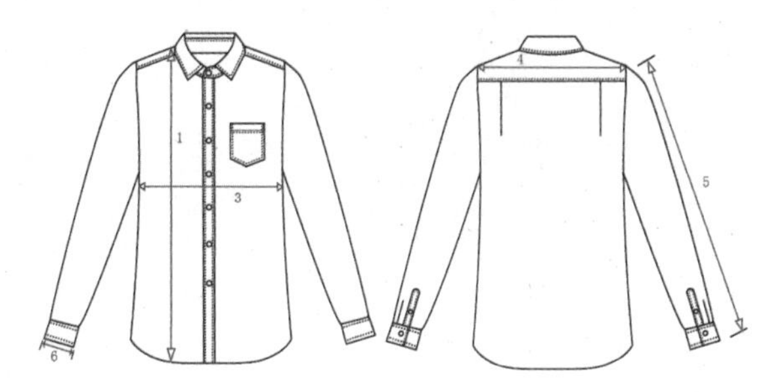

图 4-19　男衬衫成品测量示意图

表 4-3　男衬衫成品外观质量检验标准参照表

序号	部位	外观质量检验标准
1	门里襟	宽窄上下一致，明线均匀，锁眼钉扣位置准确，整齐牢固
2	领子	领子平服，面里松紧适宜，不反翘、不起泡，明线均匀美观
3	袖子	袖衩口平服，不露毛边，绱袖平整，明线均匀，袖头左右对称
4	口袋	位置准确，明线均匀且符合工艺单要求
5	线迹	针距密度每 3 cm 为 14 ~ 17 针，缝线顺直、松紧适宜且平服美观
6	整体	各部位熨烫平服、到位，无亮光、水花、污渍；侧缝顺直，下摆圆顺

三、学习任务小结

通过本次任务的学习，同学们已经初步了解了男衬衫的款式和结构、工艺特点，并掌握其打版和制作的流程、步骤及方法。通过观察工艺单、男衬衫成品样衣和老师的实例操作示范，加深了对男衬衫打版与制作的深层次理解。课后，需要大家认真完成男衬衫打版与制作的作业，运用安全与规范操作的方式方法，严格按工艺单要求，将作品完整制作出来并大胆展示，分享学习成果。

四、课后作业

（1）每位同学选取合适尺码，根据工艺单要求，完成男衬衫全套样板制作并复核。

（2）每位同学准备好男衬衫制作的面辅材料，根据样板排料裁剪，并完成样衣缝制及成品质量检验。

（3）每组收集各成员男衬衫打版制作的过程和成果照片，制作成 PPT，现场展示分享、总结点评。

女上衣原型绘制及省转移

教学目标

（1）专业能力：掌握女上衣原型绘制方法，掌握省转移原理及转省方法。

（2）社会能力：培养爱岗敬业精神，掌握安全规范操作方法；提升沟通与合作的能力。

（3）方法能力：掌握制定计划、独立学习新技术的方法，培养独立完成任务的能力。

学习目标

（1）知识目标：懂得收省的目的；学会省在服装款式变化中的灵活运用，辅助款式设计。

（2）技能目标：会熟练运用制图打版工具，按要求完成女上衣原型绘制及转省练习。

（3）素质目标：能对服装打版产生浓厚兴趣，具备严谨、规范、细致、耐心等优良品质。

教学建议

1. 教师活动

（1）展示转省样衣，讲解省的作用，引导学生观察与思考，使学生理解省及转省的重要性。

（2）讲授女上衣原型制图及省转移的方法，引导学生完成原型绘制及省转移应用练习。

2. 学生活动

按要求完成女上衣原型绘制及转省练习。

一、学习问题导入

服装款式设计是服装设计中的重要环节，省褶在服装款式设计中有着至关重要的作用。收省做褶最初目的是解决胸腰、腰臀差等问题，位置相对固定，但同时也会使衣服在设计上发生较大变化。本次课我们学习女上衣原型及转省知识，目的是根据设计将省熟练地进行转移，并以多种形式展示出来。大家在学习过程中要深刻理解省的意义和原理，熟练掌握转省的操作技术，为后续的学习奠定基础。请仔细观察图 4-20 所示的几款女装，说说它们的内部省褶有什么异同点。

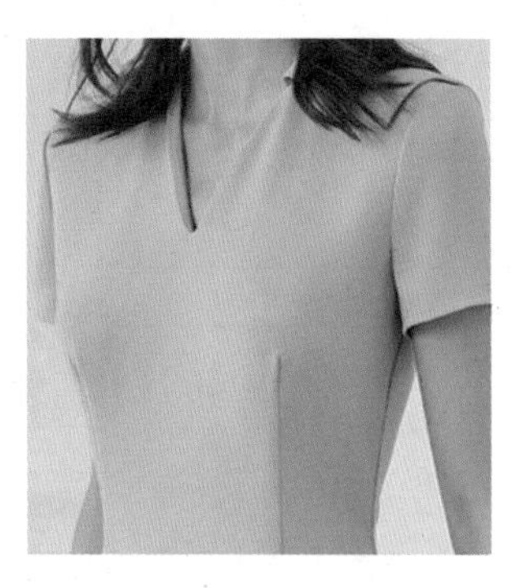

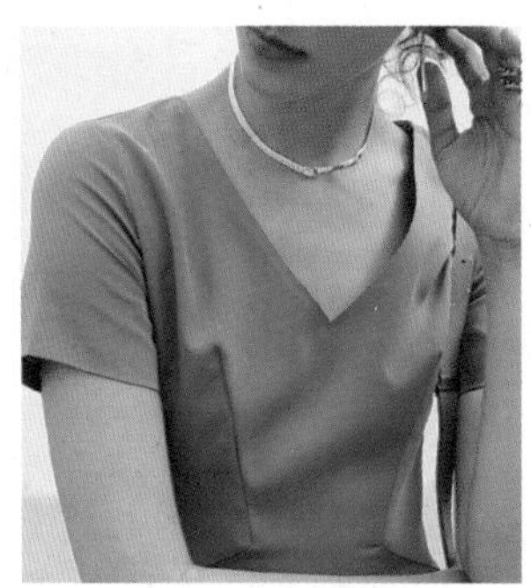

图 4-20　女装实物图片

二、学习任务讲解

1. 上衣原型

女装上衣原型是最基本的也是最简单的纸样，可以说是一切款式的基础。本例原型绘制方法参考第八代文化式女上衣原型。

（1）款式图及规格表：如图 4-21 和表 4-4 所示。

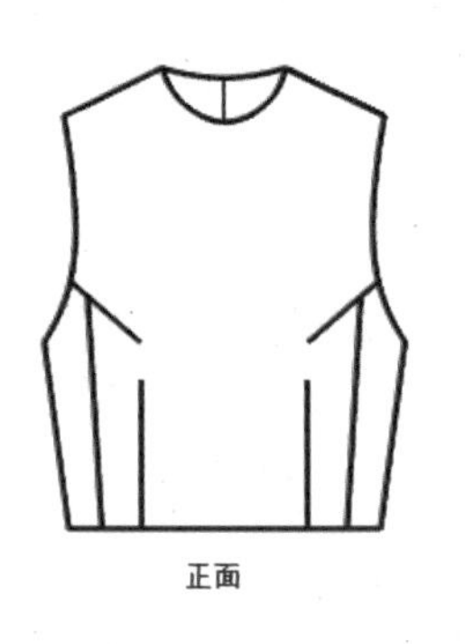

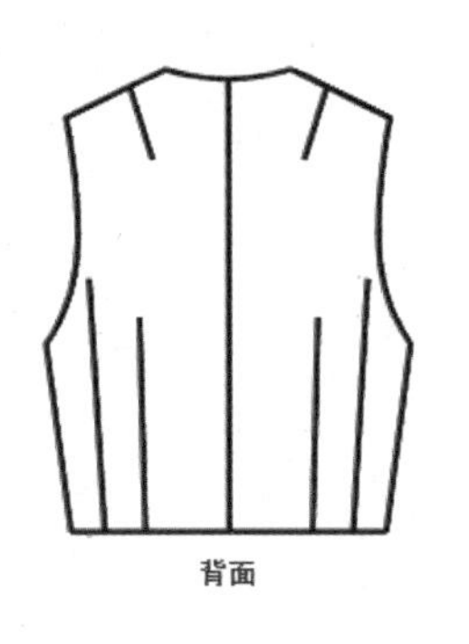

图 4-21　女上衣原型款式图

表 4-4　女上衣原型规格表（单位：cm）

号型	人体净胸围 B	背长
160/84A	84	38

（2）原型框架制图：定背长、胸围，画出后中线、腰围线、前中线→定后袖窿深，画出胸围线→定背宽，画出后上平线及背宽线→定前袖窿深、胸宽，画出前上平线及前宽线→定前胸围，画出侧缝线→定胸高点（BP）、袖窿省位、肩省省尖点，如图 4-22 所示。

（3）原型轮廓制图：如图 4-23 所示。

①前片：定前领宽、前领深，画出前领弧线→定前肩斜及冲肩，画出前小肩线→定前袖窿辅助点及袖窿省，画出前袖窿弧线。

②后片：定后领宽、后领深，画出后领口弧线→定后肩斜，根据前小肩长及肩省量定出肩端点，画出后小肩线→定后袖窿辅助点，画出后袖窿弧线→画出肩省。

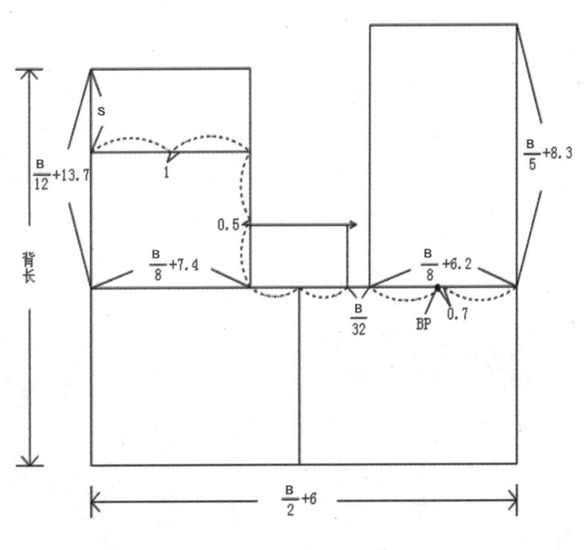

图 4-22 女上衣原型框架制图示意图

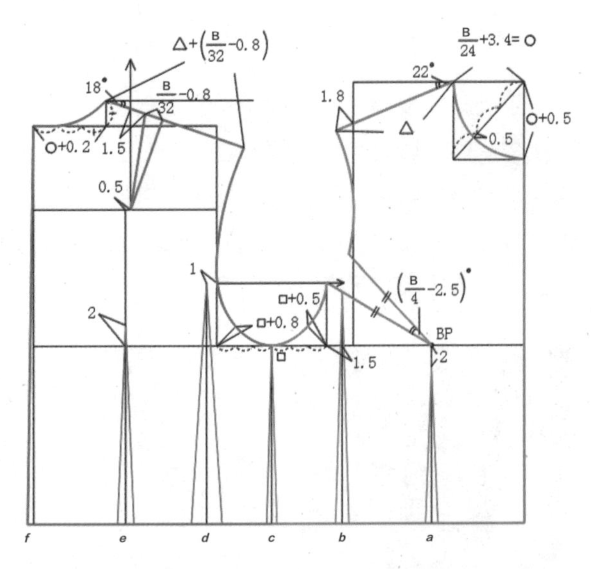

图 4-23 女上衣原型轮廓制图示意图

③腰省：定出前后片各腰省中心线→根据胸腰差量结合表 4-5 定出各腰省大小→画出腰省。

表 4-5 原型腰省分配比例参照表

总省量	a	b	c	d	e	f
100 %	14 %	15 %	11 %	35 %	18 %	7 %

2. 关于上衣原型省转移

省在女装中占有非常重要的作用，它关系到衣服的合体与平衡，对合体女装的作用更为显著。传统胸省的选择，基本有五种，即腰省、侧缝省、袖窿省、肩省和领口省，这些省无论怎么改变位置，省的指向都是 BP。只要省尖的指向固定，就可以引出无数条结构线，换言之，对准 BP 可以在任何一个位置做省，这样胸省的选择就不是五种了。准确地说，胸省的设计可以选择无数次，它既可以是分解设计，也可以是位移设计，如图 4-24 所示。

胸部余缺处理的极限就是把全省用尽，这种设计叫贴身设计，然而服装造型并不都是贴身的，服装结构应适应人们的生活环境、活动范围和审美习惯等多方面的要求。所以在胸省的用量中往往只用全省的一部分，尽管采用全省的贴身设计，也习惯分解使用，这样能使造型更加丰满自然，下面通过几款设计实例加以说明。

（1）腰省设计：在纸样设计时，先复制好原型，将前中腰省连接至 BP，然后将腰侧省合并至前中腰省，如图 4-25 所示。后面省道转移均采用单个腰省 + 袖笼省进行转省变化示意。

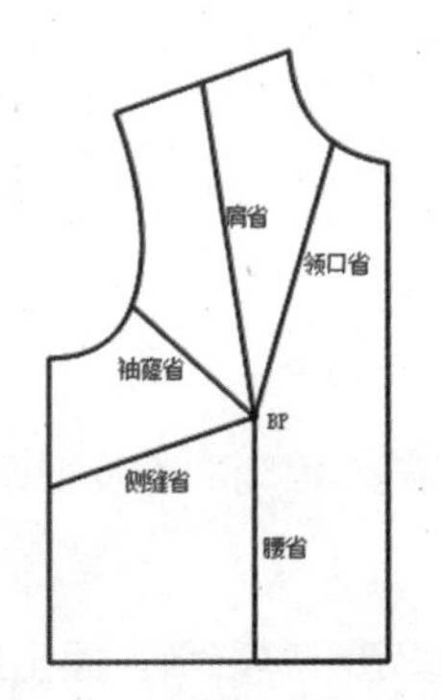

图 4-24 胸省的分类示意图

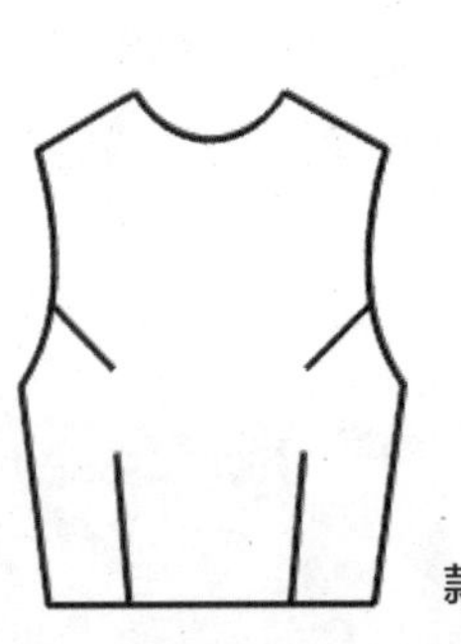

款式图

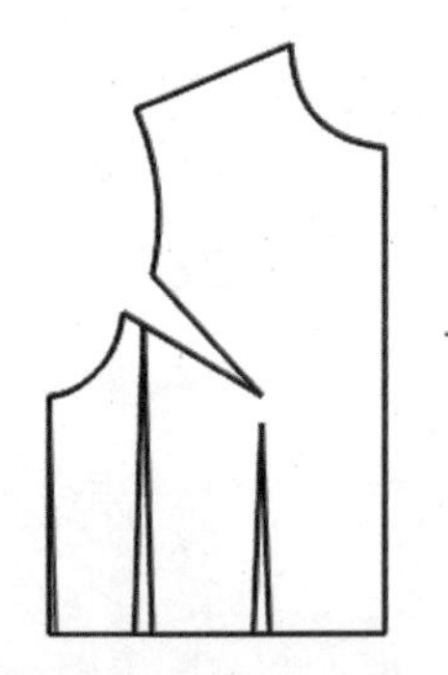

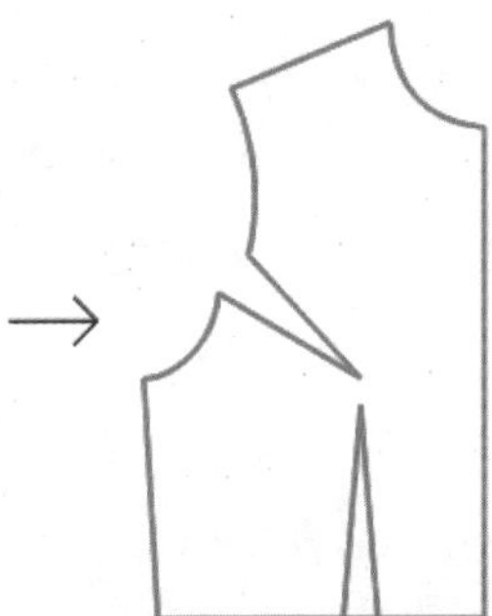

图 4-25 腰省设计示意图

（2）领口省设计：在纸样设计时，先确定领口省线的位置，连接至 BP，成为省缝，然后剪开领口省缝，固定 BP，向后转动纸样，使袖窿省关闭，领口省打开，如图 4-26 所示。

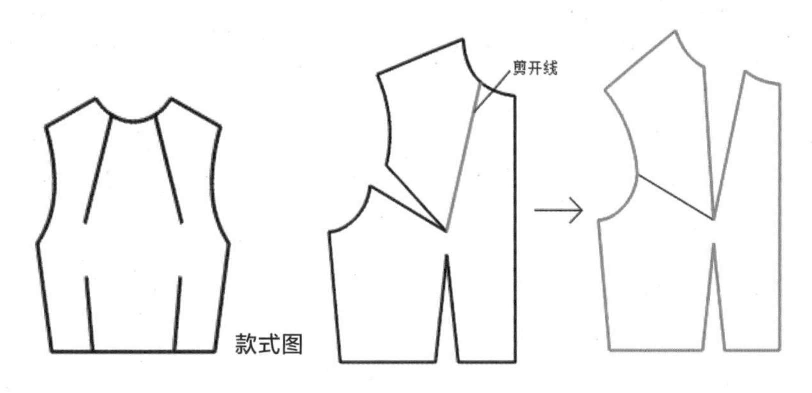

图 4-26　领口省设计示意图

（3）侧省设计：在纸样设计时，先确定侧缝省线的位置，连接至 BP，成为省缝，然后将腰省合并，再剪开侧省缝，固定 BP，转动纸样，使袖窿省关闭，侧省打开，如图 4-27 所示。

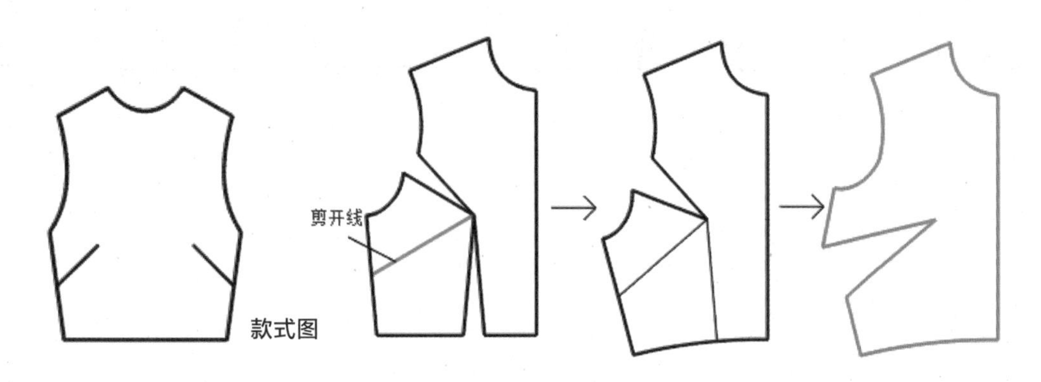

图 4-27　侧省设计示意图

（4）肩胸省设计：在纸样设计时，先确定肩省线和前中省线的位置，分别连接至 BP，成为省缝，然后先剪开前中省线，固定 BP，转动纸样，使腰省关闭，前中省打开；再剪开肩省线，固定 BP，转动纸样，使袖窿省关闭，肩省打开。具体如图 4-28 所示。

总之，不论胸省如何转移，其作用点都跟 BP 胸高点有关联。

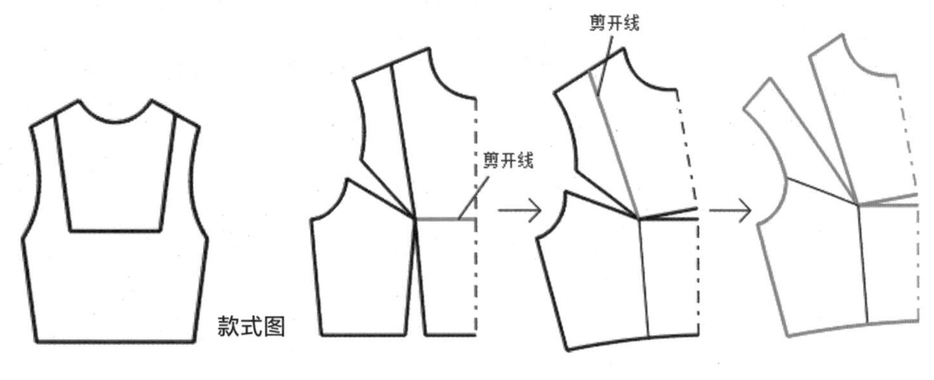

图 4-28　肩胸省设计示意图

三、学习任务小结

通过本次任务的学习，同学们已经掌握女上衣原型的绘制和省转移的原理及方法。课后需要大家认真完成女上衣原型绘制，运用所学的转省原理完成几款转省的练习，培养同学们严谨、规范、细致、耐心的专业精神。

四、课后作业

（1）每位同学完成女上衣原型的绘制。

（2）每组完成图 4-29 原型转省变化练习，收集各成员转省的过程照片，制作成 PPT，现场展示分享、总结及点评。

图 4-29　原型省道变化款式图

女衬衫打版与制作

教学目标

（1）专业能力：了解女衬衫打版和制作的流程和方法；按工艺单制作样衣并进行质检。

（2）社会能力：培养严谨、规范、细致、耐心等优良品质；掌握安全和规范操作的方式方法。

（3）方法能力：掌握制定计划、独立学习新技术的方法，培养识图、看表、绘图的能力。

学习目标

（1）知识目标：能分析女衬衫工艺单；了解女衬衫打版与制作的流程要求和方法。

（2）技能目标：能运用打版工具、材料及缝纫熨烫设备，按工艺单制作女衬衫样衣并进行质检。

（3）素质目标：能运用安全和规范操作的方式方法，具备严谨、规范、细致、耐心等优良品质。

教学建议

1. 教师活动

（1）展示女衬衫工艺单及样衣，引导学生观察与思考，提高识图、看表及分析关键点的能力。

（2）讲授女衬衫打版与制作流程和方法，引导学生按单做出样衣并进行质量检验。

2. 学生活动

选取合适尺码，按工艺单要求完整制作出女衬衫样衣并进行质量检验。

一、学习问题导入

通过上衣原型与省转移的学习，我们对女装上衣有了一定的认识。本次课我们要学习的内容是女衬衫打版与制作，第一步是充分了解款式，包括款式设计的平面图、特征、规格、工艺要求以及面辅材料，这些是服装打版和制作的重要依据。下面请大家仔细观察图 4-30 所示几款女衬衫，说说它们的异同点。

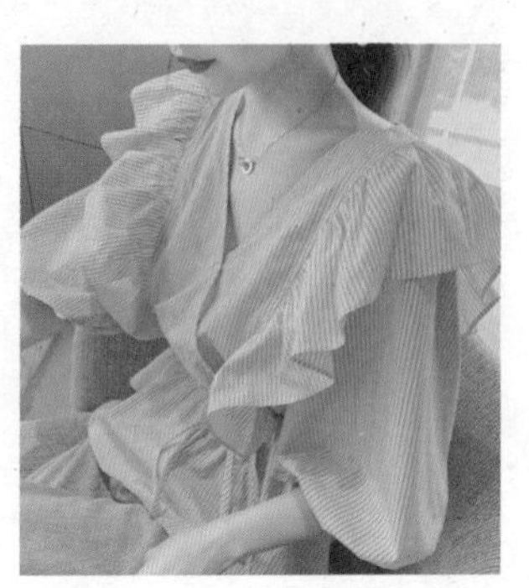

图 4-30　女衬衫实物图片

二、学习任务讲解

1. 产品分析

本次打版与制作的任务是一款经典女式衬衫，我们首先分析并绘制这件女衬衫的工艺单，如表 4-6 所示。

表 4-6 所示工艺单描述了这款女衬衫的款式特征，确定了结构处理方式和规格尺寸，厘清了工艺要点及要求，明确了各部位面辅材料品类。现在我们依据这张工艺单开始制图。

2. 女衬衫制图

（1）框架制图：如图 4-31 所示。

（2）轮廓制图。

①前、后衣片：如图 4-32 所示。

②零部件：包括领子、袖子、袖头、袖衩，如图 4-33 所示。

3. 女衬衫样板制作

裁剪样板：本款女衬衫共 6 个面布样板，均采用统一布料，如图 4-34 所示。

4. 女衬衫备料

（1）面料：涤棉无弹衬衫布，幅宽 144 cm，最少用料长度≈衣长 + 袖长 +10 cm。

（2）辅料：无纺衬适量，树脂纽扣 6 粒，宝塔涤棉缝纫线 1 个。

5. 女衬衫排料裁剪

本例采用双层对折铺布方式，面料单色无倒顺，排料如图 4-35 所示。

6. 女衬衫工艺流程分析

检查裁片→粘衬→车省、烫省→做门里襟→合肩缝、锁边→做领子→绱领子→做袖衩→绱袖子、锁边→合侧缝及袖缝、锁边→做袖头→绱袖头→做底摆→锁眼、钉扣→整烫。

表 4-6　女衬衫工艺单

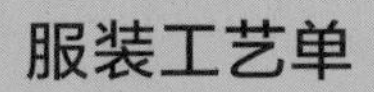

品牌		
款号	2022F-001	
季节	春季	
款式名称	经典女士衬衫	
工位号		 正面款式图　 背面款式图
交货日期		

1. 款式特征

（1）领子：经典女衬衫连翻领，两用领，可闭合成关门领，也可成敞开领。

（2）衣片：整体造型较为合体，前片有腋下省和腰省，后片有腰省；前中门里襟单排 6 粒扣，普通门襟，挂面连裁；

（3）袖片：一片式衬衫袖，滚边型女式袖衩，袖口 2 个顺裥，直袖头上装 1 粒扣。

（4）下摆：平下摆，车缝明线。

2. 成衣规格表（单位：cm）

号型	衣长	胸围	腰围	领围	肩宽	袖长	袖口	后领高	背长
160/84A	62	96	76	36	38	56	23	6.5	38

注：服装松量设计以合体美观为前提，需符合人体运动机能与舒适度，未标注尺寸的部位可根据款式图自行设计尺寸。

3. 工艺技术要求

（1）针距要求：平缝 14 ~ 17 针 /3 cm。

（2）门里襟挂面：挂面外口扣烫缉 0.1 cm 明线，门里襟止口扣烫后要顺直。

（3）省道：省尖部位缉尖，要烫散，左右长短一致。

（4）领子：领外口车缝 0.3 cm 明线，领子左右对称。

（5）袖头：两个袖头宽窄、长短一致，袖头外口不缉明线。

（6）袖衩：滚边缝，沿缝份口折边车缝 0.1 cm 明线，衩顶封斜角倒回针。

（7）底摆：采用卷边缝，折双折 1 cm 宽，沿缝份口折边车缝 0.1 cm 明线。

4. 面料、辅料说明

（1）面料：涤棉无弹衬衫面料。

（2）辅料：无纺衬、树脂纽扣、涤棉缝纫线。

图 4-31　女衬衫框架制图

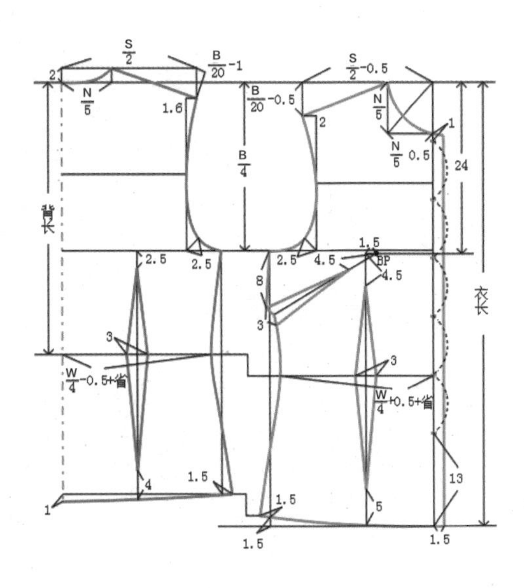

图 4-32　女衬衫前、后衣片轮廓制图示意图

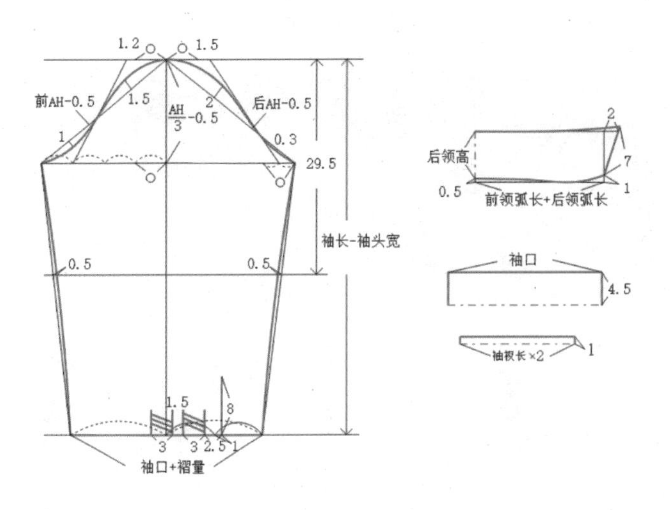

图 4-33　女衬衫零部件轮廓制图示意图

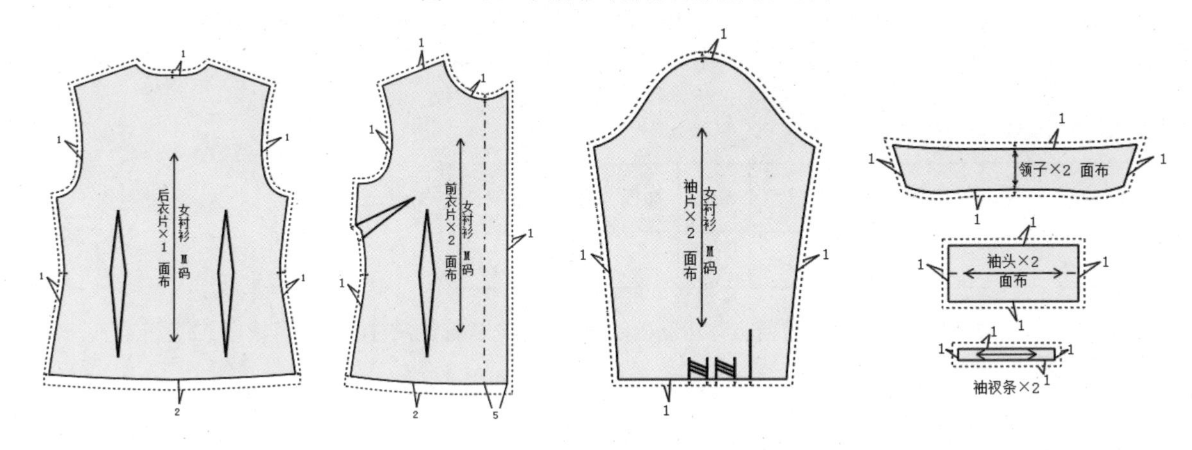

图 4-34　女衬衫裁剪样板示意图

7. 女衬衫样衣缝制

（1）检查裁片：后片 1 片，前片、袖片、领子、袖头、袖衩条均为 2 片，如图 4-36 所示。

（2）粘衬：门里襟挂面、领面、袖头面、袖衩条可粘薄衬，如图 4-37 所示。

（3）车省、烫省：按省位车缝前、后片的省道，缝线顺直、省尖要尖；胸省向上倒烫，前后片腰省分别向前中、后中倒烫，省尖部位要烫散，不能有皱纹出现。具体如图 4-38 所示。

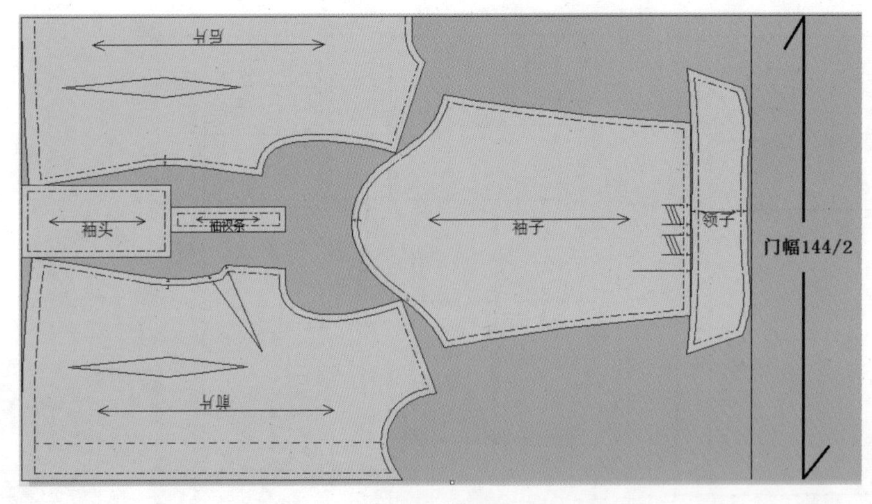

图 4-35　女衬衫排料图示意图

图 4-36　女衬衫裁片示意图

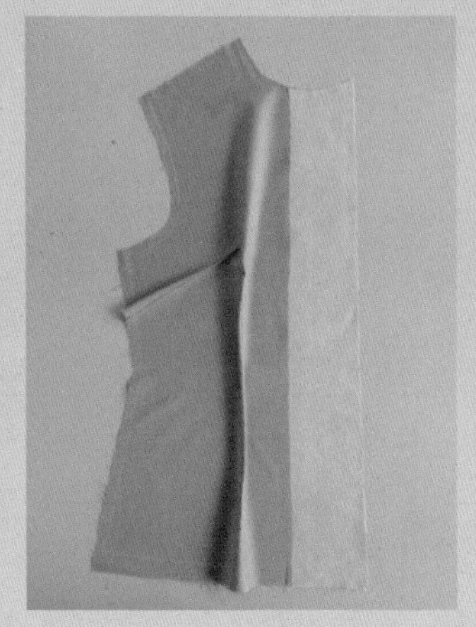

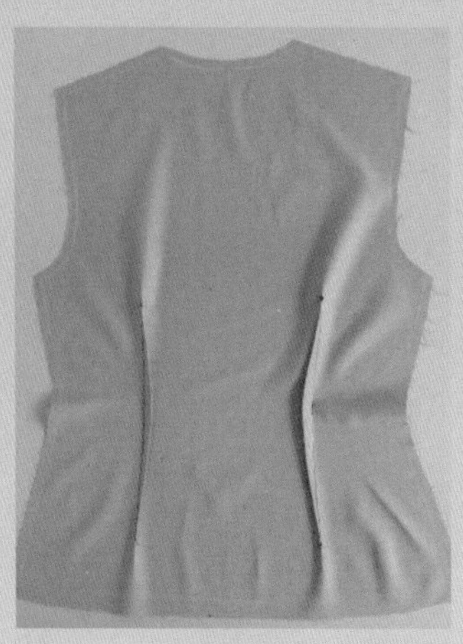

图 4-37　粘衬示意图　　图 4-38　车省、烫省示意图

（4）做门里襟：将前片门、里襟外口外内扣烫 1 cm，沿折边车缝 0.1 cm；按止口线分别扣烫门、里襟，要求顺直。具体如图 4-39 所示。

（5）合肩缝：将前、后衣片正面相对，前片在上，按净边车缝，然后将肩缝锁边，再向后衣片倒烫，如图 4-40 所示。

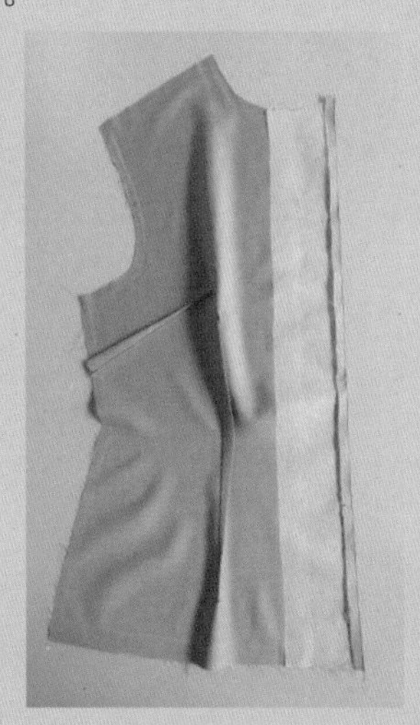

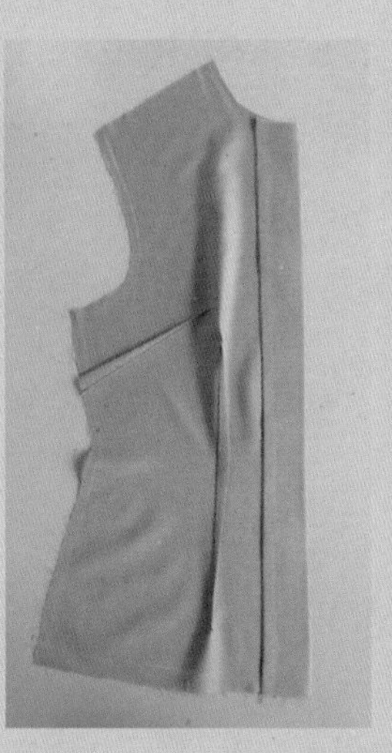

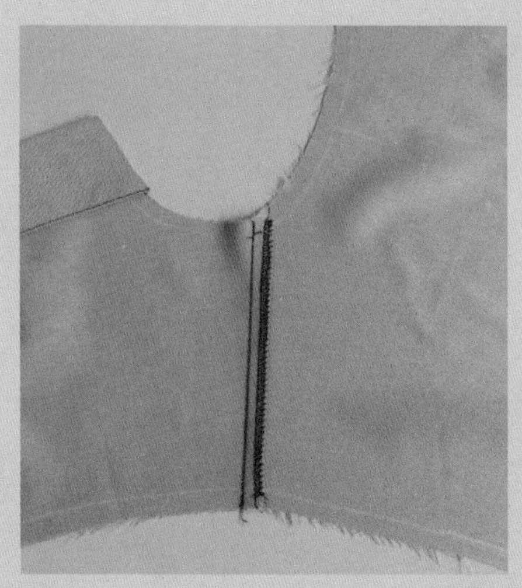

图 4-39　做门里襟示意图　　图 4-40　合肩缝示意图

（6）做领、绱领：如图 4-41 所示。

①做领：领面和领里正面相对，沿领面净线车缝合领外口，要求在领角处，领面稍松，领里稍紧；修剪缝边，翻烫领子；沿领子止口车缝 0.2 cm 明线。

②绱领：领里与衣片正面相对，按净边车缝将领里与衣片缝合；将衣片门襟按止口反折盖住领片，按净边车缝将门襟与领子缝合；整理领面的领底线，车缝 0.1 cm 明线固定领面。

图 4-41　做领、绱领示意图

（7）做袖衩、绱袖衩：扣烫袖衩条；将袖片在袖衩位置剪开；缝合袖衩条，在袖衩剪开位置，先将袖衩条未扣烫的一侧与袖片开口缝合，然后将袖衩条折转到袖片正面，在袖衩条折烫线的边缘车 0.1 cm 明线；袖片反面将袖衩条对折，衩顶封斜角倒回针固定，如图 4-42 所示。

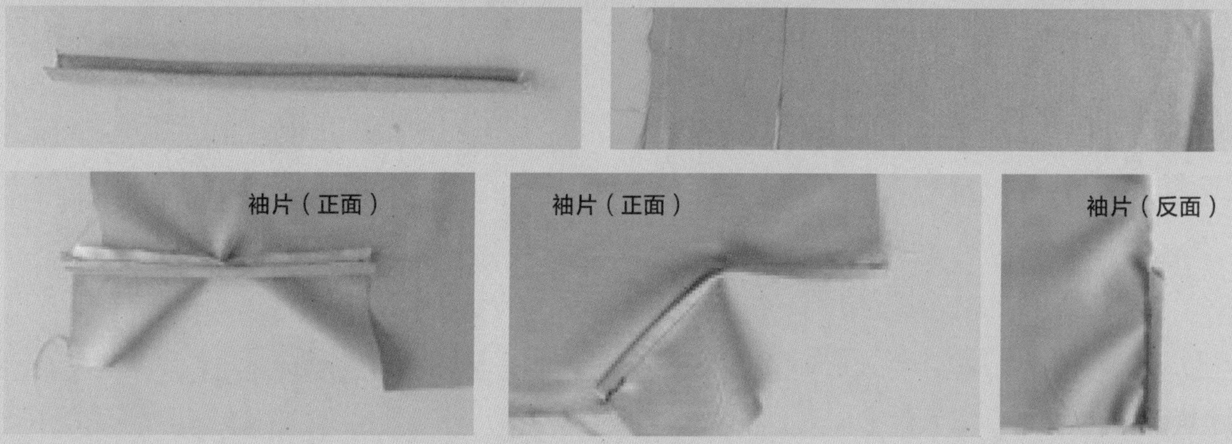

图 4-42　做袖衩、绱袖衩示意图

（8）绱袖：先核查衣片袖窿长度与袖片袖山长度是否一致，将衣片与袖片正面相对，袖山顶点对准肩端点，沿净边车缝并锁边，再将缝份倒向袖子一侧熨烫，如图 4-43 所示。

（9）缝合侧缝、袖底缝：将前、后衣片正面相对，袖底缝、侧缝对齐，袖底十字缝对准，沿净边从底边开始车缝至袖口，然后将缝份锁边，最后将缝份向后片倒烫，如图 4-44 所示。

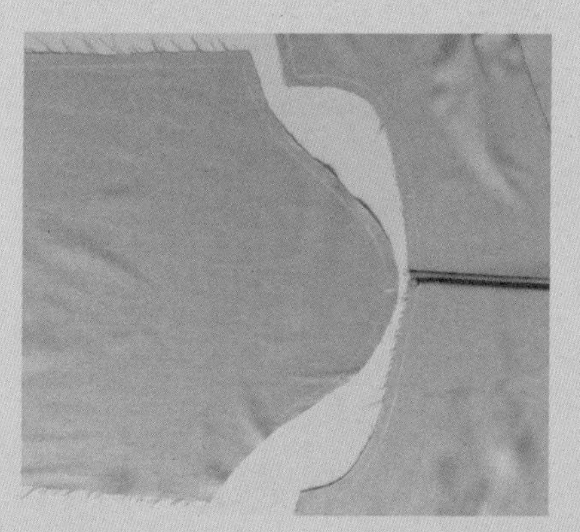

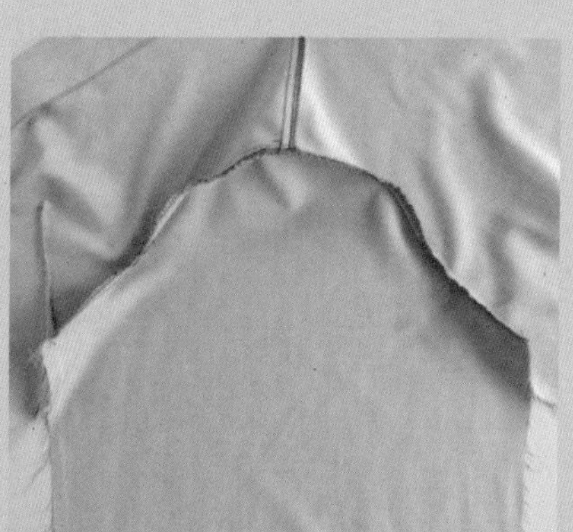

图 4-43　绱袖示意图

图 4-44　缝合侧缝、袖底缝示意图

（10）做袖头：先将袖头面缝份折烫 1 cm，再将袖头面、里正面相对沿净边车缝两端；翻袖头，整理两端角至方正，再压烫平整，如图 4-45 所示。

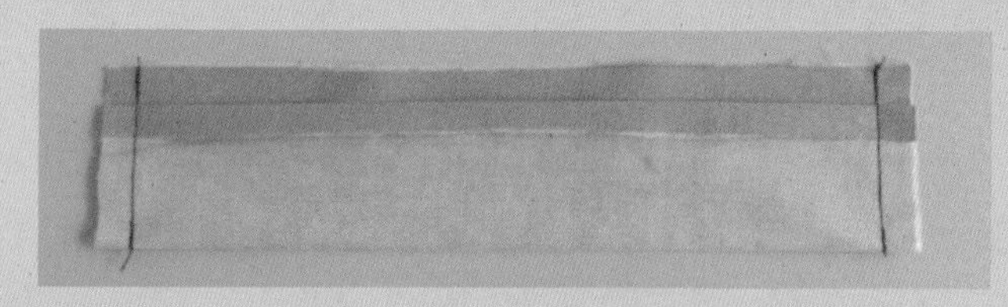

图 4-45　做袖头示意图

（11）绱袖头：如图 4-46 所示。

①固定袖口折裥：按袖口折裥位置折叠折裥（折裥开口朝向衩口），并车缝固定。

②车缝袖头里：将袖头里正面与袖片反面相对，沿净边车缝，袖头两端与袖开衩两边要对齐。

③车缝袖头面：将袖头正面朝上，翻出袖头，整理平整后，沿袖头面的缝份折烫，边缘车缝 0.1 cm 明线固定。

（12）车缝下摆：如图 4-47，衣片反面在上，按缝份折双折，反面沿缝份口折边车缝 0.1 cm 明线，门里襟长短要一致，线迹松紧适宜。也可以先翻折缉好挂面底摆缝份，翻正后再按折烫好的下摆车缝明线。

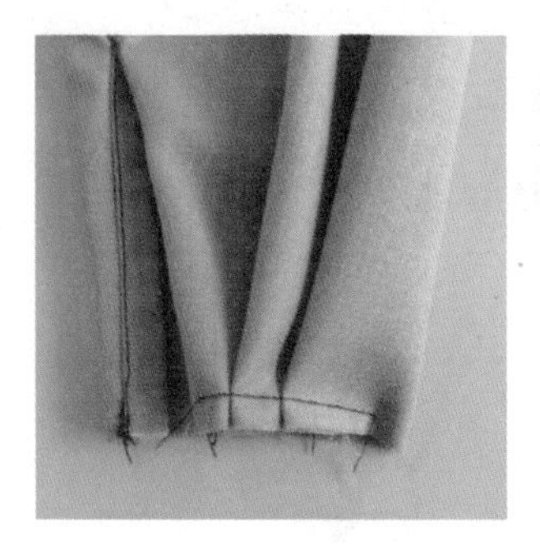

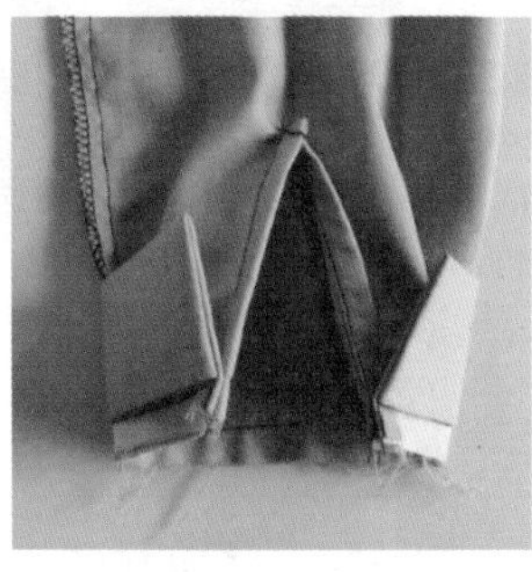

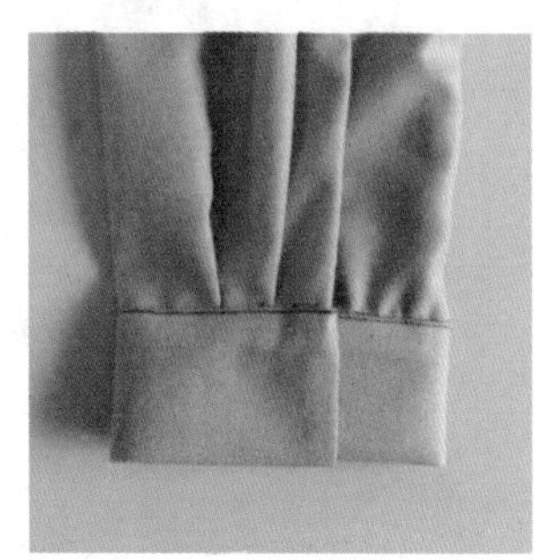

图 4-46　绱袖头示意图

图 4-47　车缝下摆示意图

（13）锁眼、钉扣。

①平头锁眼：衣片右侧门襟横眼 6 个，两袖头各 1 个，共 8 个。

②钉扣：根据扣位将纽扣缝钉牢固。

（14）整烫：衬衫缝制完毕后，先修剪线头、清除污渍，再进行成品整烫。先将领子熨烫平整，领角要有窝势；其次将前后袖片、袖缝分别烫平；最后烫衣身，衣片反面在上，从里襟起，经后衣片至门襟，分别将衣身、底摆熨烫平整。

8. 女衬衫成品质量检验

（1）成品规格检验：平铺测量各部位成品规格，对照女衬衫工艺单中的规格表以及表 4-7，检验各部位规格尺寸是否在公差范围内，如图 4-48 所示。

表 4-7　女衬衫成品规格公差范围参照表

序号	部位	成品测量方式	公差范围	备注
1	衣长	铺平上衣，从肩领点垂直量到下摆	±1.0 cm	5•4 系列（上衣）
2	领围	将纽扣打开，摊平领子，左右装领点水平横量	±0.5 cm	
3	胸围	扣好纽扣摊平上衣，在袖窿底部或向下 2.5 cm 的位置水平横量（周围计算）	±2.0 cm	
4	腰围	量度腰节处两侧缝之间的最短距离（周围计算）	±1.5 cm	
5	肩宽	将纽扣扣好，反面铺平，量度两肩点之间的距离	±0.6 cm	
6	袖长	铺平袖子，量度肩点到袖口的长度，尺子沿袖边直量	±1.0 cm	
7	袖口	扣好纽扣，铺平袖口位，水平横量袖口大（周围计算）	±0.5 cm	

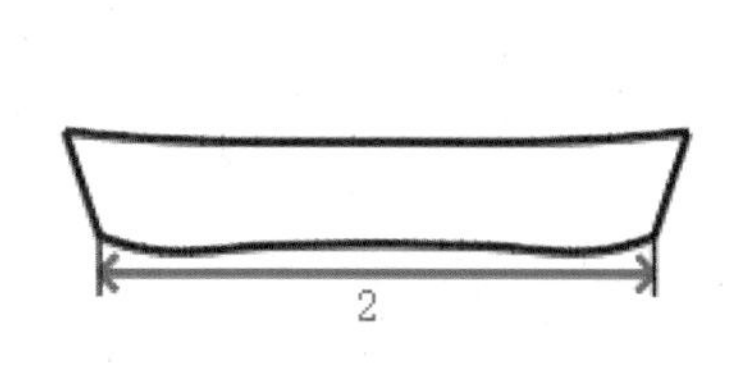

图 4-48　女衬衫成品测量示意图

（2）外观质量检验：对照表 4-8 从各角度观察并检验女衬衫成品的外观质量。

表 4-8　女衬衫成品外观质量检验标准表

序号	部位	外观质量检验标准
1	门里襟	止口顺直，挂面平服，锁眼钉扣位置准确，整齐牢固
2	领子	领子平服，面里松紧适宜，不反翘、不起泡，明线均匀美观
3	袖子	袖衩口平服，不露毛边，绱袖平整，袖头左右对称
4	下摆	折边均匀，明线符合工艺单要求
5	线迹	针距密度每 3 cm 为 14 ~ 17 针，平缝顺直、锁边牢固，松紧适宜且平服美观
6	整体	各部位熨烫平服、到位，无亮光、水花、污渍

三、学习任务小结

通过本次任务的学习，同学们已经初步了解了女衬衫的款式和结构、工艺特点，并掌握其打版和制作的流程、步骤及方法。通过观察工艺单、女衬衫成品样衣和老师的实例操作示范，加深了对女衬衫打版和制作的深层次理解。课后，需要大家认真完成女衬衫打版与制作的作业，注意安全与规范操作，严格按工艺单要求将作品完整制作出来，体现严谨、规范、细致、耐心的专业精神。

四、课后作业

（1）每位同学选取合适尺码，根据工艺单要求，完成女衬衫全套样板制作并复核。

（2）每位同学按要求准备好女衬衫制作的面辅材料，根据已复核的样板排料裁剪，完成样衣缝制及成品质量检验。

（3）各组整理女衬衫打版制作的过程和成果照片，制作成 PPT，现场展示分享，并总结点评。

衬衫领、袖结构变化与工艺分析

教学目标

（1）专业能力：掌握衬衫领、袖结构变化与工艺要求；能分析产品特征，完成领、袖打版及制作。

（2）社会能力：培养严谨、规范、细致、耐心的优良品质；掌握安全和规范操作的方式方法。

（3）方法能力：掌握独立学习新技术的方法和评估结果的方式，培养识图、看表、绘图的能力。

学习目标

（1）知识目标：能看懂领、袖款式图，会分析其款式、工艺技术要求，了解领、袖变款打版方法。

（2）技能目标：能熟练运用相应工具材料按要求完成领、袖打版及制作。

（3）素质目标：会运用安全和规范操作的方式方法。具备严谨、规范、细致、耐心等优良品质。

教学建议

1. 教师活动

（1）展示衬衫领、袖款式图及样衣，引导学生观察与思考，提高学生分析关键点的能力。

（2）讲授衬衫领、袖打版方法与工艺要求，引导学生完成衬衫领、袖打版及制作。

2. 学生活动

按款式图完成衬衫领、袖变款打版与制作。

一、学习问题导入

通过前面课程的学习，我们对上装的打版和制作有了初步的认识。本次课我们学习上衣当中领、袖的变化。服装款式变化多样，其中大多变化体现在领、袖结构上，不同的领、袖款式可以衬托出不同的气质。下面请大家仔细观察图 4-49 所示几件上衣的领子和袖子，说说它们的异同点。

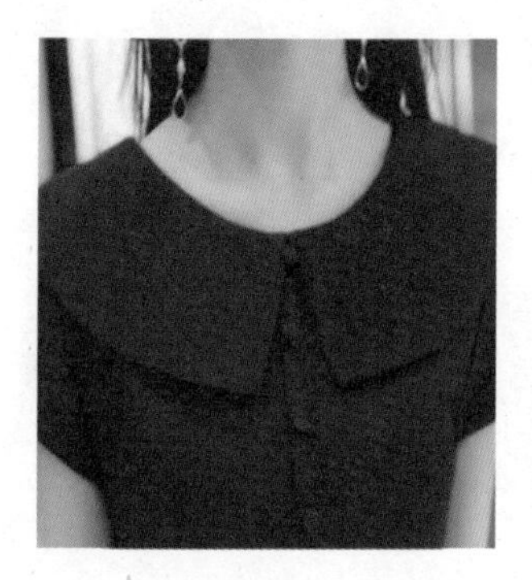  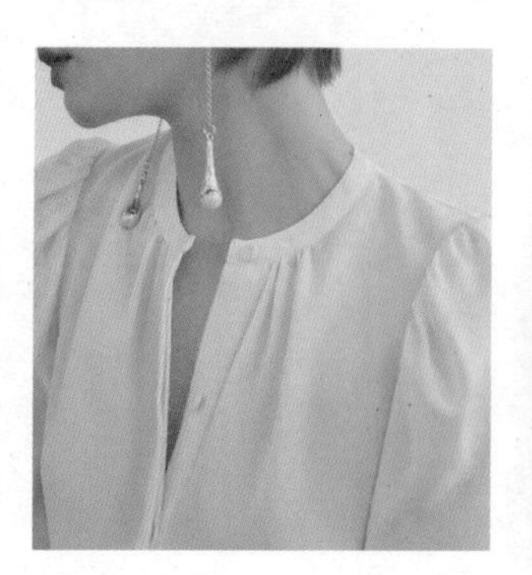 

图 4-49　上衣实物图片

二、学习任务讲解

1. 领子结构变化与工艺分析

（1）领子结构变化：在服装结构设计中，能使脸部显得更生动的就是领子的设计，领子的设计最能突出脸的个性。领型大体可以归纳为四类，即无领、立领、翻折领与披肩领，其中翻折领又可分为连体翻折领和分体翻折领，男衬衫领就是分体翻折领的一种，又称为分体企领。在上一任务中我们也认识了连体翻折领的结构与工艺。各类领型间并不是完全孤立的，在结构中它们有的可以相互转化。下面我们来认识几种领子，请思考它们结构设计的原理和变化的依据。

①无领：一般在基本型框架基础上，根据款式设计，适当加宽领宽、加深领深，连顺领口弧线即可。常见有 V 领、圆领、方领等，如图 4-50 所示。

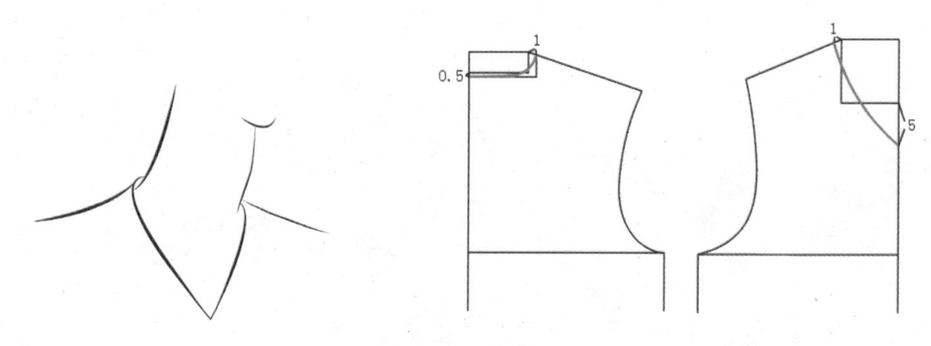

图 4-50　无领结构示意图

②立领：合体立领的领底弧线一般往上起翘，这和人体的颈部结构相吻合。因此立领领底线上弯曲的程度和位置的选择，既要考虑款式设计也必须满足人体及活动需要，如图 4-51 所示。

③企领：属于翻折领的一种，是由立领作领座、翻领作领面组合而成的领子，在衬衫领中很常用，这种领型显得庄重，选择的领底线翘度、领口和领宽一般需贴近颈部结构。

A. 分体企领：如图 4-52 所示。

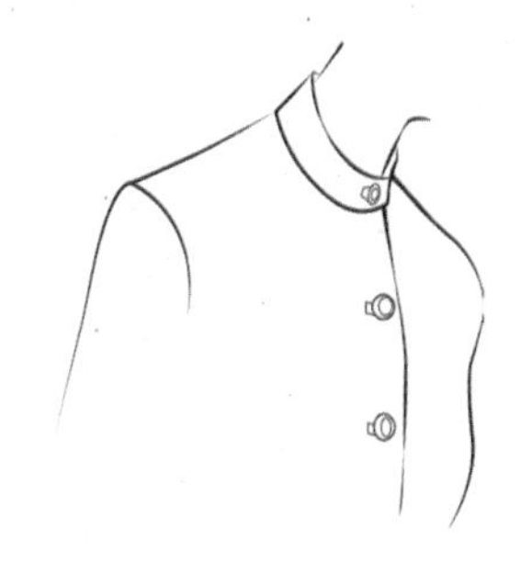

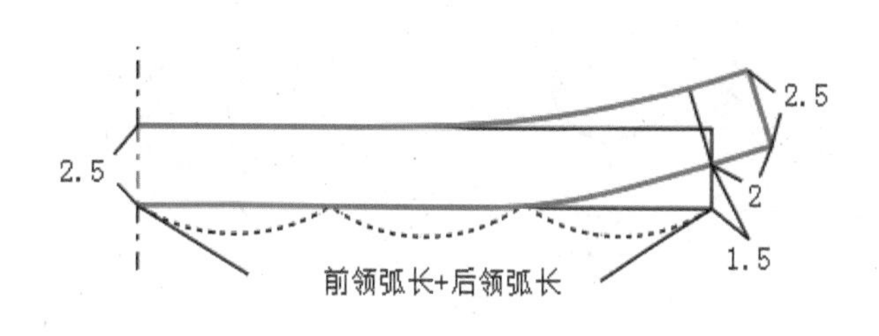

图 4-51　立领结构示意图

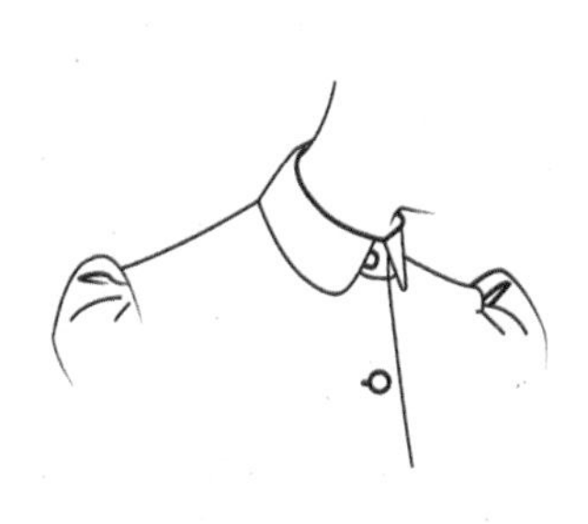

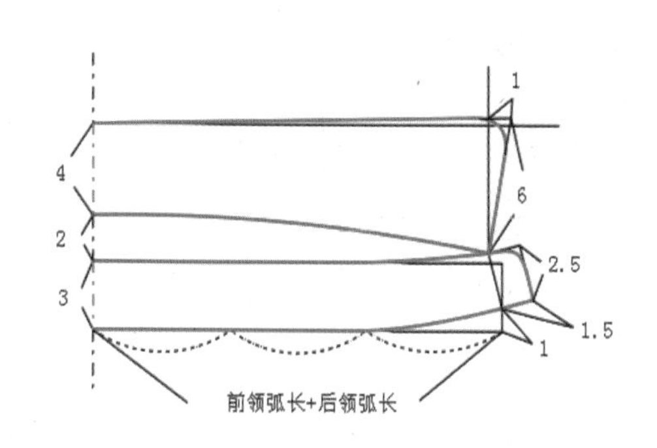

图 4-52　分体企领结构示意图

B. 连体企领：在企领的应用中，有时为简化工艺和迎合设计特点，可将领座和领面连成一体，这就是连体企领，也是连翻领的一种。连体企领的领底线上翘不能超过 1 cm，否则领面翻折困难。由于合体的连体企领立度强，领面的容量很小，因此领面和领座的面积很接近，领面宽以领座不暴露为原则，如图 4-53 所示。

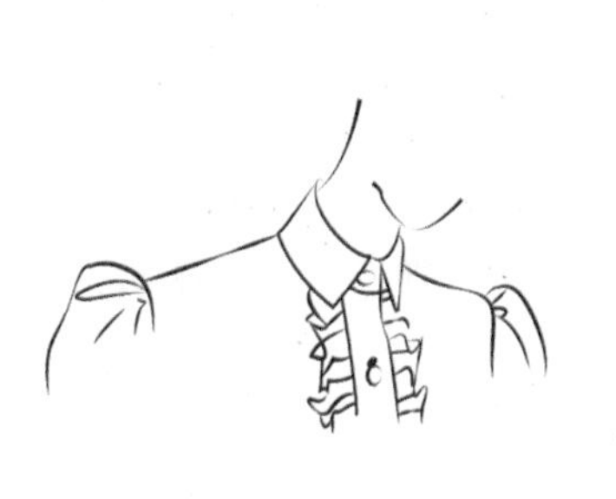

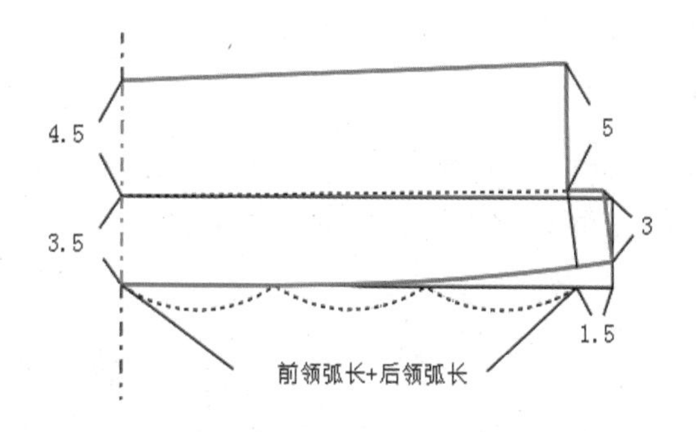

图 4-53　连体企领结构示意图

④披肩领：领子从外观看只有翻领没有竖起来的领座，也就是领座接近 0 的连体翻折领，领片基本平顺搭垂到肩膀上，故又称为搭肩领或平领。按款式形状分类如下。

A. 铜盆领：为准确获得披肩领领底曲线，在结构制图时，常借用前后衣片的领圈作为依据。将前后小肩线拼在一起，肩颈点对齐、肩端点略交叠使外领口与人体更加贴合，根据领型设计，直接在已确定领底线的前、后衣片纸样上画出披肩领领外口线即可，如图 4-54 所示。

B. 荷叶领：在结构设计时可通过切展使领底线加大弯曲度，增加领外围长度，为使波浪分配均匀，一般采用平均切展的方法，波浪的数量与大小取决于领底线的弯曲程度，如图 4-55 所示。

（2）领子工艺分析：领子无论款式怎么变化，在制作时，应满足领子平服、止口不外漏、领角不反翘、左右对称等工艺要求。绱领时，注意衣领与衣片领围剪口要吻合，两边领角长度一致，线迹均匀，顺直，明线美观等工艺要求。

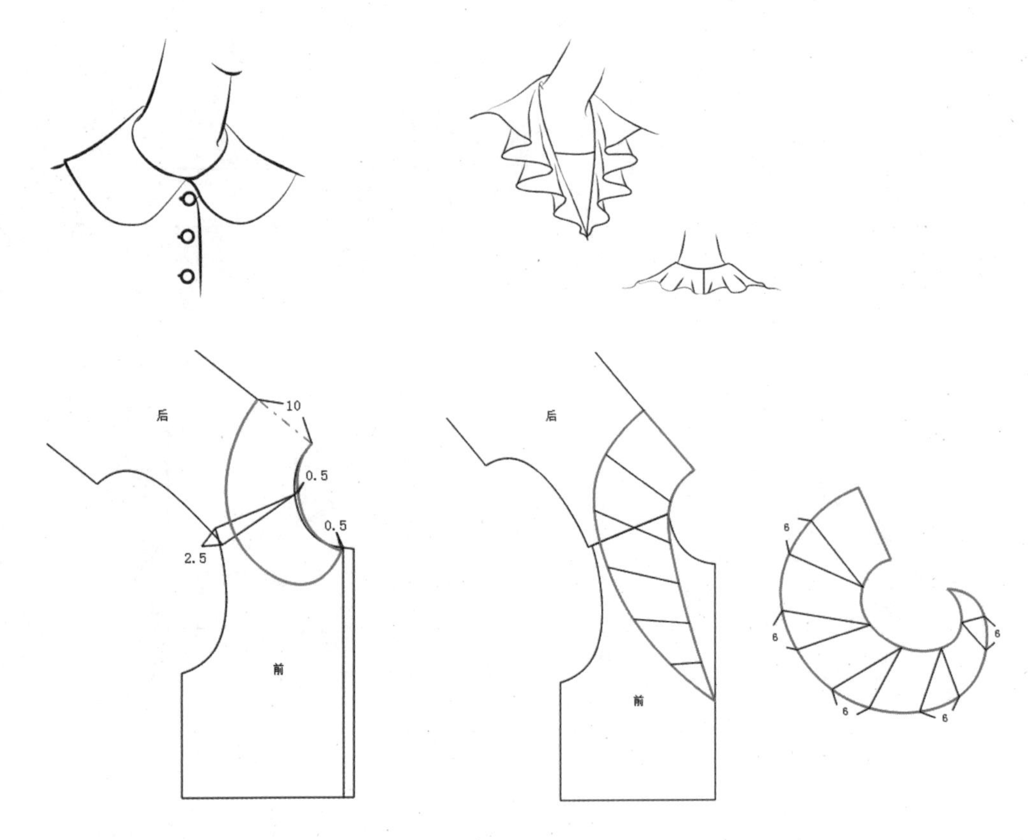

图 4-54　铜盆领结构示意图　　　　图 4-55　荷叶领结构示意图

2. 衬衫袖结构变化与工艺分析

衬衫使用的材料多为软而薄的面料，衬衫袖的结构变化主要在袖身，根据款式增加分割线或褶裥等，袖衩与袖头变化相对较少。

（1）袖子结构变化。

①灯笼袖：是在普通一片袖的基础上，在袖山和袖口都加入碎褶，常见于女衬衫。在绘制结构图时，用切展的方法，在袖肘线延长线上平移增加褶，再修顺袖山线和袖口线，袖山缩褶主要集中在袖顶部，袖口的缩褶量为袖口大与袖头长之差，褶量多集中在袖外侧，如图 4-56 所示。

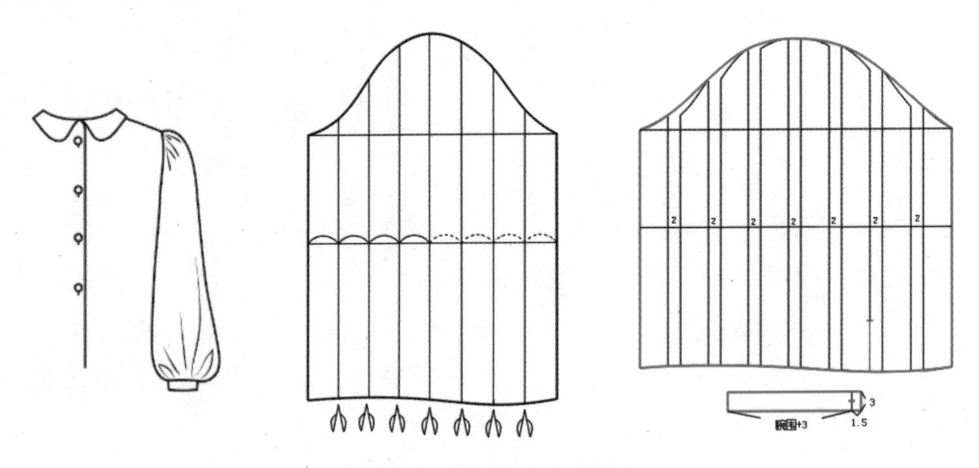

图 4-56　灯笼袖结构示意图

②规律褶裥袖：这种袖子在造型设计中更多考虑的是形式美，这种有规律的褶裥不适合分布在整个袖子中，主要分布在袖子顶部较平缓的区域及袖身外侧部，注意熨烫，如图 4-57 所示。

③喇叭袖：喇叭袖纸样设计，一般采用切展方法，袖山长度不变，只增加袖口的量，如图 4-58 所示。

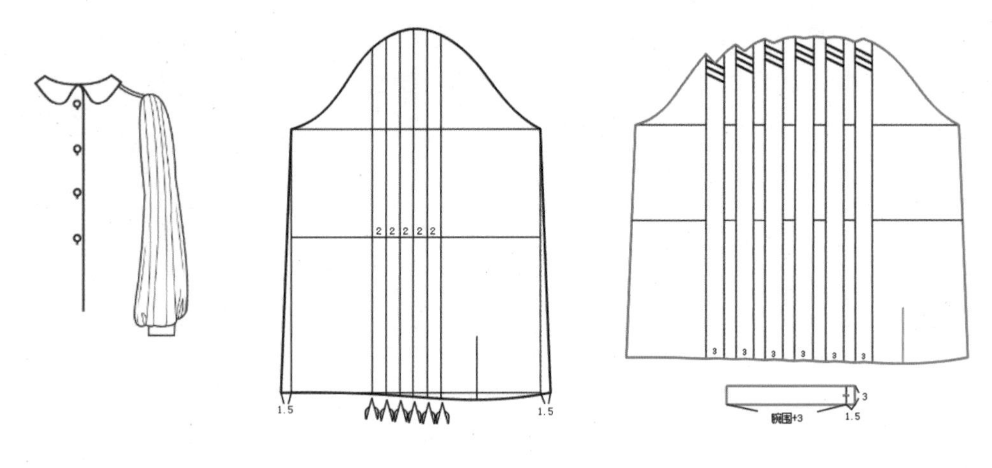

图 4-57　褶裥袖结构示意图

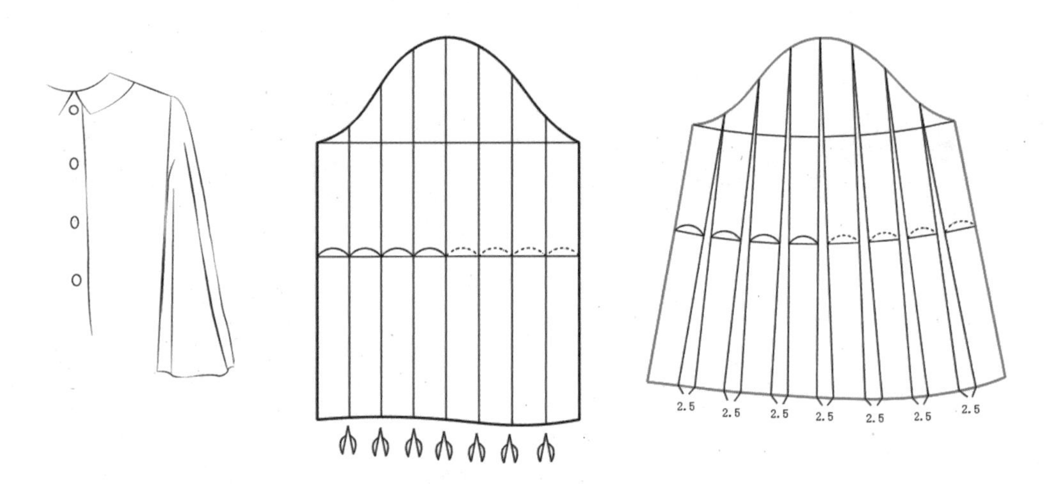

图 4-58　喇叭袖结构示意图

④荷叶袖：荷叶袖在纸样设计时，荷叶部分需采用切展的方法。一般先根据款式画出分割线，结构处理时分割线长度不变，只增大袖口量，如图 4-59 所示。

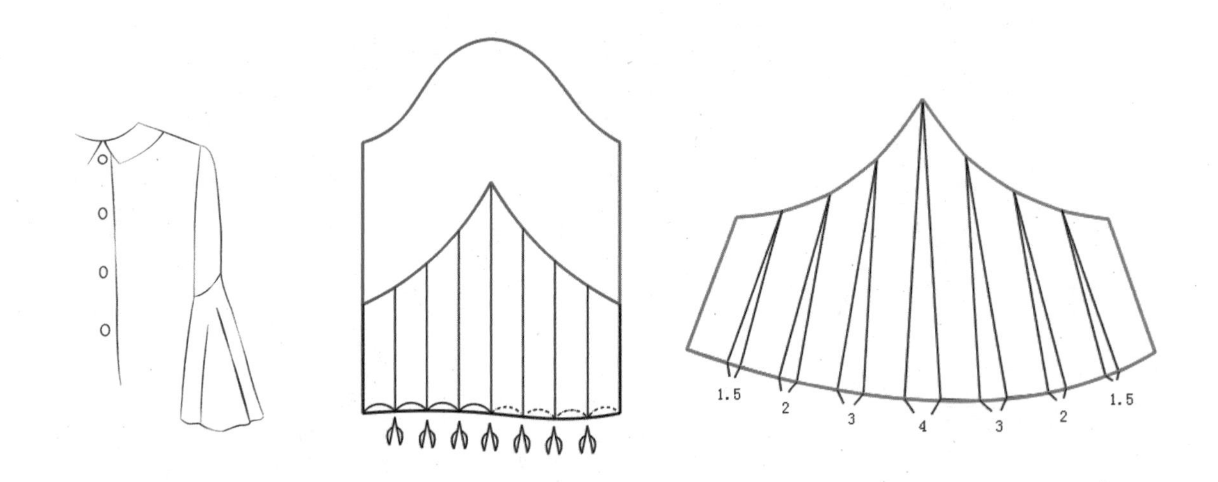

图 4-59　荷叶袖结构示意图

（2）袖子工艺分析。

缩褶袖在制作时，沿袖山弧线用大针距车两道线，然后抽缩，以袖中线为中心，注意两边抽缩要均匀，或用缩褶压脚缩褶后再绱袖；褶裥袖在制作时，褶裥的宽窄、间距要均匀。绱袖时，要对准剪口位，注意袖山和袖窿的长度，上下松紧适中，缝份宽窄一致，平服整齐。

三、学习任务小结

通过本次任务的学习，同学们已经了解了领、袖的结构变化与工艺特点，并掌握了领、袖的打版方法与工艺要求。衬衫领、袖款式变化非常丰富，课后仍需要大家主动加强练习，耐心细致地按款式要求认真完成领、袖变款的打版与制作。实操时需注意安全操作的方式方法，秉承严谨规范的专业精神。

四、课后作业

（1）每位同学选取合适尺码，根据款式要求，完成衬衫领、袖变款打版与制作。

（2）每组收集各成员领、袖变款打版与制作的过程和成果照片，制作 PPT，现场展示分享，总结点评。

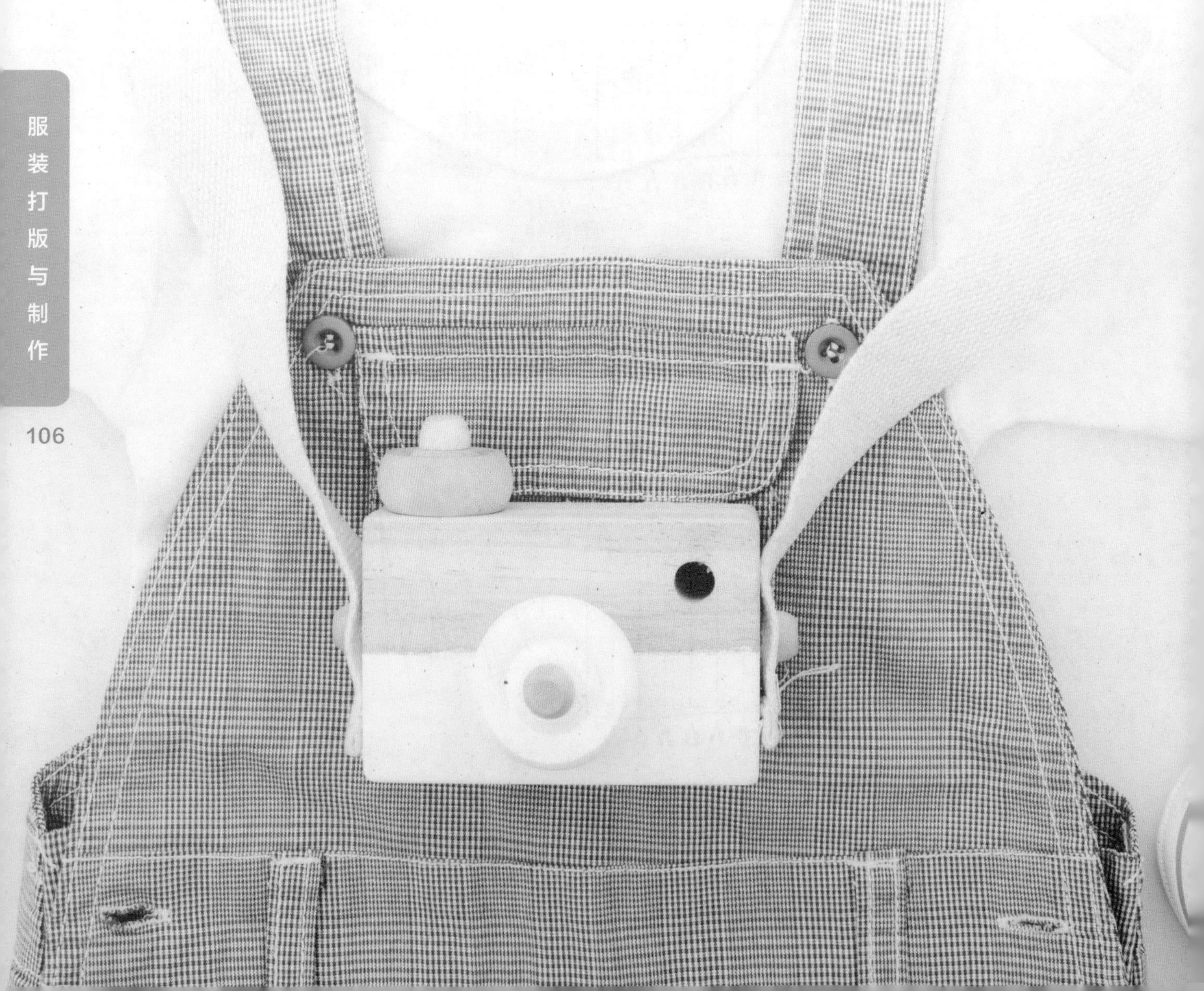

项目五

连衣裙打版与制作

连腰式连衣裙打版与制作

教学目标

（1）专业能力：了解连腰式连衣裙的特征，掌握按工艺单进行旗袍打版与制作的步骤与方法。

（2）社会能力：培养爱岗敬业精神和精益求精的优良品质。

（3）方法能力：掌握旗袍制版、裁剪、车缝、熨烫的过程及方法。

学习目标

（1）知识目标：能说出连腰式连衣裙的特征，知道旗袍打版与制作的流程、要求和方法。

（2）技能目标：能运用制图打版软件或工具进行制版，按工艺单制作旗袍并进行试版改版。

（3）素质目标：具备看图制版能力，培养做事严谨、精益求精的优良品质。

教学建议

1. 教师活动

（1）展示连衣裙样衣或图片，引导学生分析旗袍的工艺单，找出旗袍打版与制作的依据。

（2）教师进行示范，让学生直观感受按工艺单要求进行旗袍打版与制作的步骤和方法。

2. 学生活动

认真观看教师示范，选取合适尺码，按工艺单要求完整制作出旗袍并进行质量检验。

一、学习问题导入

各位同学，大家好！今天我们开始学习连衣裙的打版与制作。如图 5-1 所示，连衣裙从结构设计上可分为两大品类，一类是连腰式连衣裙，即上衣和裙子在腰部无分割；另一类是断腰式连衣裙，即上下身从腰部分开，我们先来学习连腰式连衣裙，请同学们想想，连腰连衣裙有哪些常见款式？想必很多同学脑海中闪现的第一个连腰款式就是旗袍了。请大家思考一下，旗袍有什么特征？工艺制作上有什么技巧和要求？

图 5-1　连衣裙实物图片

二、学习任务讲解

1. 产品分析

本次打版制作的任务是一款经典连腰式连衣裙——旗袍，我们首先分析并绘制这件旗袍的工艺单，如表 5-1 所示。

2. 旗袍制图

（1）大身框架及轮廓制图：如图 5-2 所示。

①框架：画横向开格线（上平线、领深线、胸围线、腰围线、臀围线、下平线）→定后领宽→按后落肩和肩宽定后小肩→定后胸围大→定后臀围及下摆大→画后侧缝辅助线→定前领宽→按前落肩和后小肩长定前小肩→定前胸围大→定前臀围及下摆大→画前侧缝辅助线。

②轮廓：前后领口加宽、加深 0.5 画顺领口弧线→小肩减掉 1.5 做泡泡袖，冲肩量 1.5，前胸围线抬高 3，画顺前后袖笼弧 BAH/FAH →根据胸腰差量定好腰部各处收窄量→定后中线上胸、腰、摆的收量，画顺后中线→定前后侧缝线上腰、摆收量，画顺侧缝→定后腰省中心线、省尖点及省大→定 BP 点，按纵横 23:8.5 定点→定侧缝胸省及前腰省，省尖距离 BP3.5。

（2）袖子制图：画袖肥，从袖肥左右点起按前后袖笼弧长 BAH/FAH 相交定袖山高→画袖内长及袖口线→画顺袖山弧线→袖山展开 8 cm 做泡泡袖缩皱量→画顺袖笼曲线，如图 5-3 所示。

表 5-1　旗袍工艺单

服装工艺单		
品牌	QQBS	正面款式图　背面款式图
款号	GD002	
季节	春季	
款式名称	水滴领旗袍	
工位号		
交货日期		

1. 款式特征

(1) 领子：立领，前中水滴造型，领外口、水滴口及装领口均包滚边，领正中钉一对盘扣。

(2) 袖子：一片式泡泡短袖，有里，袖口包滚边。

(3) 大身：全里，修身合体且左右对称，前片收腋下胸省、腰省，后片收腰省，后中装隐形拉链。

(4) 裙摆：下摆收窄合体，两侧开衩，衩口包滚边条，下摆面里分开压明线。

2. 成衣规格表（单位：cm）

号型	领围	胸围	腰围	臀围	肩宽	裙长	背长	腰长	内袖长	袖口	袖肥
155/82A	35	86	70	90	36	108	36	18	3	30	32

注：旗袍如用微弹面料，胸围、臀围最少加 4 cm，腰围加 4 ~ 6 cm，未标注尺寸的部位可根据款式图自行设计。

3. 工艺技术要求

(1) 针距要求：平缝 14 ~ 17 针 /3 cm。

(2) 前后身：全里，省道左右对称，省尖不起突，归拔得当，后中隐形拉链直达领上口。

(3) 领子：双层，面里分开绱领，面布装领口夹装滚边条，面里缝份需缉缝固定。

(4) 袖子：全里，袖山抽碎褶工艺，袖口面里合缉，滚边条夹袖口边压明线。

(5) 下摆：里布比面布略短，面里下摆分别做卷边压明线工艺，面、里在侧缝开衩处固定。

(6) 包滚边条：领外口、水滴口、侧缝开衩口包滚边条均采用缉缝外口及内侧手针缲边工艺，手工单线 6 ~ 8 针 /3 cm；侧缝开衩口滚边条呈宝剑头式。

4. 面料、辅料说明

(1) 面料：60 支微弹仿真丝印花料。

(2) 里料：40 支纯色全棉府绸。

(3) 辅料：隐形拉链、盘扣、粘合衬、包边条、缝纫线。

(3) 领子制图：横向按量取的后领窝和前领窝长画出水平线→纵向按领高画出后领中线及领子框架→前领起翘 1.5 画顺下领弧线→领头按款式画好，修顺上领弧线，如图 5-4 所示。

3. 旗袍样板制作与复核

(1) 裁剪样板。

①面布样板：本款旗袍共 4 个面布样板，均采用统一布料。本例粉色填充部分表示净样，蓝色外圈线表示毛样，如图 5-5 所示。

②里布样板：本款旗袍共 3 个里布样板，均采用统一布料，如图 5-6 所示。

③衬料样板：本款旗袍共 1 个衬料样板，即领子，本例采用薄布衬，领衬裁毛样 4 片。

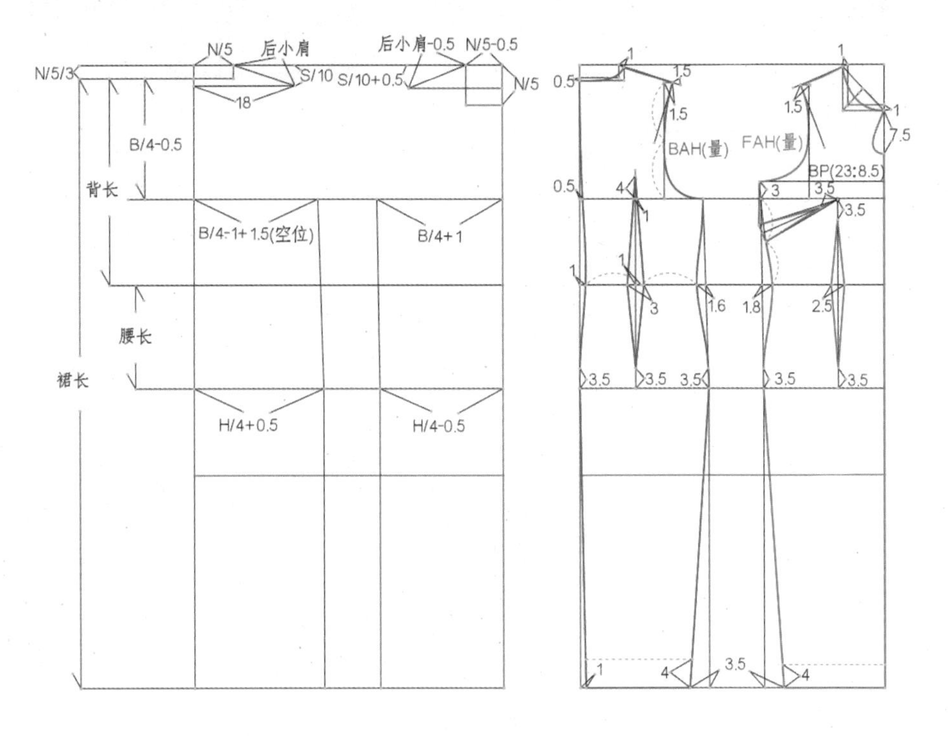

图 5-2 旗袍大身框架及轮廓制图示意图

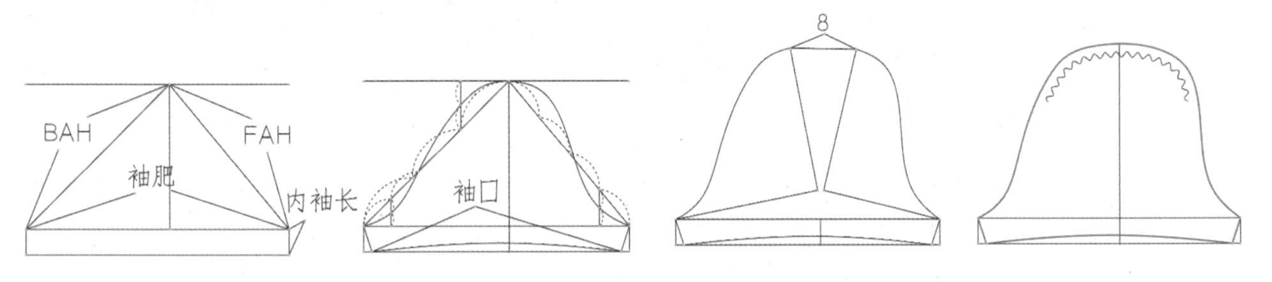

图 5-3 袖子制图示意图

图 5-4 领子制图示意图

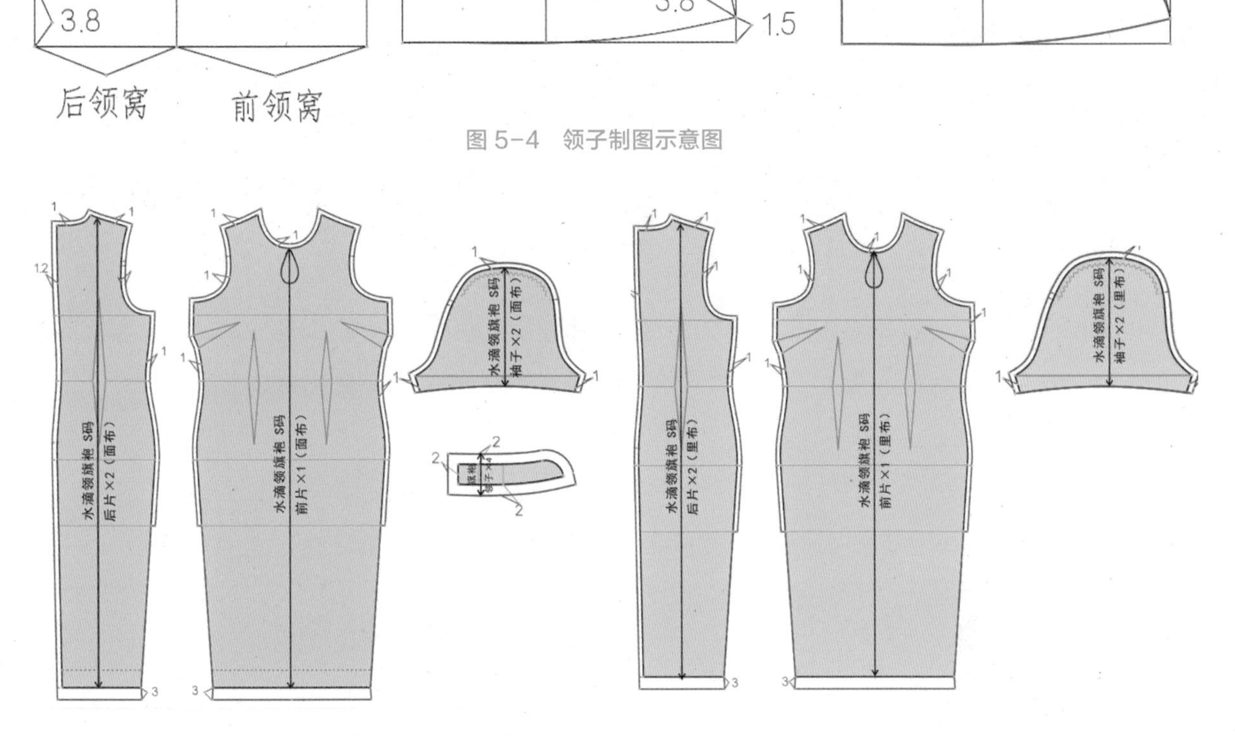

图 5-5 旗袍面布样板放缝示意图

图 5-6 旗袍里布样板放缝示意图

项目五 连衣裙打版与制作

（2）工艺样板：本例旗袍工艺样板只有 1 个，即领子画线净样板，如图 5-7 所示。

（3）样板复核：样板数量、规格及线条轮廓要进行复核检验。

4. 旗袍备料

（1）面布：60 支微弹仿真丝印花料，幅宽 144 cm，最少用料长度≈ 150 cm。

（2）里布：40 支纯色全棉府绸，幅宽 144 cm，最少用料长度≈ 140 cm。

（3）辅料：滚边条 5m，60 cm 隐形拉链 1 条，盘扣一对，粘合衬若干，缝纫线 1 个。

旗袍备料如图 5-8 所示。

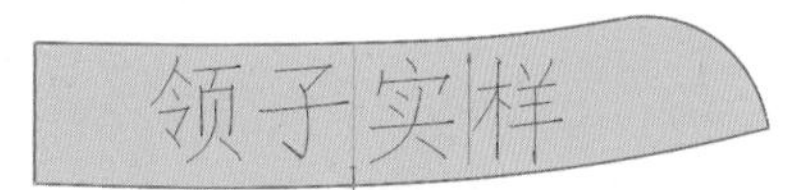

图 5-7　旗袍工艺样板示意图

图 5-8　旗袍备料示意图

5. 旗袍排料裁剪

本款旗袍左右对称，单件制作时可采用上下对折的双层铺布方式。由于本例面布采用的是有图案的印花布料，为使正面达到更美观的效果，前片需找到印花最适合的位置单层排料；而里布是纯色布料，可采用双层铺布方式排料划样。具体如图 5-9 和图 5-10 所示。

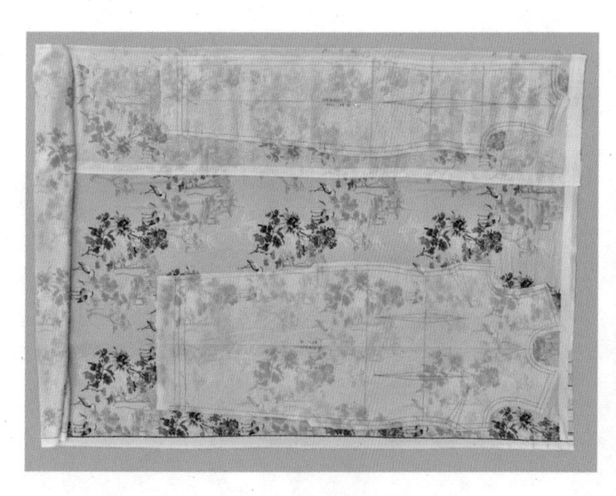

图 5-9　面布排料示意图

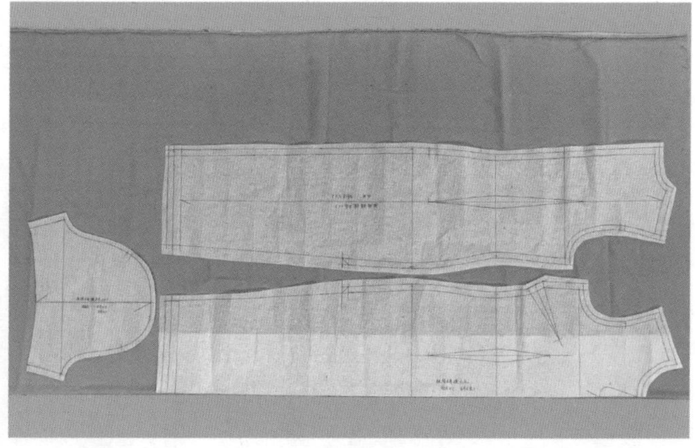

图 5-10　里布排料示意图

6. 旗袍工艺流程分析

检查裁片→画省道→车省烫省→抽袖山碎褶→合肩缝→绱袖→合侧缝及袖底缝→做里裙→做领→绱领→合后中、做下摆→上隐形拉链领→领外口及水滴口包滚边条→袖口包滚边条→面里衩口车缝固定、整理滚边条→开衩口包滚边条→缝钉盘扣、整烫。

7. 旗袍样衣缝制

（1）检查裁片：数量准确，内部干净，轮廓整齐，标记齐全。

（2）画省道：按纸样省尖点标上记号→根据定位点用褪色笔画出胸省、腰省，如图 5-11 所示。

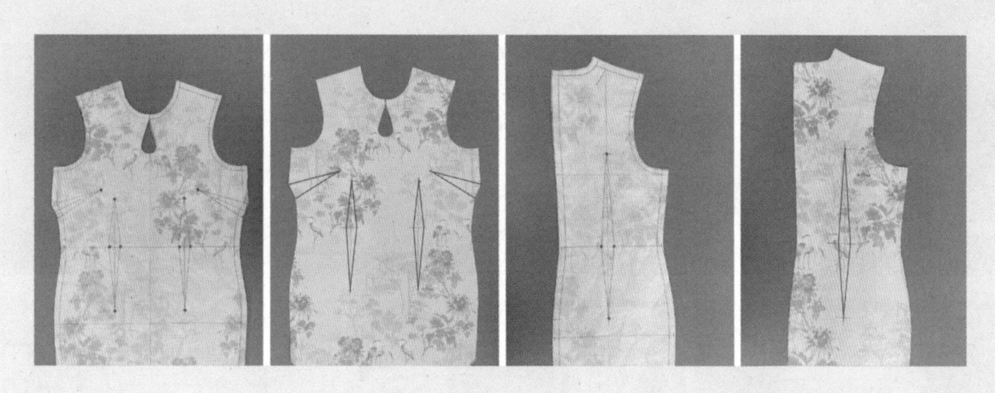

图 5-11　画省道示意图

（3）车省、烫省：省尖不用倒针，车长一段线即可→对叠车腰省→对叠熨烫腰省→腰省往前中熨烫→胸省往上熨烫→熨烫正面用圆烫凳熨烫省→检验完成效果，如图 5-12 所示。

图 5-12　车省、熨烫示意图

（4）抽袖山碎褶：裁剪一层薄布衬→熨烫在袖头→袖头车两条线并留一段线→拉动线→把褶皱整理均匀，如图 5-13 所示。

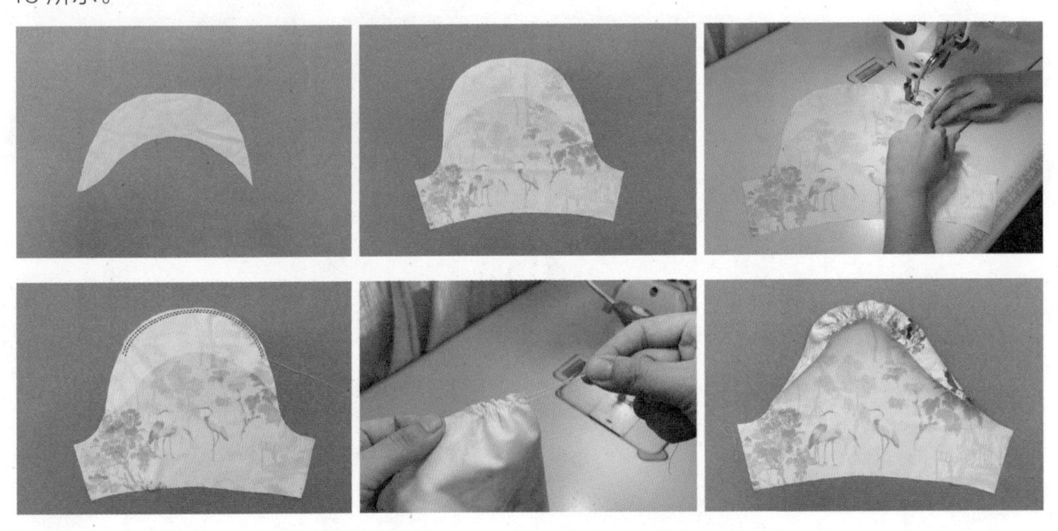

图 5-13　抽袖山碎褶示意图

（5）合肩缝、绱袖、合侧缝及袖底缝：合前后片肩缝→分清左右袖，按对位记号准确绱袖→合侧缝及袖底缝→除装袖缝外，其余接缝烫分开缝，如图 5-14 所示。

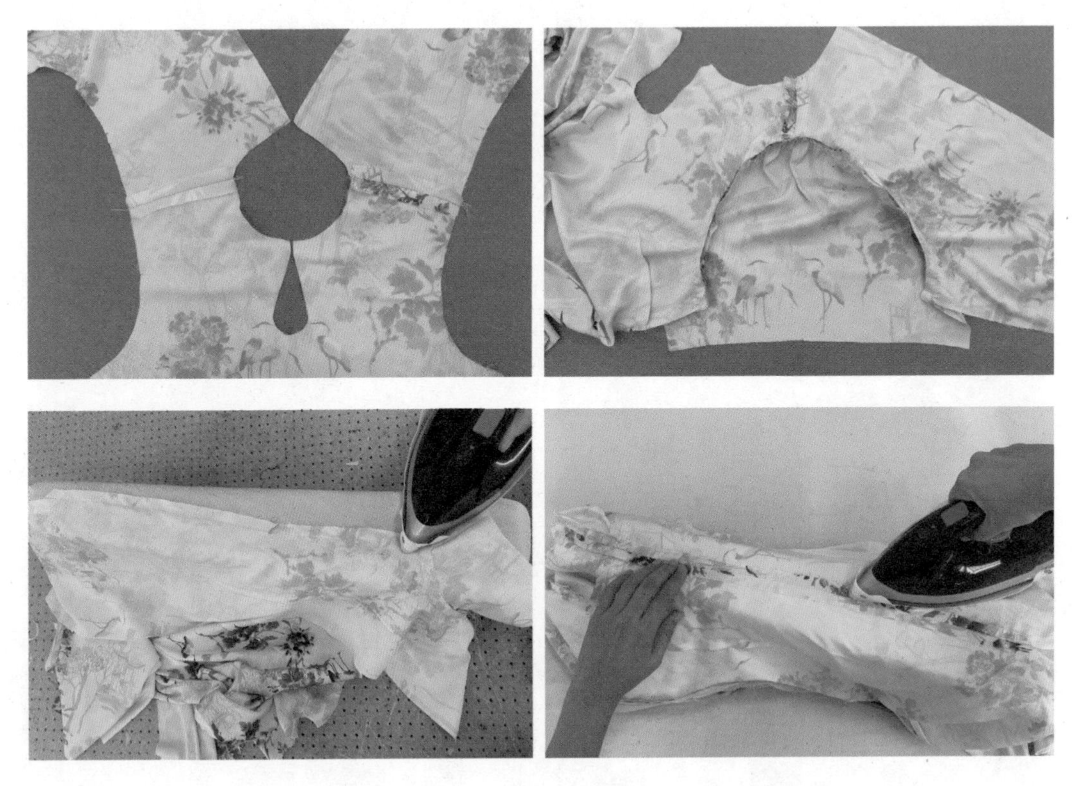

图 5-14　合肩缝、绱袖、合侧缝及袖底缝示意图

（6）做里裙：按面裙步骤做好里裙，如图 5-15 所示。

（7）做领：裁剪 4 片领子布衬→把布衬熨烫在领子上→用硬牛皮纸做领子实样→用实样画线→反过来画另一边领子→下领线放缝 1 cm，后中放缝 1.2 cm →修剪领片，如图 5-16 所示。

（8）绱领：下领口线车线→线上 0.6 cm 画红线 →取包边条比领子长 5 cm 左右→把包边条打开熨烫→对齐红线车包边条→上领子→领子缝头往领子倒 →剪好里布领子→领子缝头往领子倒→修剪好里布领子→上里布领子 →熨烫里布领子，如图 5-17 所示。

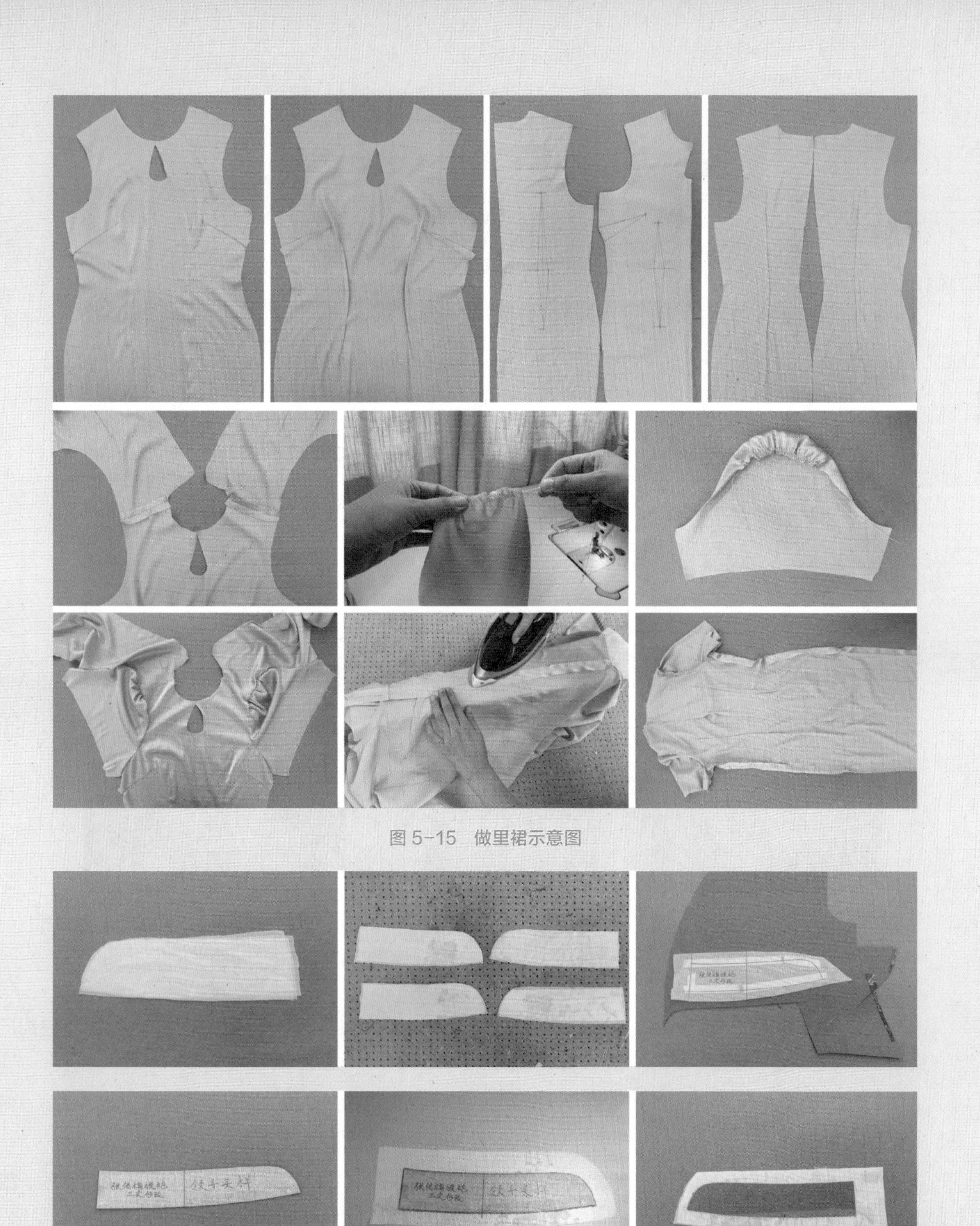

图 5-15　做里裙示意图

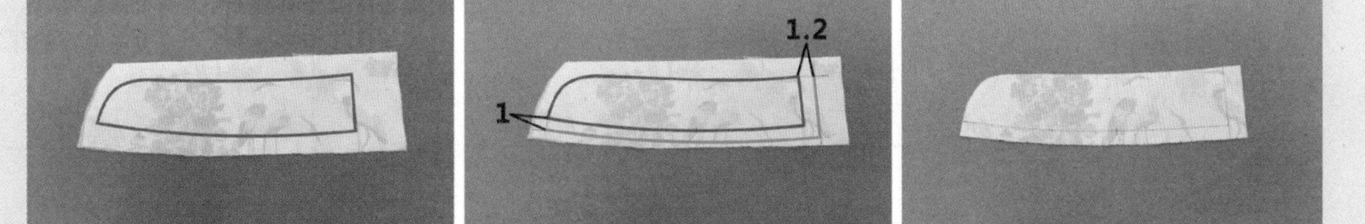

图 5-16　做领示意图

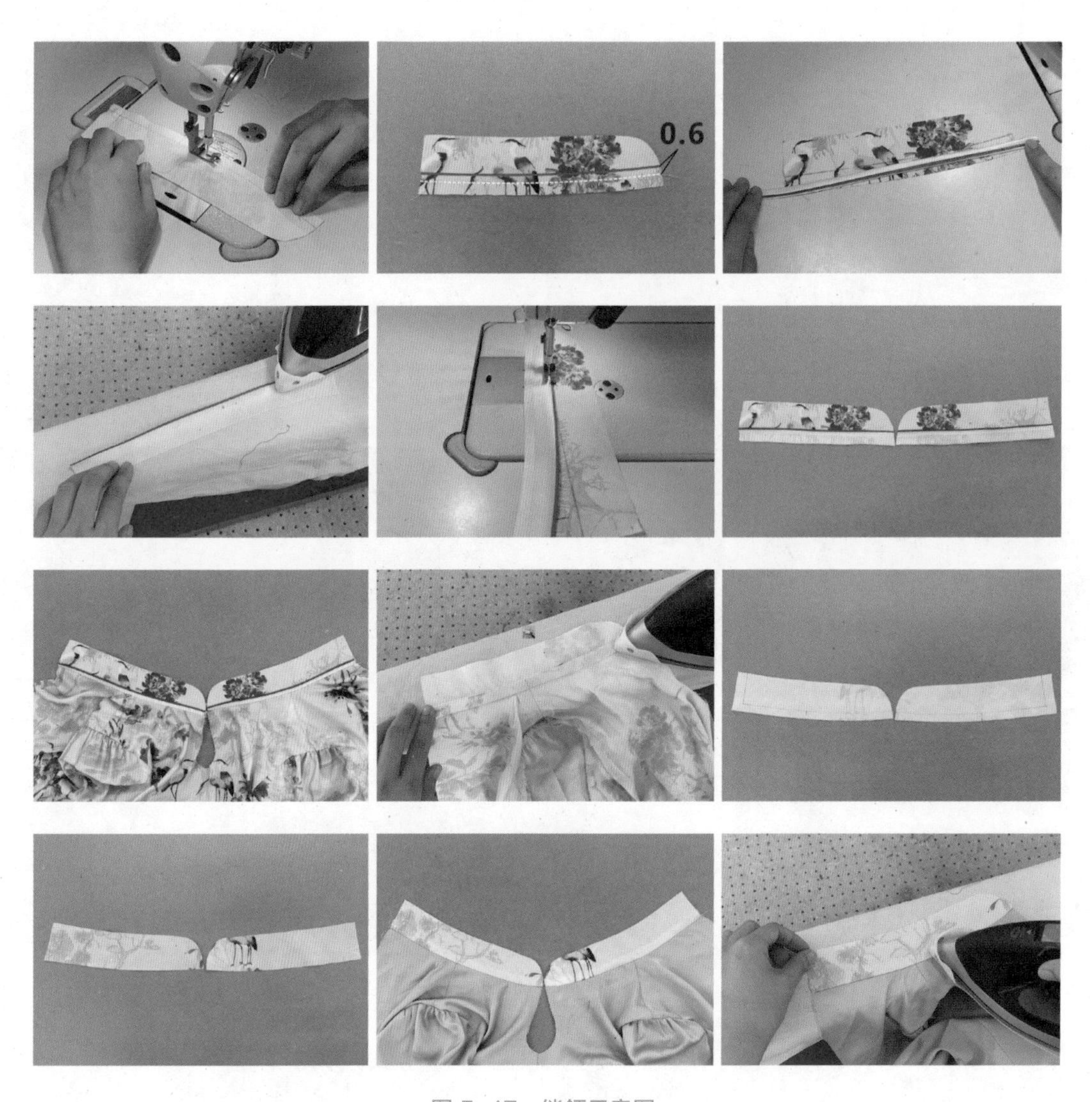

图 5-17　绱领示意图

（9）合后中、做下摆：后中缝拉链止点以下锁边→合后中缝到拉链止点、分烫→前后片下摆分别卷边折烫→缉明线并熨烫平整，面裙、里裙分开制作，如图 5-18 所示。

（10）上隐形拉链：把隐形拉链翻开熨烫→换单边压脚，装面裙隐形拉链→修剪里布后中拉链口缝边→将里布后中与拉链缝份拼合，如图 5-19 所示。

（11）领外口包滚边条：面布里布的领子缝头车线固定→双面衬黏合领口面布与里布→熨烫固定→领子放双面衬→熨烫固定领子里外→剪去拉链布边→包边条打开车在领子上→车到末端把包边条卷回来，如图 5-20 所示。

（12）袖口包滚边条：手针把包边条里面固定→面、里袖子缝头在袖山固定→面里袖口车边线固定→包边条夹袖口压线，如图 5-21 所示。

（13）面里衩口车缝固定、整理滚边条：开衩处面里车边线固定→打开包边条→熨平→拆包边条车线 6 cm 左右→把包边条折 45° 熨烫→把红色条折叠熨烫，如图 5-22 所示。

（14）开衩口包滚边条：把包边条折叠熨烫→做好一对包边条→两条包边条合车 4 cm →把包边条放在开衩处→对齐开衩车缝→剪去多余包边条 →叠包边条用手针固定→面上压线固定包边条，如图 5-23 所示。

（15）缝钉盘扣、整烫：把旗袍进行整烫，在前领口钉上盘扣。

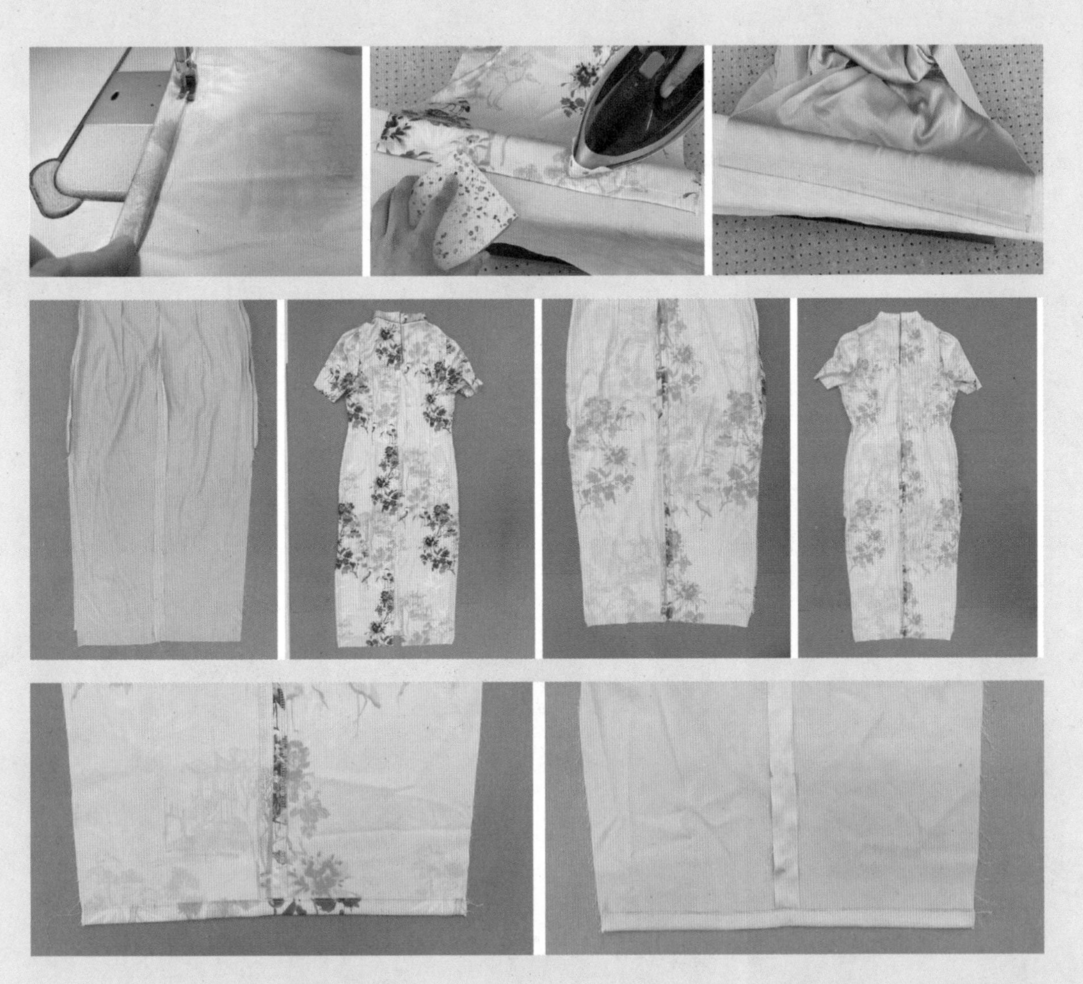

图 5-18　合后中、做下摆示意图

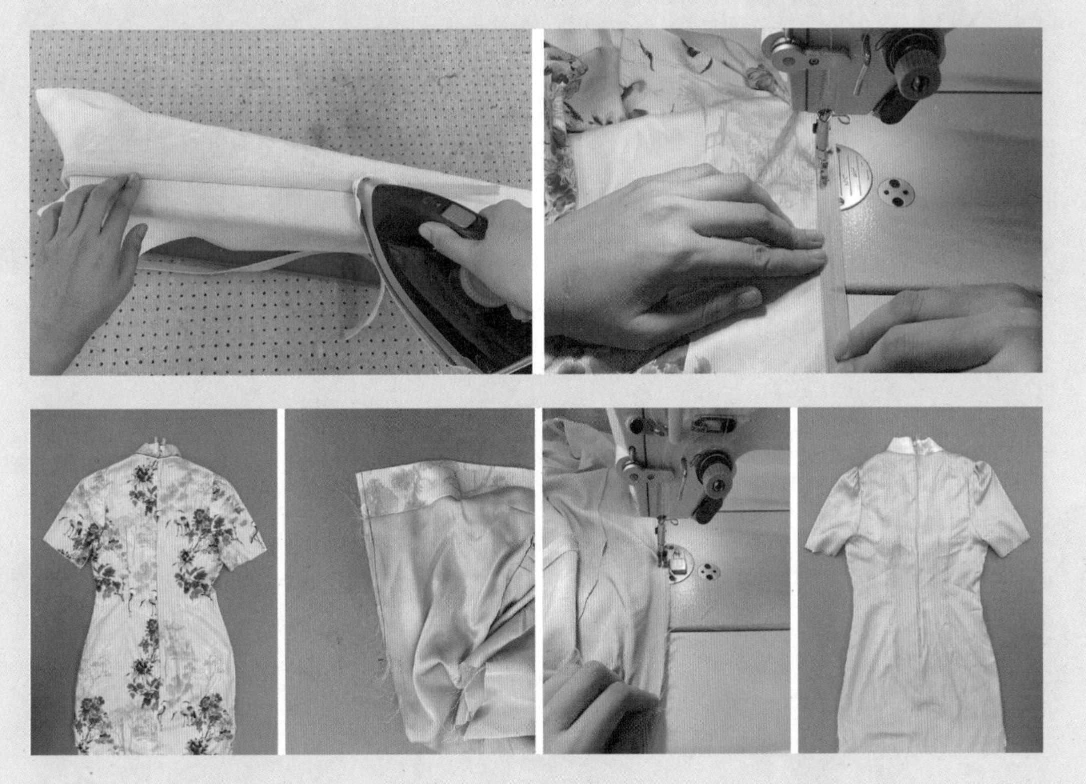

图 5-19　上隐形拉链示意图

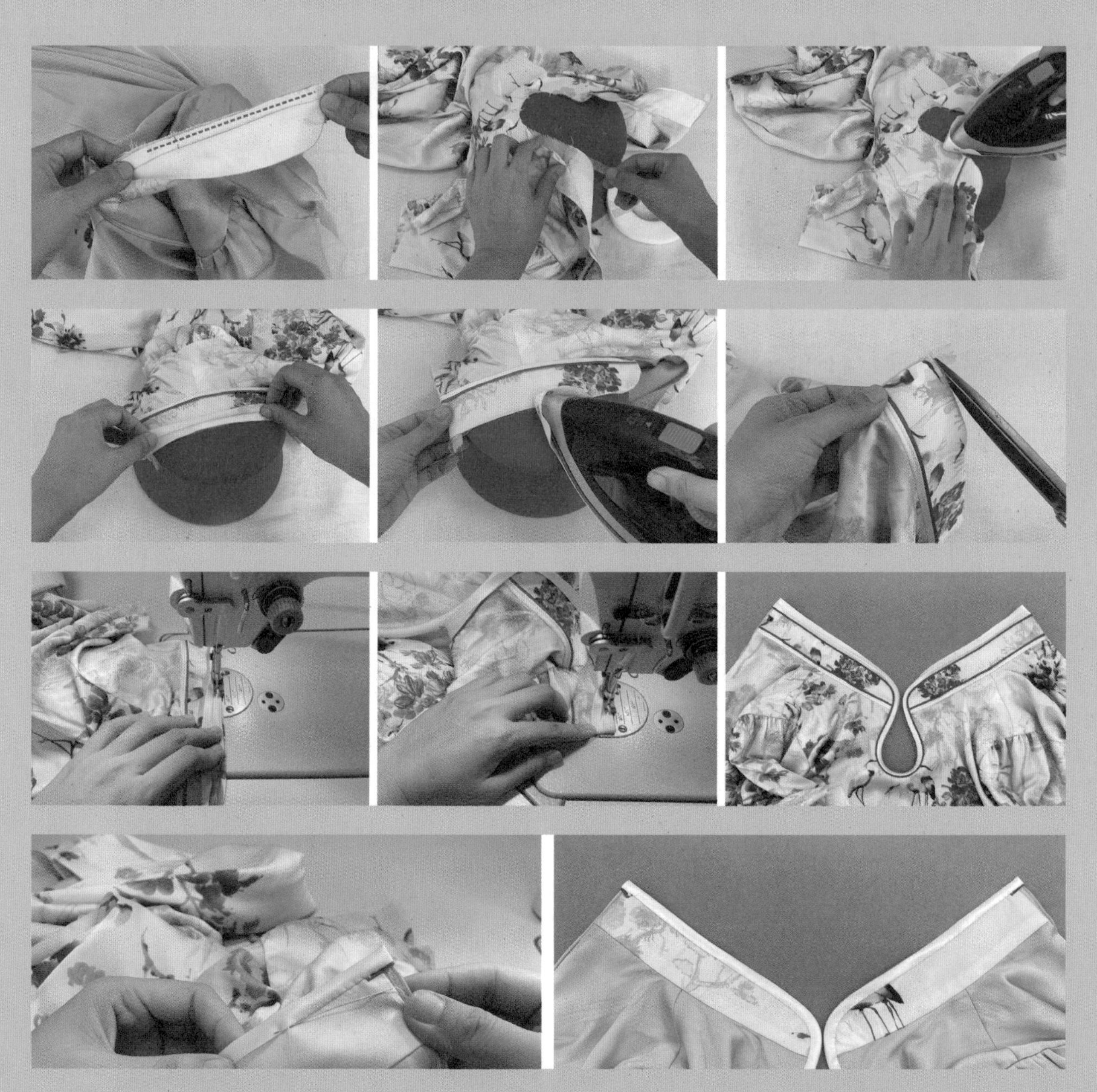

图 5-20　领外口包滚边条示意图

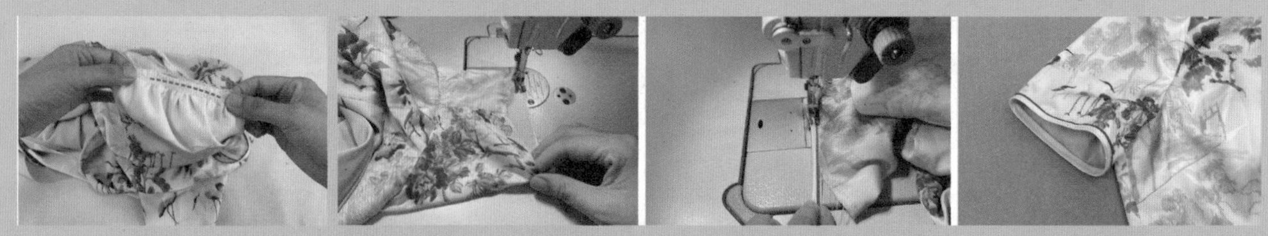

图 5-21　袖口包滚边条示意图

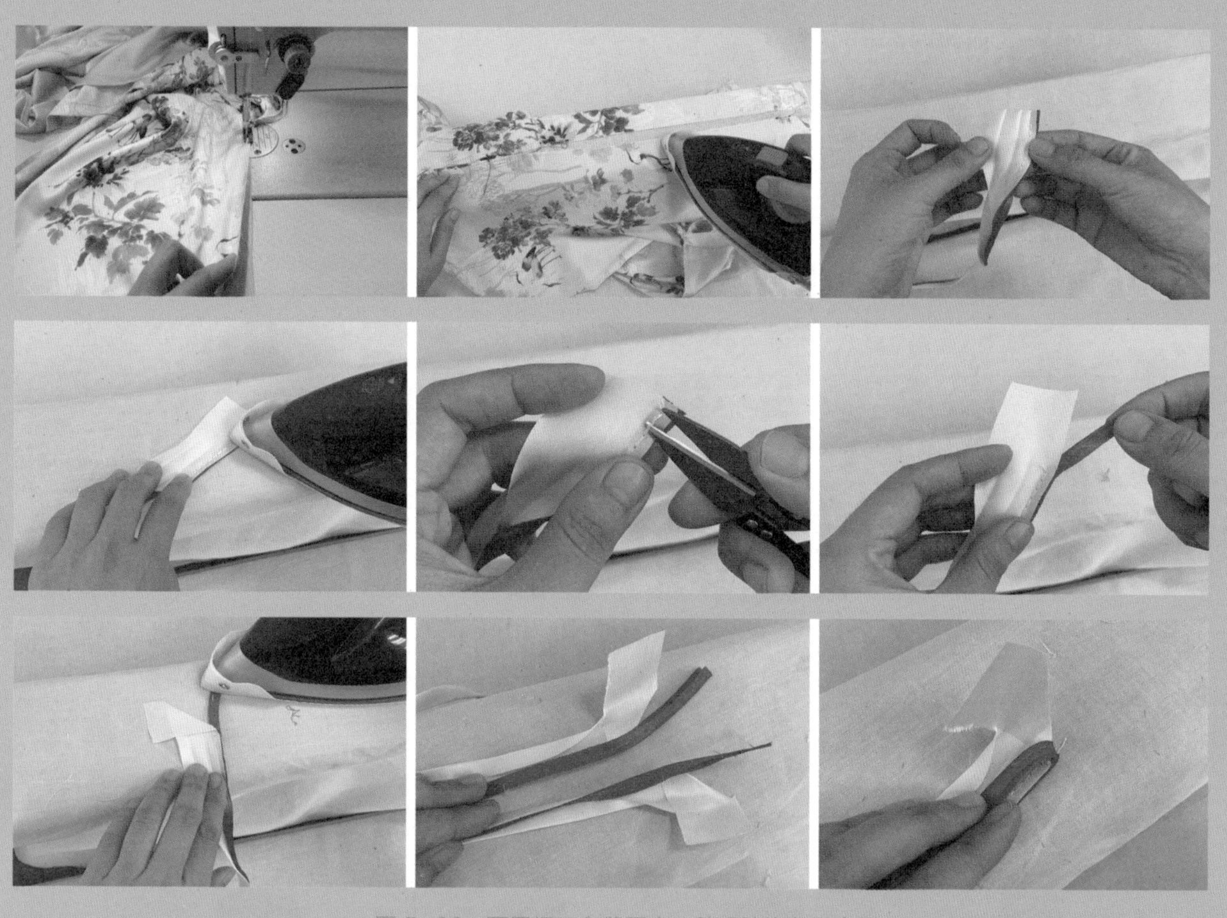

图 5-22　面里衩口车缝固定、整理滚边条示意图

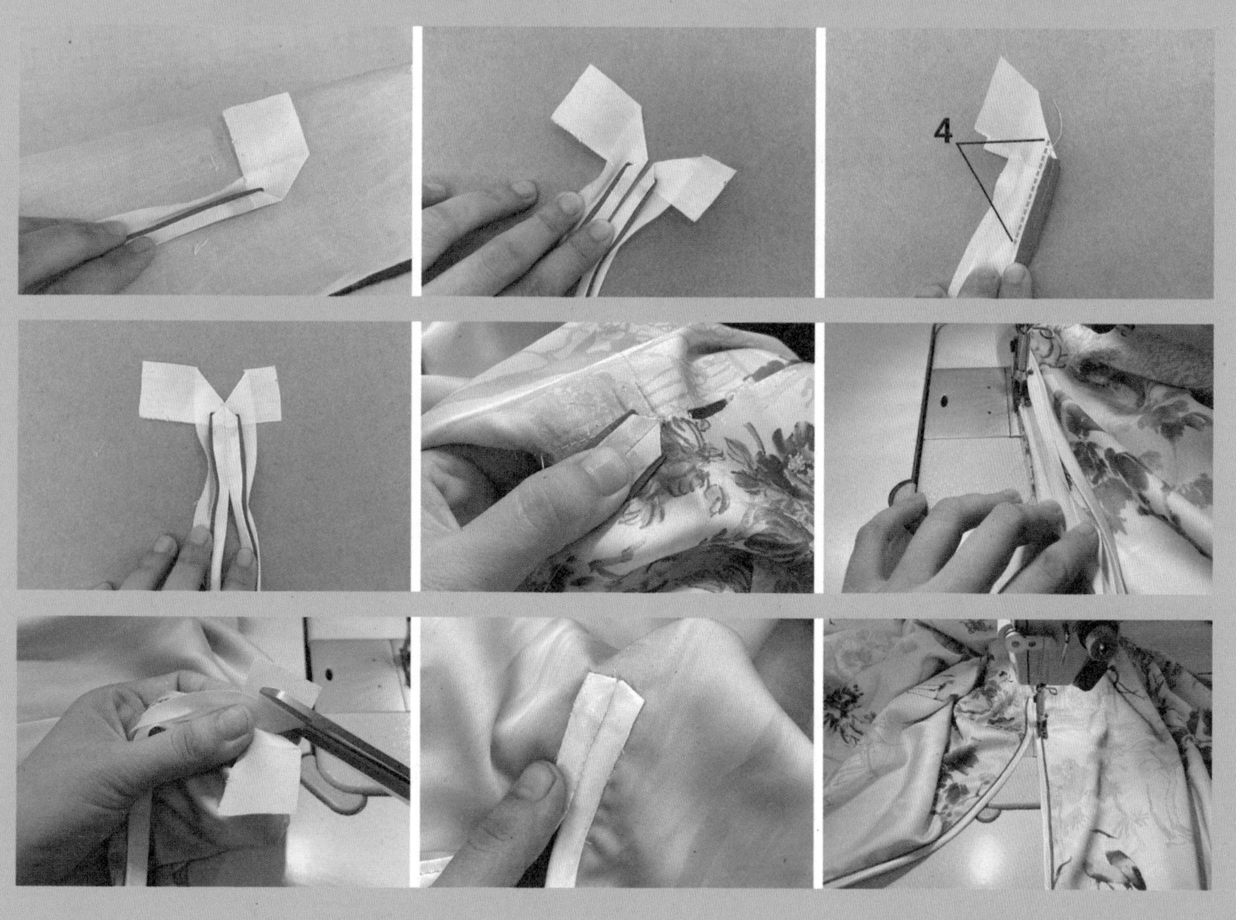

图 5-23　开衩口包滚边条示意图

8. 旗袍质量检验及成品展示

（1）成品规格检验：平铺测量各部位成品规格与工艺单规格表相对照（如表 5-2），检验各部位规格尺寸是否在公差范围内，如图 5-24 所示。

（2）外观质量检验：如图 5-25 所示，在人台及真人模特上展示旗袍成品，对照表 5-3，从各个角度和部位观察并检验旗袍的外观质量。

表 5-2　旗袍成品规格公差范围参照表

序号	部位	成品测量方式	公差范围	备注
1	胸围	将旗袍平铺，测量腋下两点间距离（周围计算）	±2.0 cm	5•4 系列（连衣裙）
2	腰围	将旗袍平铺，测量衣服最窄处两点距离（周围计算）	±2.0 cm	
3	臀围	将旗袍平铺，测量衣服最宽处两点距离（周围计算）	±2.0 cm	
4	摆围	将旗袍平铺，测量裙摆两点距离（周围计算）	±2.0 cm	
5	衣长	将旗袍平铺，测量后领中点到下脚距离	±1.5 cm	
6	肩宽	将旗袍平铺，测量两肩端点间距离	±0.6 cm	

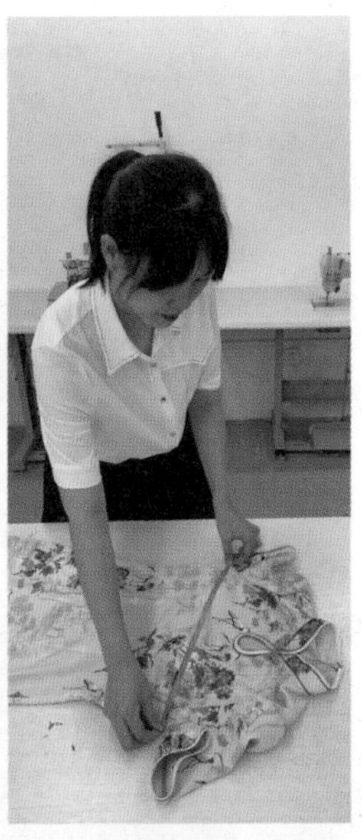

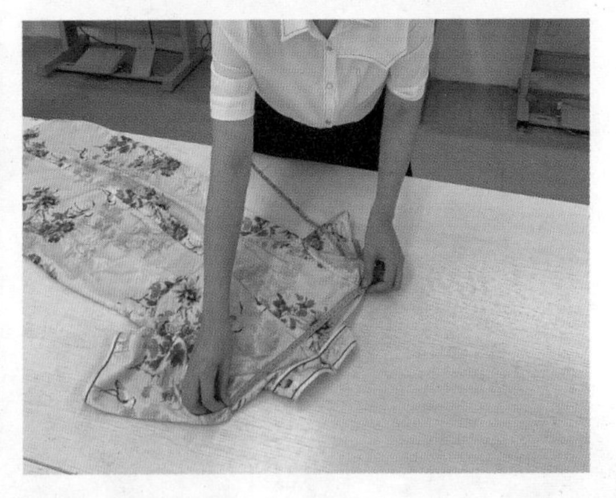

图 5-24　旗袍成品测量示意图

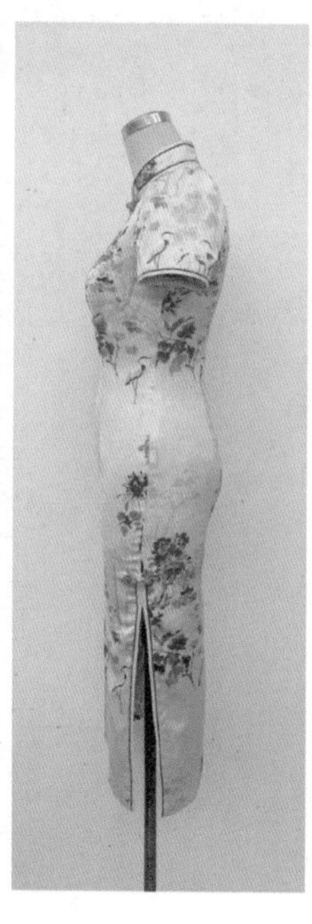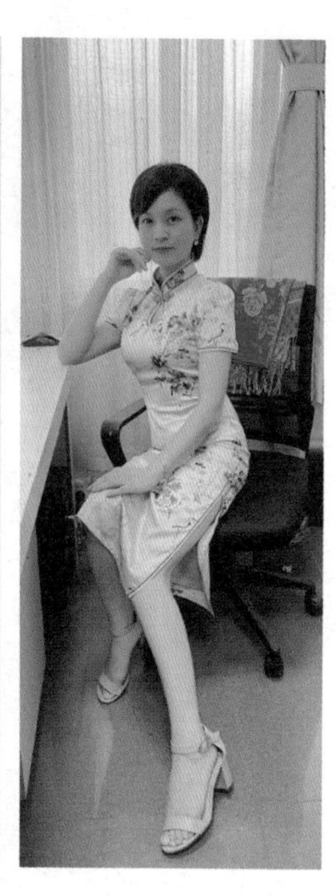

图 5-25　旗袍成品展示及外观检验示意图

表 5-3　旗袍外观检验标准

序号	部位	外观质量检验标准
1	领子	领子左右对称，包滚边条均匀，手工精致
2	肩袖部	肩部合体圆润，泡泡袖造型挺阔、左右对称
3	胸部	胸部圆润饱满、没有多余褶皱，省道左右对称、省尖不起突
4	腰部	腰部吸服，松量合适、没有多余褶皱
5	臀围	臀部松量合适、坐下不紧绷，省尖不起突，拉链平服不起涟
6	衩、摆	衩口、底摆平服，里子不外露，高低一致

三、学习任务小结

通过本次任务的学习，同学们已经初步了解了旗袍的款式和结构、工艺特点，并掌握其制版和制作的流程、步骤及方法。通过观察工艺单、旗袍成品样衣和老师的实例操作示范，加深了对旗袍制版和制作的深层次理解。课后，需要认真完成旗袍制版与制作的作业，运用安全与规范的操作方式方法，严格按照工艺单要求，严谨、规范、细致、耐心地将作品完整制作出来并进行检验。

四、课后作业

（1）每位同学选取合适的尺码，根据工艺单要求，完成旗袍全套样板制作并复核。

（2）每位同学准备好旗袍制作的面辅材料，根据样板排料裁剪，并完成样衣缝制及成品质量检验。

（3）每组收集各成员旗袍打版制作的过程和成果照片，制作成 PPT 展示分享，并总结及点评。

断腰式连衣裙打版与制作

教学目标

（1）专业能力：掌握断腰式连衣裙的打版步骤和缝制方法，能制作出成品并试版检验。

（2）社会能力：培养学生爱岗敬业精神和精益求精的优良品质；掌握安全操作的方式方法。

（3）方法能力：掌握制版、裁剪、车缝、熨烫的过程方法，培养独立完成任务的能力。

学习目标

（1）知识目标：能看懂工艺单，了解断腰式连衣裙制版方法和制作步骤。

（2）技能目标：能够按工艺单要求完整制作断腰式连衣裙并进行试版改版。

（3）素质目标：对服装打版和制作产生浓厚兴趣，培养做事严谨、精益求精的优良品质。

教学建议

1. 教师活动

（1）教师结合工艺单进行制版示范，让学生直观感受到断腰式连衣裙制版的步骤和制版方法。

（2）教师结合工艺单进行裁剪、缝制、熨烫示范，引导学生按工艺单进行断腰式连衣裙缝制。

2. 学生活动

认真观看教师示范，选取合适尺码，按工艺单要求完整制作出断腰式连衣裙并进行质量检验。

一、学习问题导入

各位同学，大家好！通过前面学习旗袍的打版与制作，我们对连腰式连衣裙的制版和工艺有了一定的认识。断腰和连腰虽然只是连衣裙款式结构当中的一个分类，但这两种连衣裙在打版和制作上的确有很多不同之处。请大家仔细观察图 5-26 这几款断腰式连衣裙，说说它们的异同点和运用了怎样的制版方法。

图 5-26 断腰式连衣裙实物图片

二、学习任务讲解

1. 产品分析

本次打版与制作的任务是一款断腰式泡泡袖大摆连衣裙，我们首先分析并绘制这件连衣裙的工艺单，如表 5-4 所示。

2. 泡泡袖大摆连衣裙制图

（1）上衣制图：如图 5-27 所示。

①框架制图：画横向开格线（上平线、领深线、胸围线、腰节线）→定领宽→定肩端点，画小肩线→定前后胸围大，画侧缝辅助线。

②轮廓制图：按款式前后领宽各加大 3 cm、前后领各加深 1.5 cm，画顺前后领口弧线→前后小肩各减短 1.5 cm 做泡泡袖→后中收 0. 5 cm 和 1 cm 做背缝→前中收 0.5 cm 撇胸画顺前中心线→前后侧缝各收 1.3 cm →前胸围线上台 2.8 cm，找好辅助点画顺前后袖笼→后腰省取 3 cm，袖笼按款式找点画顺后身刀背缝→ 23.5：8 定出 BP 点→前腰省取 3 cm，画顺前片刀背缝→把胸省转移到刀背缝→画顺侧缝及腰口弧线→用彩色勾出前中片、前侧片、后中片、后侧片轮廓。

（2）下裙制图。

①画框架，按“裙长 - 背长”取长，按图 5-27 后腰 *c+d*、前腰 *e+f* 分别取宽，画出两个长方形→后腰分四等份、前腰分五等份，画出纵身展切线→计算摆围每份展开量 =（摆围 /4- 腰口大）/ 剪口数→腰口大小不变，裙摆展切→彩色勾出前后裙片轮廓，如图 5-28 所示。

②根据展切量取准确数据画图→前片侧缝画侧开隐形袋，如图 5-29 所示。

（3）袖子及内贴制图：按上衣袖笼尺寸画基本框架，袖山抬高 1.5 cm 做泡量→画好袖笼曲线→展开 10 cm 做泡袖袖山→按合体短袖画袖口及工字褶→画袖内贴→勾轮廓，如图 5-30 所示。

表 5-4　泡泡袖大摆连衣裙工艺单

<table>
<tr><th colspan="3">服装工艺单</th></tr>
<tr><td>品牌</td><td>QQBS</td><td rowspan="6">正面款式图　　背面款式图</td></tr>
<tr><td>款号</td><td>GD003</td></tr>
<tr><td>季节</td><td>春季</td></tr>
<tr><td>款式名称</td><td>泡泡袖大摆
连衣裙</td></tr>
<tr><td>工位号</td><td></td></tr>
<tr><td>交货日期</td><td></td></tr>
</table>

1. 款式特征

（1）领子：无领，圆领款式。

（2）裙身：半里中腰节断开款，上身有里、下裙无里，上身贴体前后有刀背缝，下身 A 形大摆裙，下裙左右侧缝各装一个隐形直插袋。

（3）袖子：泡泡短袖，左右袖口中间各有一个工字褶，袖子无里，袖口有内贴。

2. 成衣规格表（单位：cm）

号型	领围	胸围	腰围	摆围	肩宽	裙长	背长	内袖长	袖口	袖肥
155/82A	35	86	69	280	36	108	36	18	30	36

3. 工艺技术要求

（1）针距要求：平缝 14 ~ 17 针 /3 cm。

（2）领口：无领贴，领口里布压明线 0.1 cm。

（3）前后身：前后片刀背缝分缝烫开并打剪口，上片衣身套里布在领口、腰口面里拼合，缝均倒向上身，后中上隐形拉链。

（4）袖子：袖山抽碎褶，袖口工字褶，无里布，袖口有内贴。

（5）下裙：下身裙子无里布，左右侧缝开隐形直插袋，裙摆锁边压明线。

4. 面料、辅料说明

（1）面料：醋酸印花面料。

（2）里料：40 支全棉面料。

（3）其他辅料：配色蕾丝边隐形拉链 1 条、缝纫线 1 个。

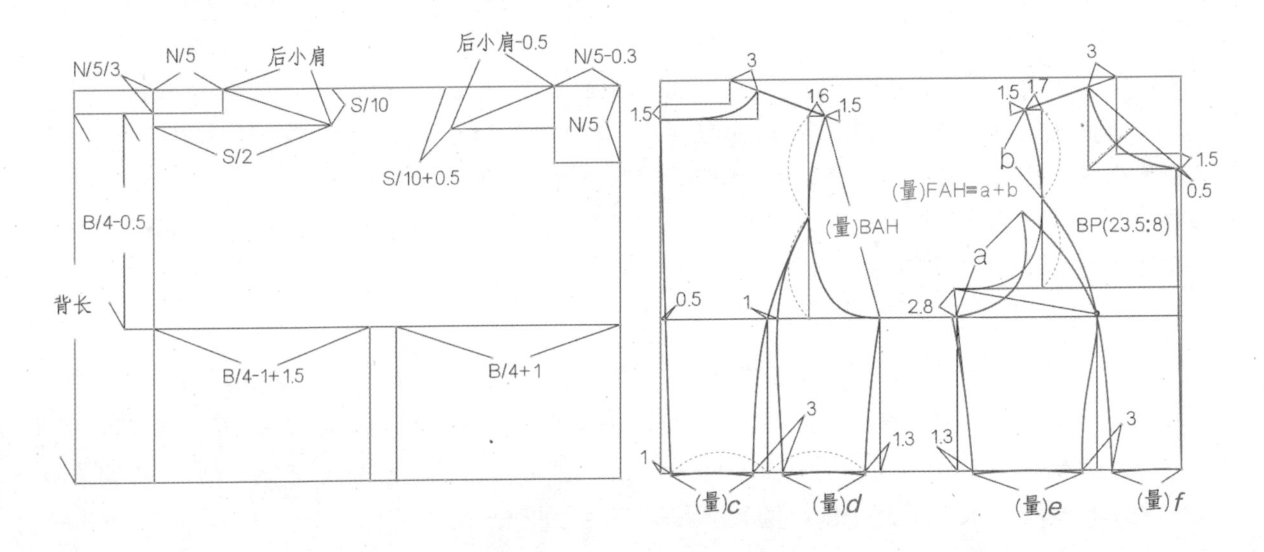

图 5-27　上衣框架及轮廓制图

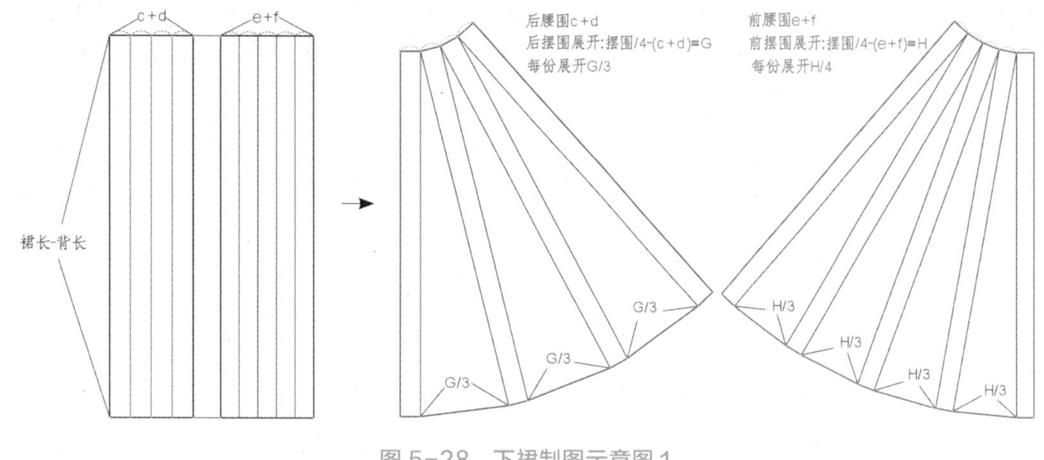

图 5-28　下裙制图示意图 1

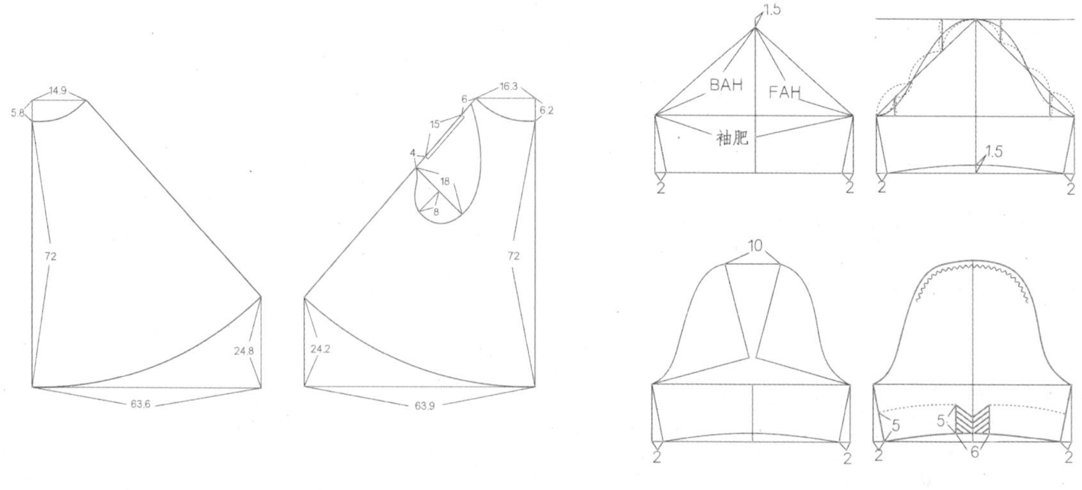

图 5-29　下裙制图示意图 2　　　　图 5-30　袖子及内贴制图示意图

3. 泡泡袖大摆连衣裙裁剪样板

（1）面布样板：本款连衣裙共 9 个面布样板，采用统一布料。本例粉色表示净样，蓝色外圈表示毛样。包括前中片、前下裙各 1 片，后中片、后侧片、前侧片、袖片、袖贴、后下裙各 2 片，袋布 4 片，如图 5-31 所示。

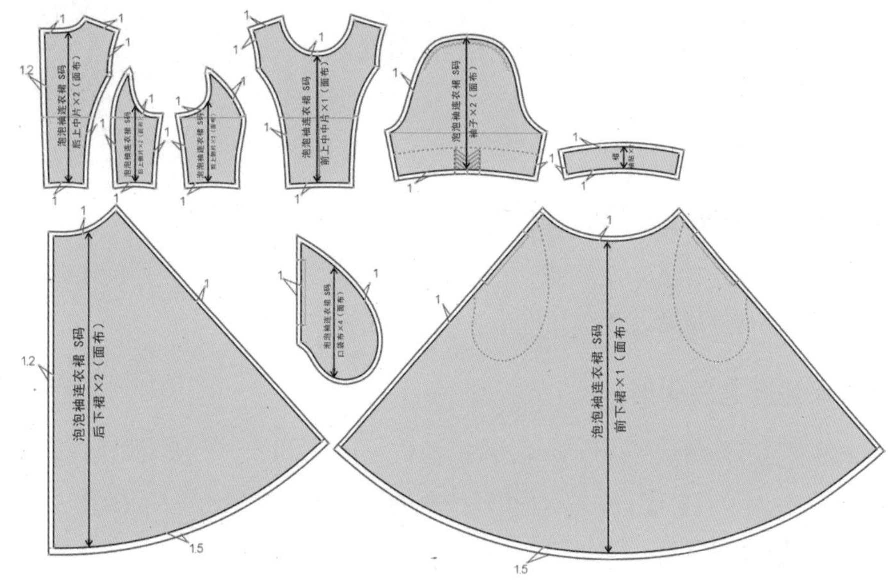

图 5-31　面布样板放缝示意图

（2）里布样板：本款连衣裙共 4 个里布样板，均采用统一布料，如图 5-32 所示。

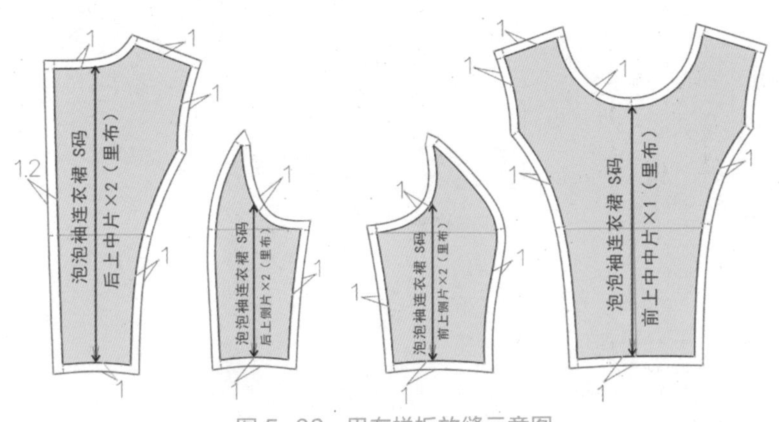

图 5-32　里布样板放缝示意图

4. 泡泡袖大摆连衣裙备料

（1）面料：印花醋酸面料，幅宽 150 cm，用量为 220 ~ 250 cm。

（2）里料：40 支纯色全棉府绸，幅宽 150 cm，用量约 50 cm。

（3）其他辅料：配色蕾丝边隐形拉链一条，长约 50 cm；缝纫线 1 个。

5. 泡泡袖大摆连衣裙排料裁剪

（1）检验：纸样、布料检验。

（2）铺布、排料划样：本例连衣裙左右对称，单件裁剪可采用上下对折的双层铺布方式，排料时上前中片与裙前中片的中心线放在对折边上连裁，其余纸样经向线与面料布边平行摆放，有花纹的面料注意每个裁片倒顺向一致，如图 5-33 所示。先排面布再排里布，里布排料如图 5-34 所示。

图 5-33　泡泡袖大摆连衣裙面布排料示意图

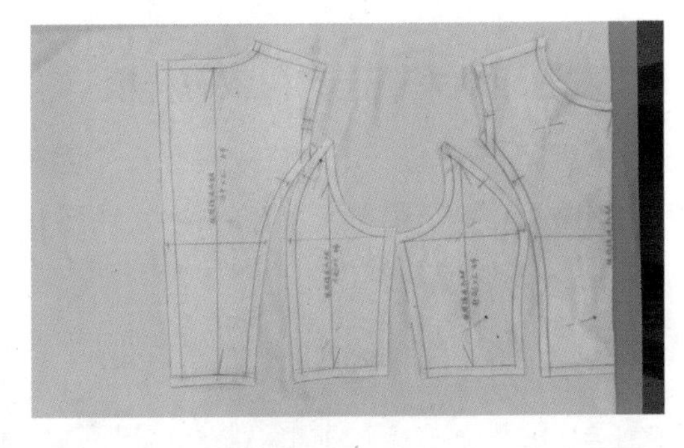

图 5-34　泡泡袖大摆连衣裙里布排料示意图

6. 泡泡袖大摆连衣裙工艺流程分析

检查裁片→拼合上衣刀背缝及侧缝→下裙侧缝做口袋、合侧缝→合肩缝、做领口、合面里断腰缝→合后中、上隐形拉链→做袖、绱袖→整烫。

7. 泡泡袖大摆连衣裙缝制

（1）检查裁片：数量准确，内部干净，轮廓整齐，标记齐全。

（2）拼合上衣刀背缝及侧缝：拼前上衣刀背缝→拼后上衣刀背缝 →分烫开缝→缝头斜向打剪口→合侧缝→上衣侧缝分烫开缝。上衣里布刀背缝倒烫，其余分烫，如图 5-35 所示。

（3）下裙侧缝做口袋、合侧缝：口袋反面画出缝头、定口袋位→按剪口将口袋布缝在前裙片侧缝上（红线）

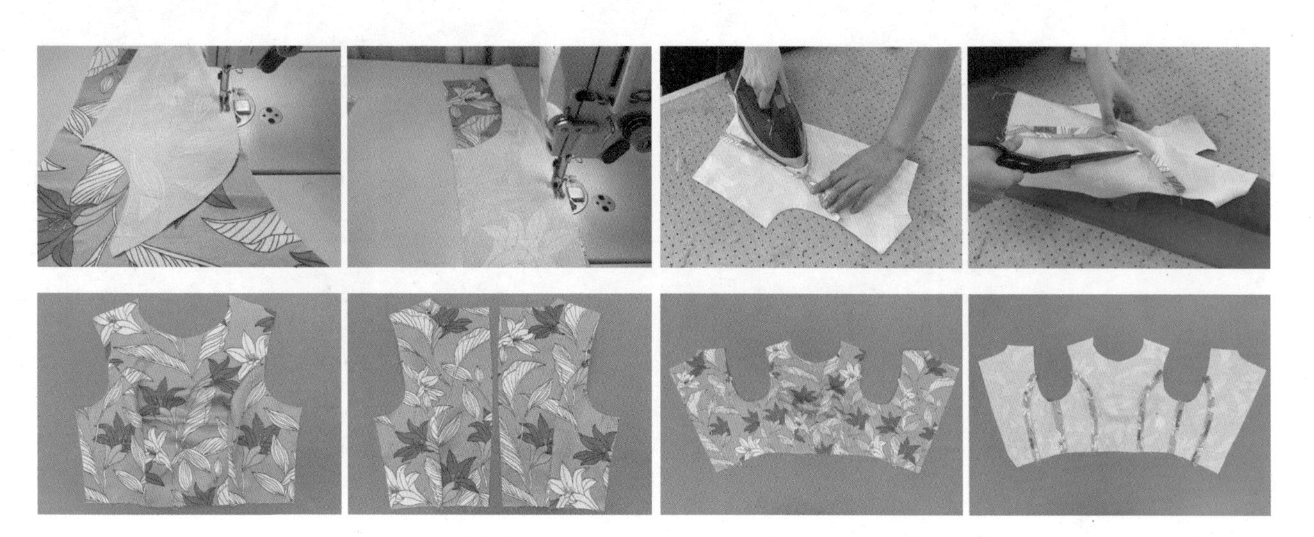

图 5-35　拼合上衣刀背缝及侧缝示意图

→打剪口（蓝线）→缝头倒向口袋，正面压 0.1 cm 明线→袋布翻折熨烫→把另一块袋布放在口袋下面→在缝头处固定几针→两块袋布合车→袋外口缝份锁边→合下裙侧缝、锁边→侧缝缝头向后片倒烫→下裙子后中及下摆锁边 →上衣下裙拼合断腰缝，如图 5-36 所示。

图 5-36　下裙侧缝做口袋、合侧缝示意图

（4）合肩缝、做领口、合面里断腰缝：面、里布分别拼合前后肩缝，分烫开缝→面里领口拼合，左右各留 4 cm 不缝→领口缝头倒向里布，压 0.1 cm 明线→缝头斜向打剪口→熨烫领口→缝合里布与面布断腰缝，左右各留 4 cm 不车，腰部缝头全部倒向上衣，如图 5-37 所示。

（5）合后中、上隐形拉链：面裙合后中缝至拉链止点、开缝熨烫→拉链翻开熨烫→换单边压脚上隐形拉链→检查后中腰线左右对齐→翻过来车领口缺口和里布后中，如图 5-38 所示。

（6）做袖、绱袖：袖口折边压线后熨烫→袖内贴上口锁边→沿工字褶中缝车线→正面缝边压线固定工字褶→内贴与袖口拼合→缝头倒向内贴压 0.1 cm 明线→袖子内长和内贴锁边→合袖子内长→分烫开缝→烫袖口→固定内贴与袖底缝份→袖山缝份内车两条抽褶线→把袖子车线拉皱到适合袖夹的长度→面里袖夹圈沿缝份固定，袖子与衣身袖笼对位点对齐，按净线绱袖→翻正检查装袖缝，左右袖头泡势均匀且对称→绱袖缝锁边，如图 5-39 所示。

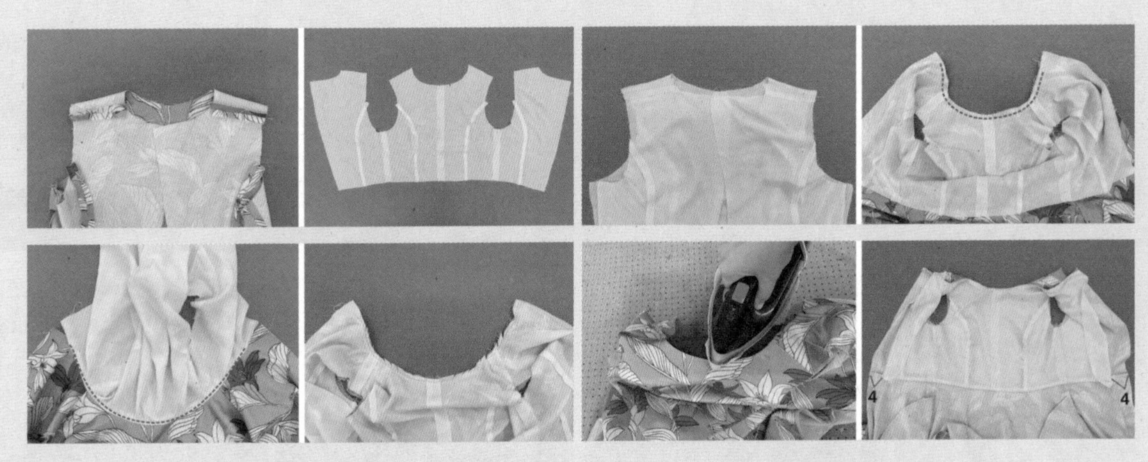

图 5-37　合肩缝、做领口、合面里断腰缝示意图

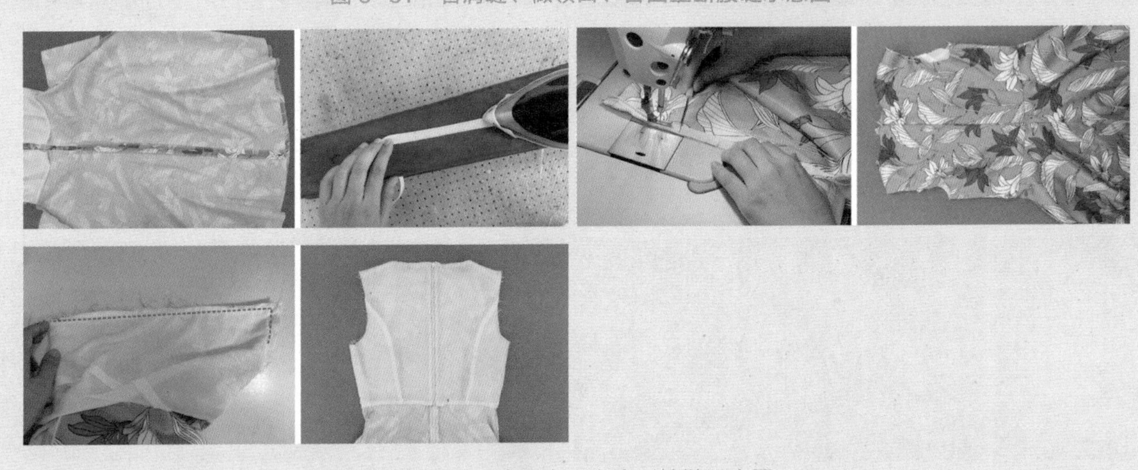

图 5-38　合后中、上隐形拉链示意图

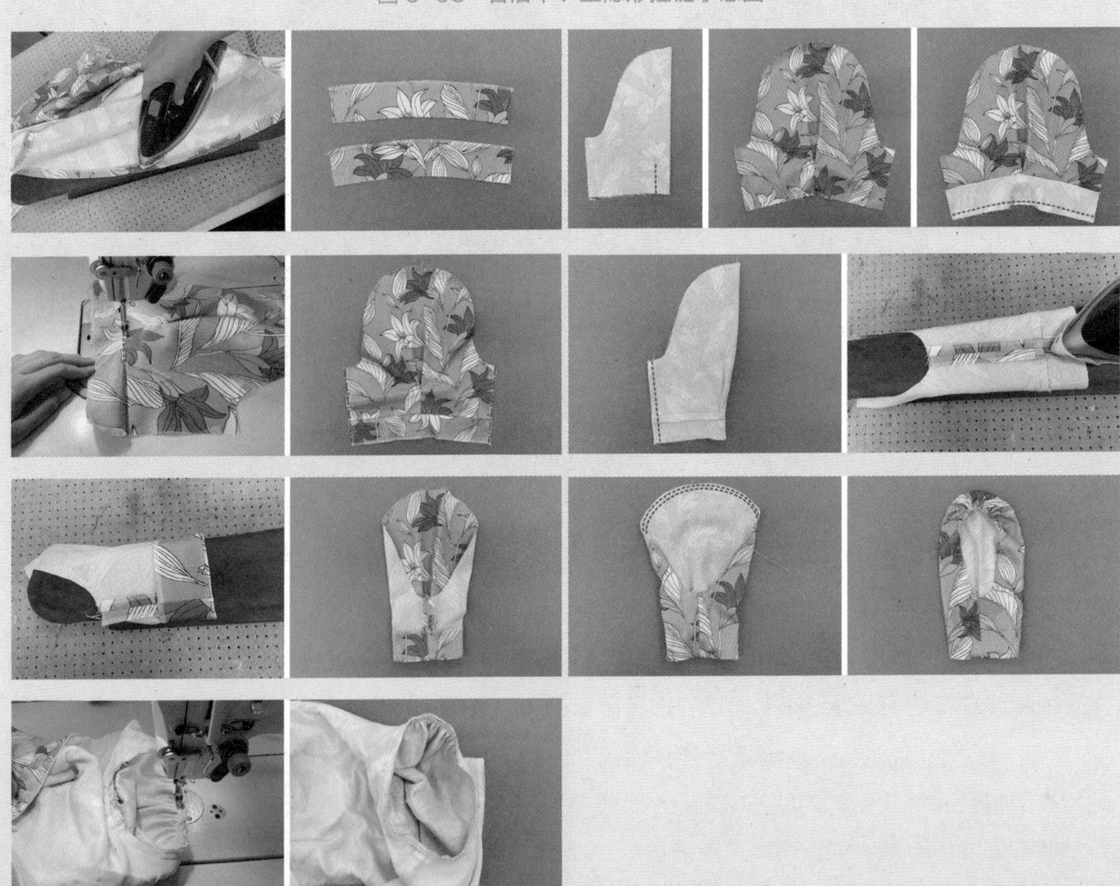

图 5-39　做袖、绱袖示意图

（7）整烫：真空吸湿烫台整烫，先烫反面再烫正面，从后至前、从上至下。

8. 泡泡袖大摆连衣裙质量检验及成品展示

（1）成品规格检验：平铺测量各部位成品规格与工艺单规格表相对照（如表 5-5），检验各部位规格尺寸是否在公差范围内，如图 5-40 所示。

（2）外观质量检验：如图 5-41 所示，在人台和真人模特上展示连衣裙成品，对照表 5-6，从各个角度和部位观察并检验连衣裙的外观质量。

表 5-5　泡泡袖大摆连衣裙成品规格公差范围参照表

序号	部位	成品测量方式	公差范围	备注
1	胸围	将连衣裙平铺，测量腋下两点间距离（周围计算）	±2.0 cm	5•4 系列（连衣裙）
2	腰围	将连衣裙平铺，测量腰部最窄处两点距离（周围计算）	±2.0 cm	
3	肩宽	将连衣裙平铺，测量两肩端点间距离	±0.6 cm	
4	衣长	将连衣裙平铺，测量后领中点到下脚距离	±1.5 cm	
5	摆围	将连衣裙平铺，测量裙摆两点距离（周围计算）	±2.0 cm	

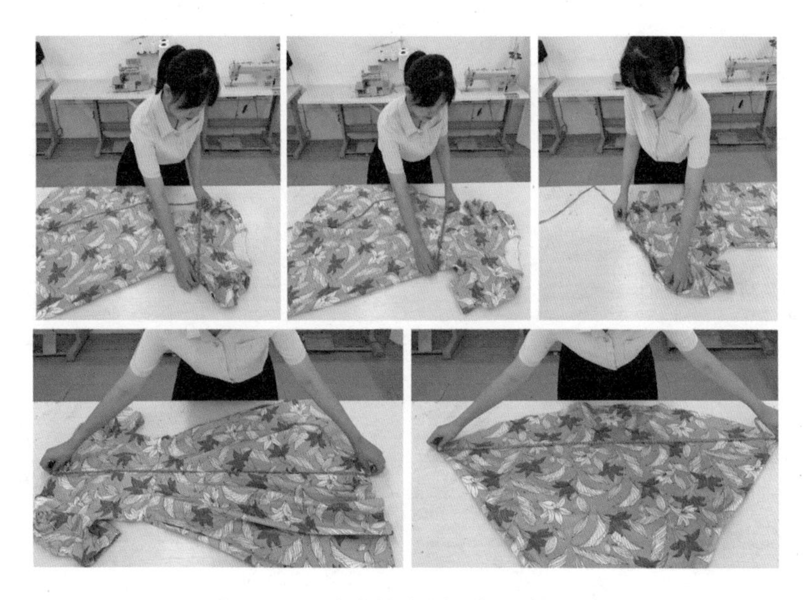

图 5-40　泡泡袖连衣裙成品测量示意图

图 5-41　泡泡袖大摆连衣裙成品展示及外观检验示意图

表 5-6 泡泡袖大摆连衣裙外观质量检验标准参照表

序号	部位	外观质量检验标准
1	领口	领口窝服，里衬不反吐，大小合适，左右对称
2	肩袖部	泡泡袖抽褶均匀、工字褶大小一致，左右对称，造型挺阔
3	胸部	分割线造型美观，胸部圆润服帖
4	腰部	腰部松量合适，没有多余褶皱
5	口袋	袋口平整，左右对称，高低一致
6	裙身	波浪均匀，侧缝顺直，下摆折边平整不反翘，拉链平服不起涟

三、学习任务小结

通过本次任务的学习，同学们对连衣裙的制版已经有了进一步的认识，也对断腰式连衣裙的制作步骤和要点有了更深入的理解。课后，同学们需要认真绘制断腰式连衣裙的工艺单，完成按单打版与制作的任务。在练习时要注意安全与规范，做到谦虚严谨、精益求精、互帮互助、积极沟通。

四、课后作业

（1）每位同学选取合适尺码，根据工艺单要求，完成断腰式连衣裙的全套样板制作并复核。

（2）每位同学按工艺单准备好断腰式连衣裙制作的面辅材料，根据已复核的样板排料裁剪，完成样衣缝制及成品质量检验。

（3）每组收集各成员断腰式连衣裙打版制作的过程和成果照片，制作成 PPT 展示分享，并总结及点评。

项目六
外套打版与制作

学习任务一　女西服打版与制作
学习任务二　茄克衫打版与制作

女西服打版与制作

教学目标

（1）专业能力：熟识女西服工艺单及打版与制作流程和要求；按单制作女西服样衣并质检。

（2）社会能力：培养爱岗敬业精神和严谨、规范、细致、耐心的优良品质；提升沟通合作的能力。

（3）方法能力：掌握学习新技术的方法和评估结果的方式，培养识图、看表、绘图的能力。

学习目标

（1）知识目标：熟识女西服工艺单及女西服打版与制作流程、各步骤要求和方法。

（2）技能目标：会运用工艺单要求完整制作出女西服样衣并进行质量检验。

（3）素质目标：能对服装打版与制作产生浓厚兴趣，能进行安全和规范操作，提升自身综合能力。

教学建议

1. 教师活动

（1）讲授女西服打版与制作流程和方法，引导学生按单制作出女西服样衣并进行质检。

（2）将职业素养教育融入课堂教学，引导学生主动沟通、和谐相处、乐于分享、积极进取。

2. 学生活动

选取合适尺码，按工艺单要求完整制作出女西服样衣并进行质量检验。

一、学习问题导入

各位同学，大家好！今天我们开始学习女西服的打版与制作。通过前面项目的学习我们已经知道，在开始一件服装产品的打版与制作之前，必须先了解清楚产品的款式、面料、结构及工艺，这些是打版与制作的依据。女西服是什么样子的呢？女西服外套的款式变化较多，结构处理比较灵活。请大家仔细观察图 6-1 中几款女西服，你能说出它们的异同点吗？

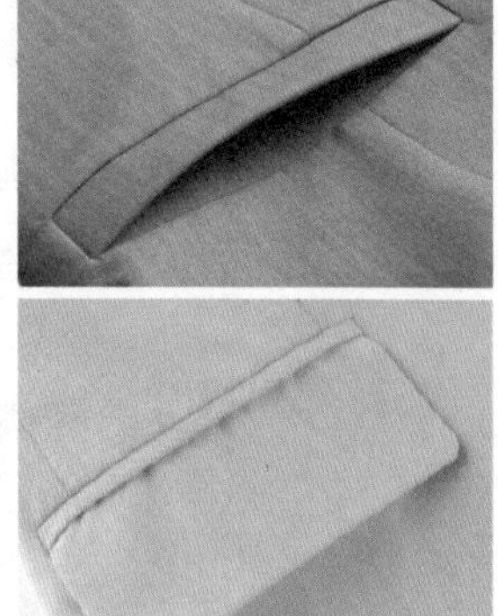

图 6-1　女西服实物图片

二、学习任务讲解

1. 产品分析

本次打版与制作任务是一款时尚女西服，先分析并绘制工艺单，如表 6-1 所示。

2. 女西服制图

（1）框架制图：定后中长及下平线→定后领深及上平线（前上平线比后上平线抬高 1.5）→定腰节线→定袖笼深线→定胸围大画出前中线及侧缝线→定前后领框架→定后肩端点及肩省→定背宽线→定前肩端点及胸宽线→定前肩胸省→画顺前后领口及袖笼弧，如图 6-2 所示。

（2）大身轮廓制图：本例驳头和领子采用艺术配领的方法出图。

①加长前衣片→定门襟止口宽→根据胸腰差量确定腰节各省量分配，定省位及收腰量→定前后下摆翘量，画顺前后侧缝线→定后中缝收进量，画顺背中线→转移后肩省至后中、领口及袖笼，留出后袖笼松量及垫肩量→画顺后腰节省及后刀背缝→部分转移前肩胸省，留出前袖笼松量及垫肩量→画顺前刀背缝线→确定袋盖大→合并前腰省下刀背缝线，如图 6-3 所示。

②定第一粒扣位→定下、上级领尺寸 a 和 b→从颈肩点沿小肩线反向延长 0.8a，与第一粒扣门襟止点连接，画戗驳头翻折线→定翻驳量 8 cm 并按款式图画戗驳头翻正形状→以翻驳线为对称轴将戗驳头对称复制到另一侧，画戗驳头形状→按翻折线和平行线及串口线画前领口形状→定前领口省位置→转省画前领口省线→定前刀背缝胸省位置→通过转前肩胸省画出前刀背缝胸省线→画顺门襟止口及下摆弧线→画顺前后领口、小肩及袖笼，如图 6-4 所示。

（3）领子制图：如图 6-5 所示，画出后外领弧线，用 B 表示→量出后外领弧长 B 和后领弧长 G，计算 B-G+0.3→以前肩领点为圆心、以上级领为半径画弧→定翻领形状→拷贝翻领，定分割线→上下领各四等分，每等分重叠 0.3→画顺上、下级领弧线，做标记。

（4）袖子制图：如图 6-6 所示，定袖肥大→量出前后袖笼弧长 AH→根据袖肥与 AH 的关系找出袖山顶点→拷贝前后袖笼弧底部→定前后袖山弧线→定袖长→定袖肘→定前后偏袖缝中心线→定大小袖前偏袖缝（内袖缝）→定袖口大→定大小袖后偏袖缝（外缝线）→画出袖衩→确定对位点→袖子轮廓彩色勾线。

表 6-1 女西服工艺单

服装工艺单		
品牌		正面款式图 背面款式图
款号	2022W-001	
季节	春季	
款式名称	女西服	
工位号		
交货日期		

1. 款式特征

(1) 领子：戗驳领，领面分体翻领，领底整片。

(2) 前衣身：四开身结构，门襟单排 1 粒扣，倒 V 形小圆角下摆，前侧刀背缝与袋盖相连，小圆角袋盖，袋盖下实用口袋，领下和刀背缝上有胸省道，前腰节横向分割，借缝开扣眼。

(3) 后衣身：刀背缝至臀部变为省道，后中腰部横向分割，后中分割线至腰部横向分割线。

(4) 袖子：圆装袖，合体袖结构，钉装饰纽左右各 2 粒。

2. 成衣规格表（单位：cm）

号型	后中长	背长	胸围	腰围	肩宽	袖长	袖口	袖肥大
165/84A	58	38	90	70	37	57	25	33

注：服装松量设计以合体美观为前提，需符合人体运动机能与舒适度，未标注尺寸的部位可根据款式图自行设计尺寸。

3. 工艺技术要求

(1) 针距要求：平缝 14 ～ 17 针 /3 cm，面底线的张力合适。

(2) 领子：翻领后中宽 4.5 cm，领座后中心宽 3 cm；领面分体领，领底正斜纱一片。

(3) 袖子：圆装袖，合体袖结构。

(4) 前衣片：小刀背分割线自袖窿起至前腰袋盖前边连接，L 形折线至侧缝，前侧刀背缝与袋盖相连，小圆角袋盖，袋盖下实用口袋，领下和刀背缝上有胸省，腰节自 L 形分割线向前中横向分割，借缝开扣眼。

(5) 后衣片：刀背缝至臀部变为省道，后中腰部横向分割，后中分割线至腰部横向分割线。

(6) 夹里：全夹女装；里子倒缝有眼皮。

4. 面料、辅料说明

面料	
成分	毛 50%、涤 40%、天丝 10%
纱支	94/2*94/2
克重	210 g/m
幅宽	146 ～ 148 cm
织物组织	平纹

辅料	
里料	醋酸绸：150 cm
有纺粘衬	100 cm
纽扣	大身 1 粒，袖 4 粒
垫肩	厚度 1 cm，一副
牵条	5 m

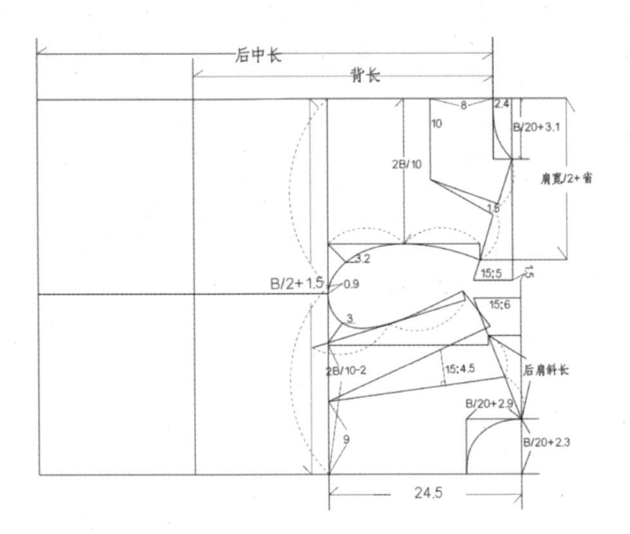

图 6-2　女西服框架制图示意图

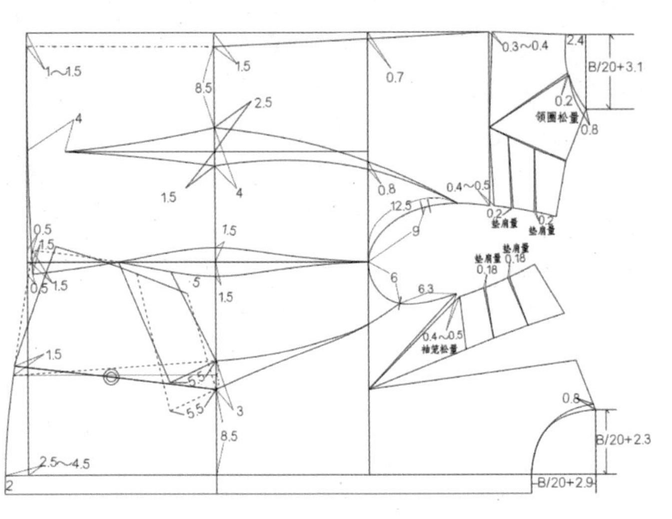

图 6-3　女西服轮廓制图一示意图

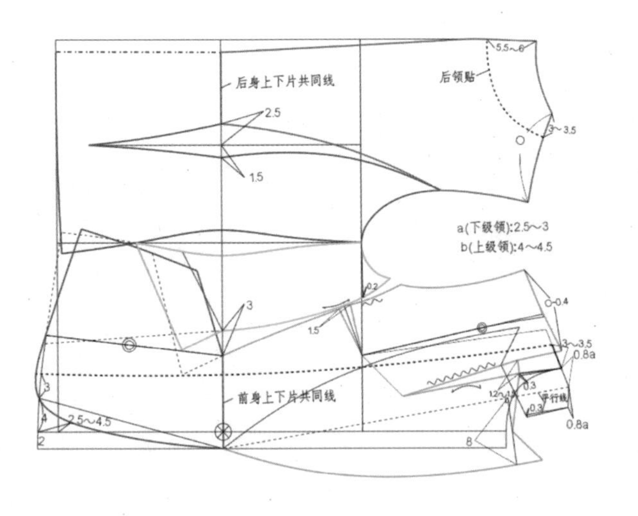

图 6-4　女西服轮廓制图二示意图

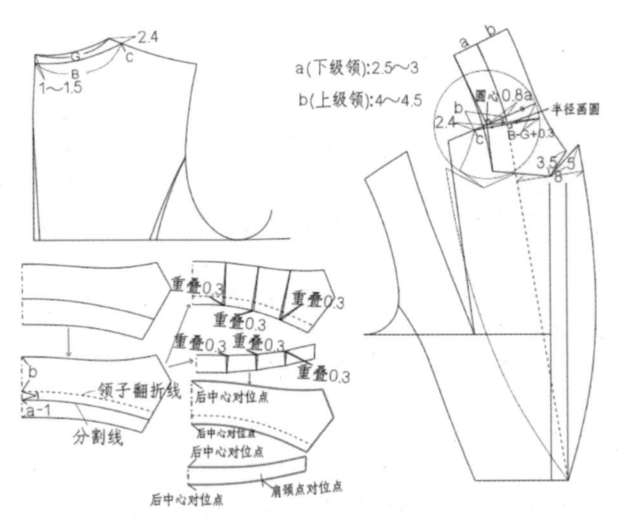

图 6-5　领子制图示意图

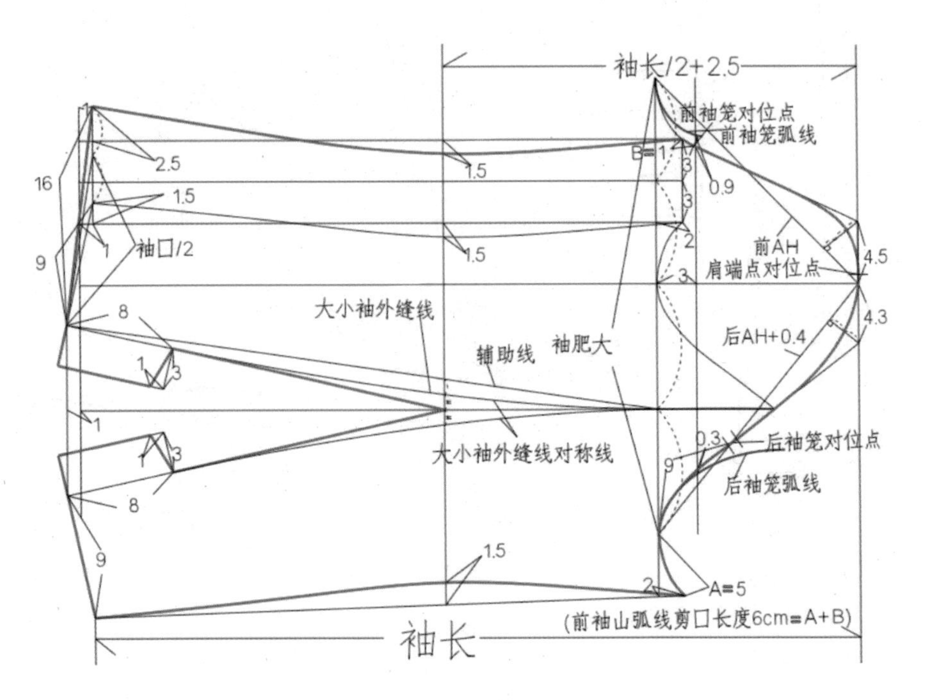

图 6-6　袖子制图示意图

（5）零部件及里料制图：面布零部件包括挂面、后领贴、袋盖里、袖山布条，里子包括前中片里、前侧片里、后片里、大袋布、小袋布，如图 6-7 所示。

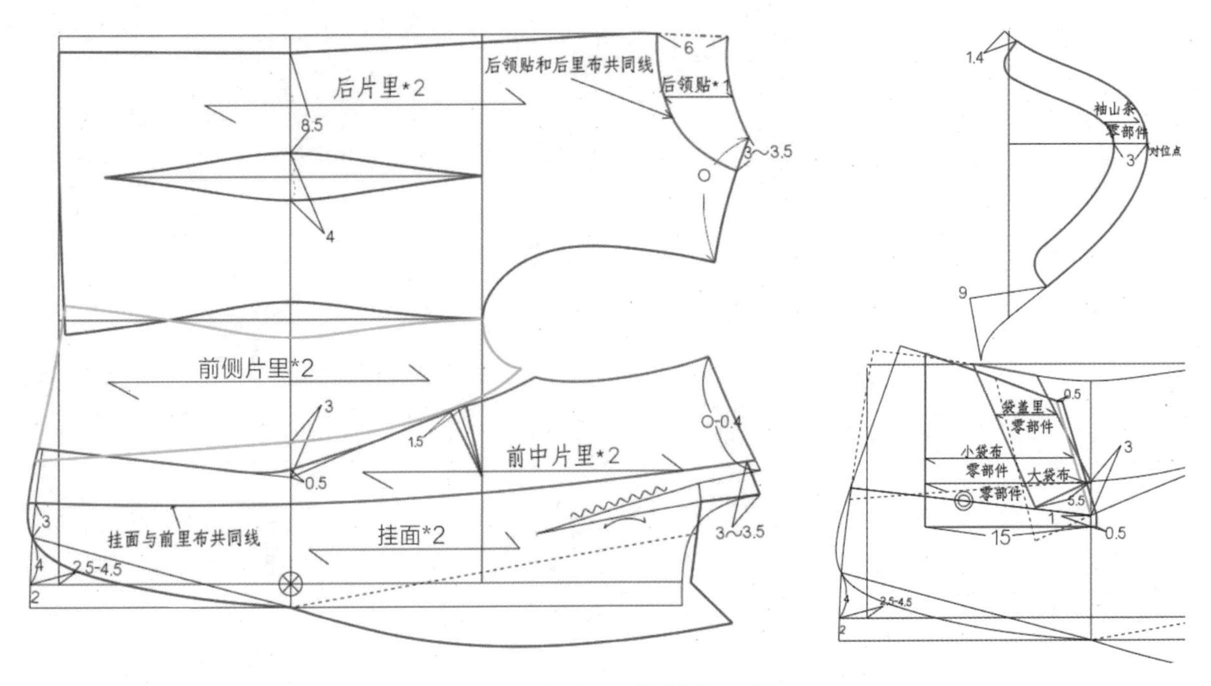

图 6-7　零部件及里料制图示意图

3. 女西服样板制作与复核

（1）裁剪样板。

①面布样板：本款女西服共 13 个面布样板，均采用统一布料。本例内实线表示净样，外实线表示毛样。包括前下片、前上片、前侧片、后上片、挂面、袋盖里、袖子、袖山条各 2 片，后下片、领里、下级领、上级、后领贴各 1 片，如图 6-8 所示。

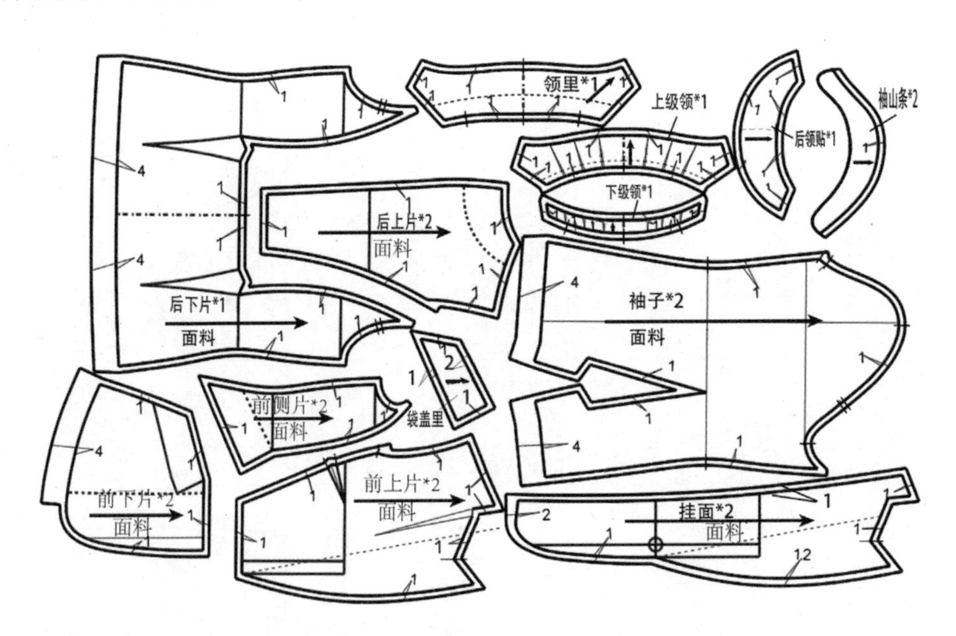

图 6-8　女西服面布样板放缝示意图

②里料样板：本款女西服共 6 个里布样板，均采用统一布料。包括后片里、前侧片里、前片里、袖子里、大袋布、小袋布各 2 片，如图 6-9 所示。

③衬料样板：本款女西装共 12 个衬料样板，前上片衬、前下片衬、前侧片衬、挂面衬、后下片袖笼衬、后上片袖笼衬、大袖口衬、小袖口衬、袖山头衬各 2 片，上、下级领衬和后下摆衬各 1 片，如图 6-10 所示。

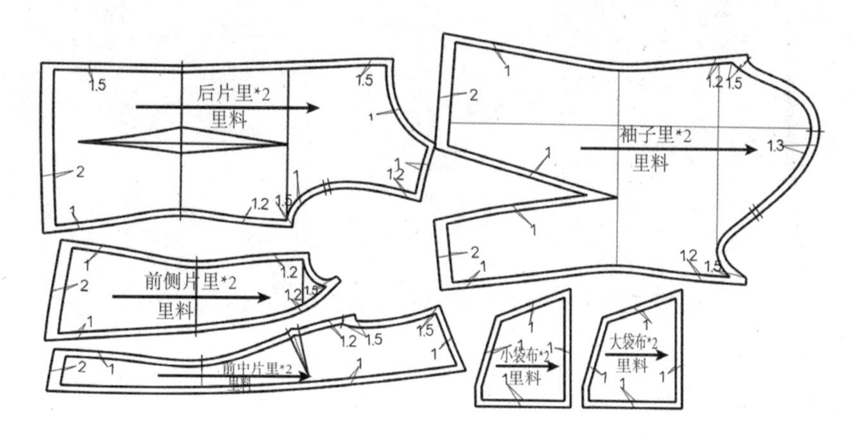

图 6-9　女西服里布样板放缝示意图

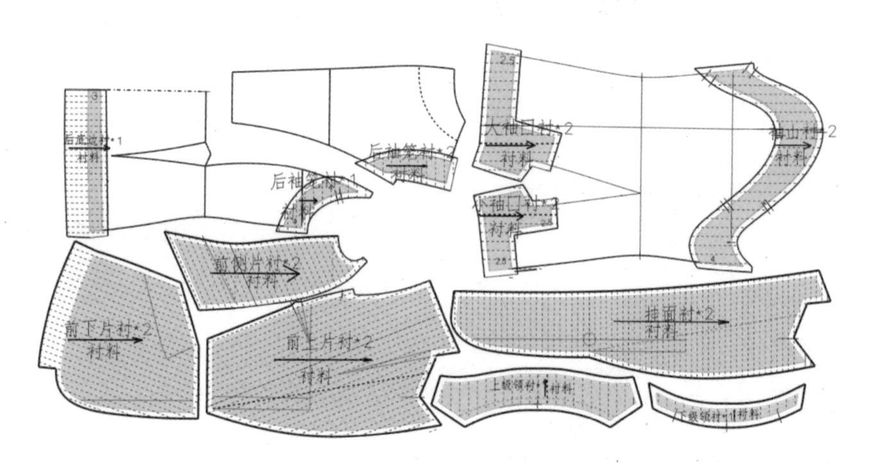

图 6-10　女西服衬料样板示意图

（2）工艺样板：领里、上级领、下级领、挂面、后领贴、袋盖里，共 6 个画线净样板。

（3）样板复核。

①数量：检查各种样板数量与要求是否相符；检查标记及文字说明是否齐全。

②规格尺寸：检查放缝量是否合适；检查各拼接缝是否等长；检查袖山与袖笼长度是否与款式要求相符，注意观察各剪口位是否一一对应。

③线条轮廓：检查前后小肩对合之后领口、袖笼是否圆顺；样板线条是否清晰顺直。

4. 女西服备料

（1）面布：毛 65%、涤 35% 平纹布，幅宽 145 cm，最少用料长度 = 衣长 + 袖长 +50 cm。

（2）里料：舒美绸，幅宽 150 cm，最少用料长度 = 衣长 + 袖长。

（3）衬料：有纺粘衬约 100 cm; 牵条衬约 5m。

（4）其他辅料：大身纽扣 1 粒，袖扣 4 粒；垫肩（厚度 1 cm）一对；缝纫线若干。

5. 女西服排料划样裁剪

（1）检验：纸样、布料检验。

（2）铺布排料划样：本例单件裁剪，面里均采用上下对折双层铺布方式，如图 6-11 所示。

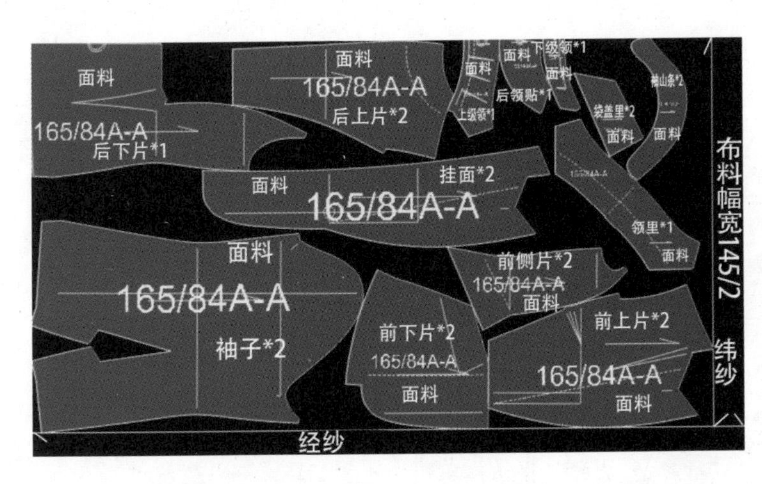

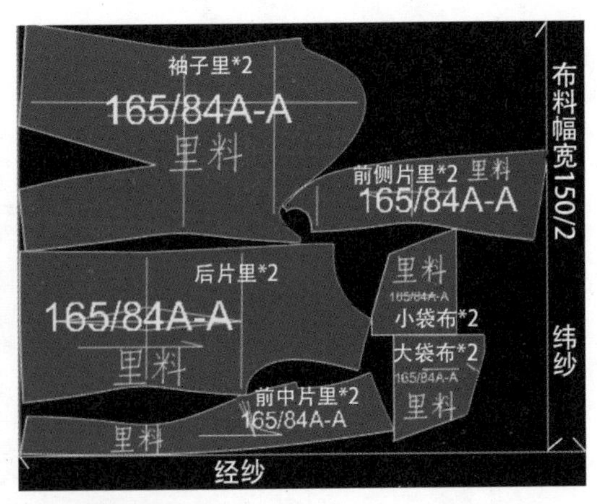

图 6-11　女西服面布、里布排料示意图

6. 女西服工艺流程分析

检查裁片做标记→粘衬→做前中片→做前侧片（合袋盖里和口袋布）→合前身刀背缝→做前身里、合挂面、覆挂面、烫门襟止口与挂面→做后片→合后片里与领贴→合侧缝、肩缝→车下摆→做领、装领→做袖、装袖→装垫肩→固定面里缝、锁眼钉扣→整烫→ QC（质检）。

7. 女西服缝制

（1）检查裁片、做标记：数量准确，内部干净，轮廓整齐，标记齐全。

（2）粘衬：用压衬机将粘合衬压到衣片各部位，包括前中片、前下片、前侧片、挂面、领面、领里、袋盖面、后袖笼、后片底边、大小袖口边与袖衩位，如图 6-12 所示。

（3）做前中片：车领口省和胸省，省尖线留 1 cm，烫省；合前上片与前下片。具体如图 6-13 所示。

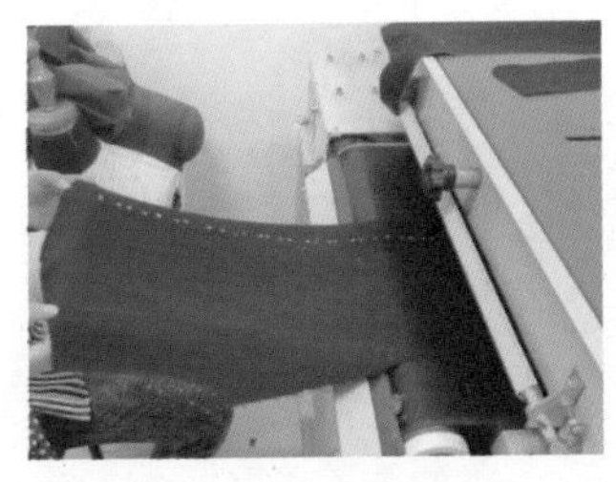

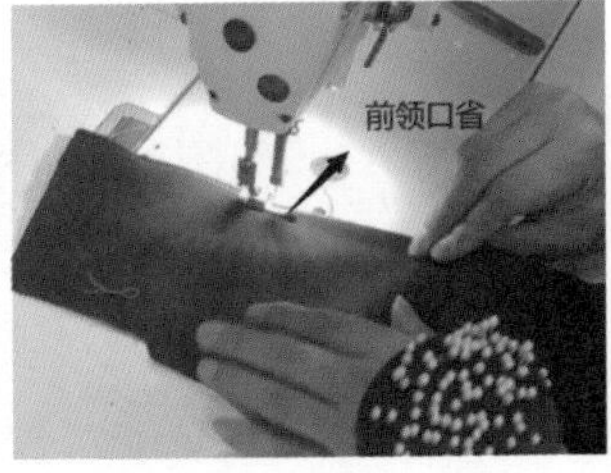

图 6-12　压衬机压衬示意图

图 6-13　做前中片示意图

（4）做前侧片：缝合袋盖里和口袋布。

①做袋盖里：袋盖里同前侧缝袋盖对齐缝合，正面对正面车缝份 1 cm，缝位宽窄一致，略微带紧袋盖里，如图 6-14 所示。

图 6-14　做袋盖里示意图

②绱袋布、封袋底：前下片袋口与小袋布对齐拼合，正面压缉 0.1 cm 明线；袋盖里与大袋布对齐缝合；封缉袋盖布与口袋布上口缝份；大小袋布三边对齐封袋底，修齐。具体如图 6-15 所示。

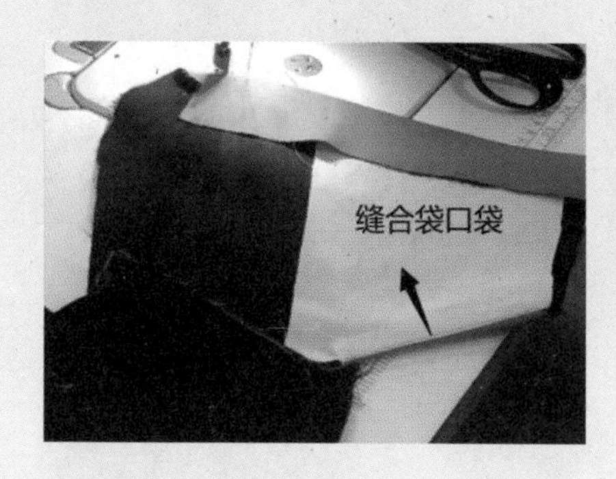

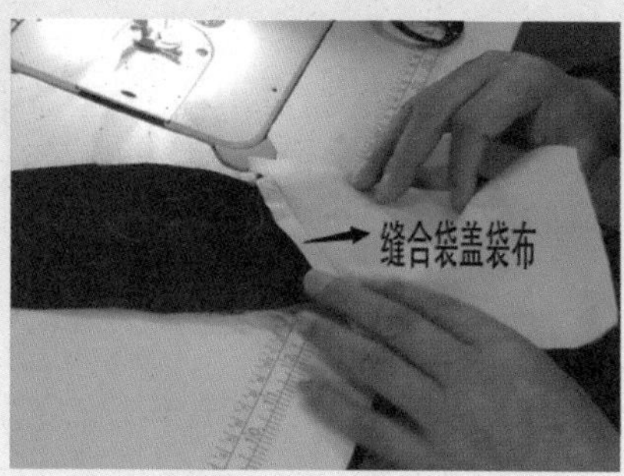

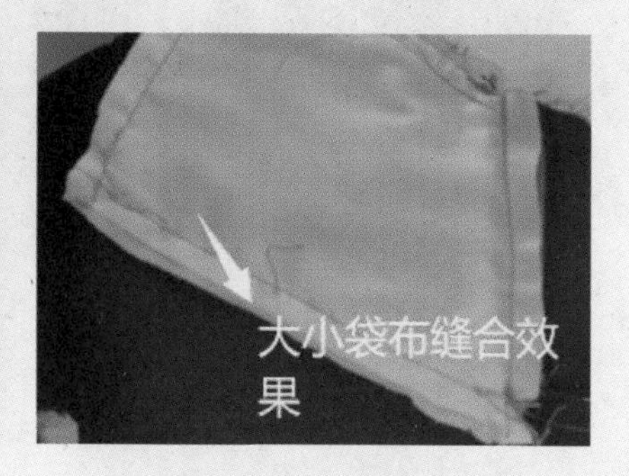

图 6-15　绱袋布、封袋底示意图

（5）合前身刀背缝、熨烫：合前侧片缝与前上片，袋位对准，在袖窿深下 10 cm 一段前上片有 0.3 ~ 0.5 cm 吃势；熨烫前刀背缝，分烫平整。具体如图 6-16 所示。

（6）做前身里：前中片里车省，与前侧里拼合，缝位 1 cm, 吃势 0.3 ~ 0.5 cm，如图 6-17 所示。

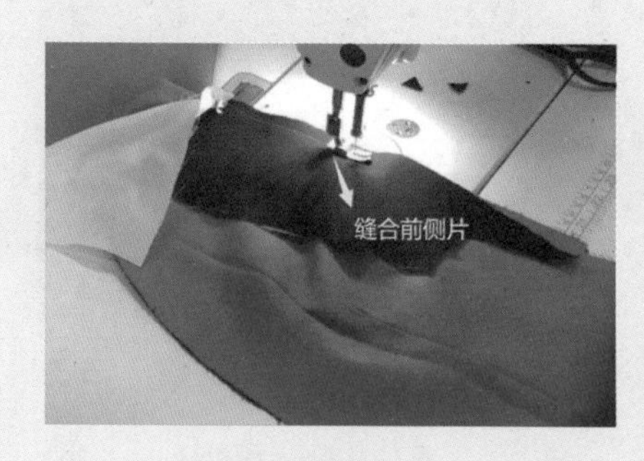

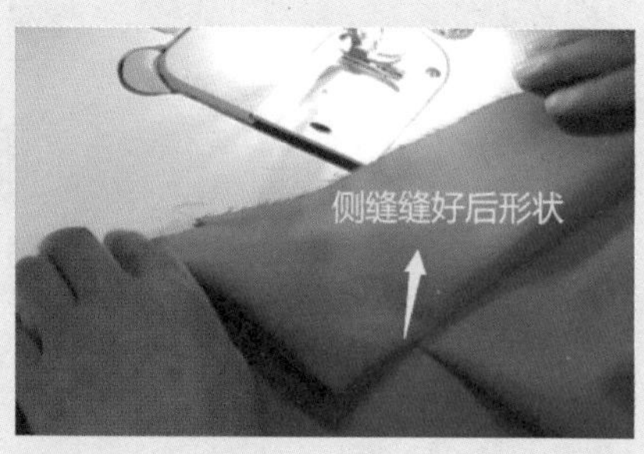

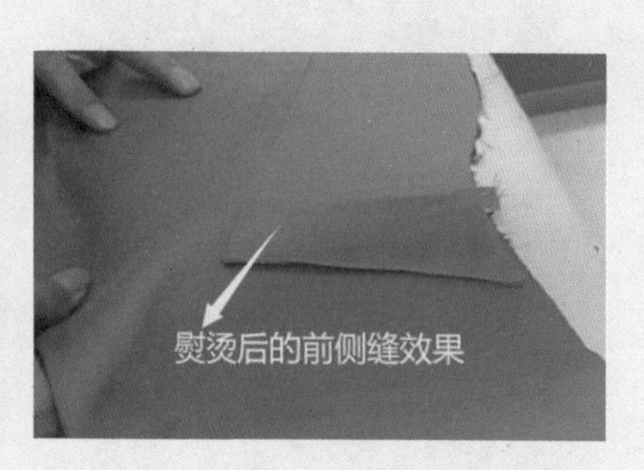

图 6-16　合前身刀背缝及熨烫示意图

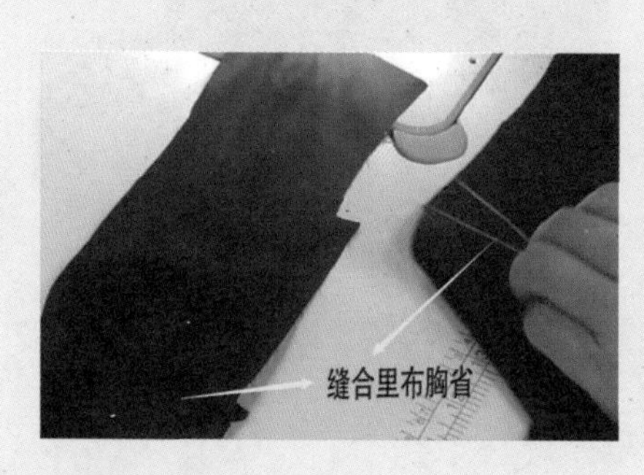

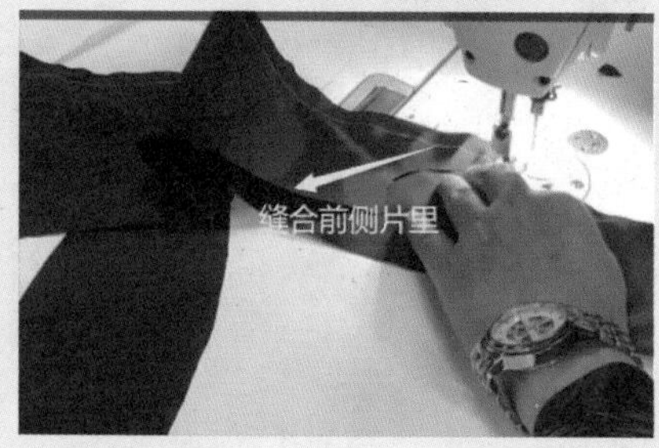

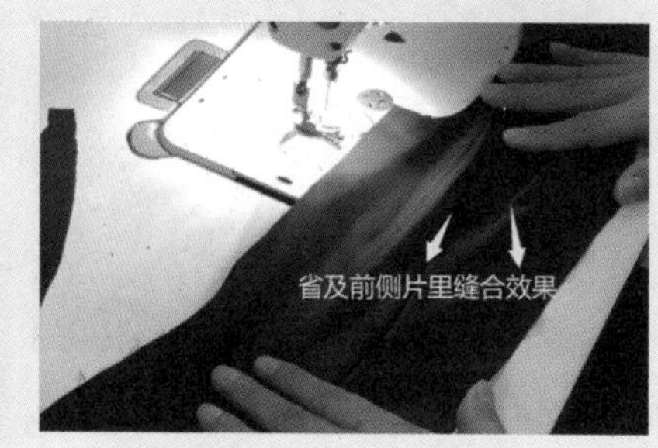

图 6-17　做前身里示意图

（7）合挂面、覆挂面：上下比齐挂面与前中片里，拼合时控制 0.3 ~ 0.5 cm 的吃势，缝位 1 cm；前身与挂面的缝合，覆挂面要控制好吃势，驳头部分挂面松衣身紧，驳头下部分衣身松挂面紧，缝位 1 cm, 两层缝合均匀，如图 6-18 所示。

（8）烫门襟止口及挂面：修剪止口并熨烫衣片与挂面，门襟止口注意平服且挂面不得外露；衣身顺直和圆顺，不能烫出极光。具体如图 6-19 所示。

（9）做后片。

①拼合后上片背中缝、分烫：缝合时要带紧下层，略松上层，保持上下层松紧、长短一致，起、落针要回针；后中背缝分烫，注意烫斗的温度，要把背缝扒开熨烫，否则正面会出现重叠的量。正面熨烫时尽量把一块白布垫在衣身上，用吸风冷却。具体如图 6-20 所示。

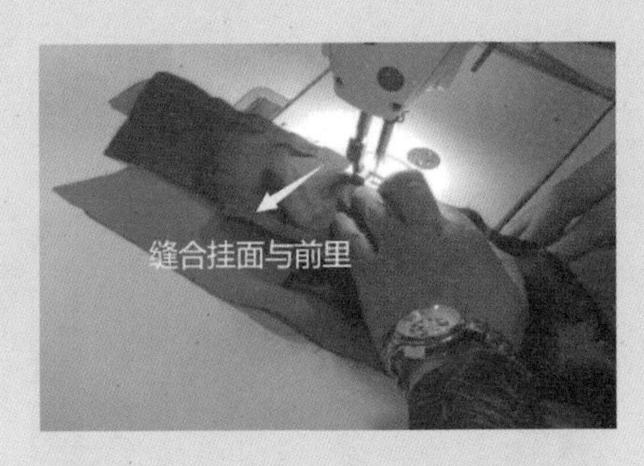

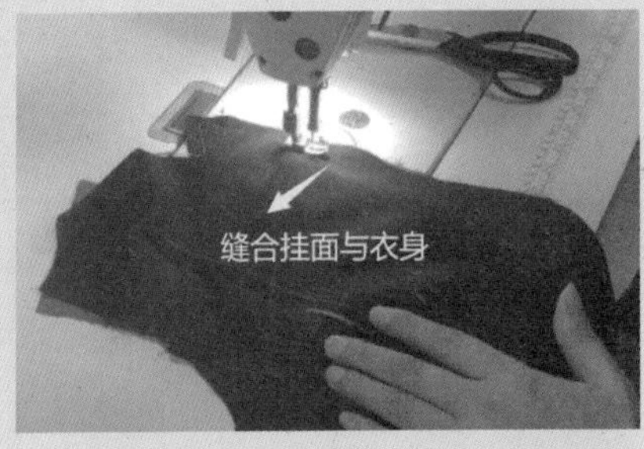

图 6-18　合挂面、覆挂面示意图

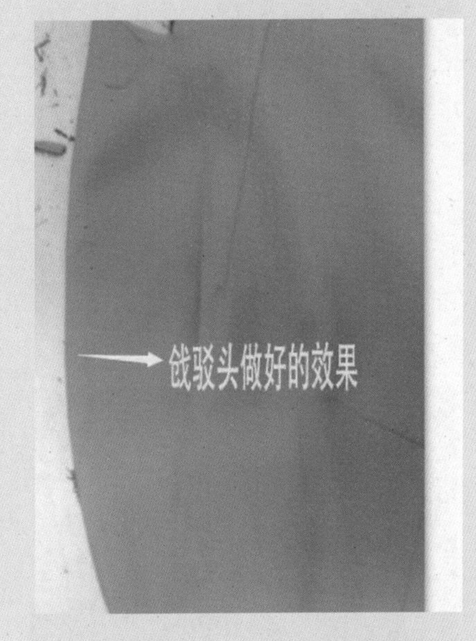

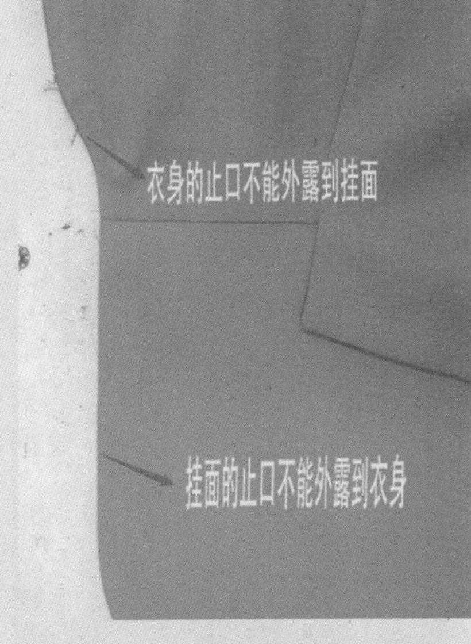

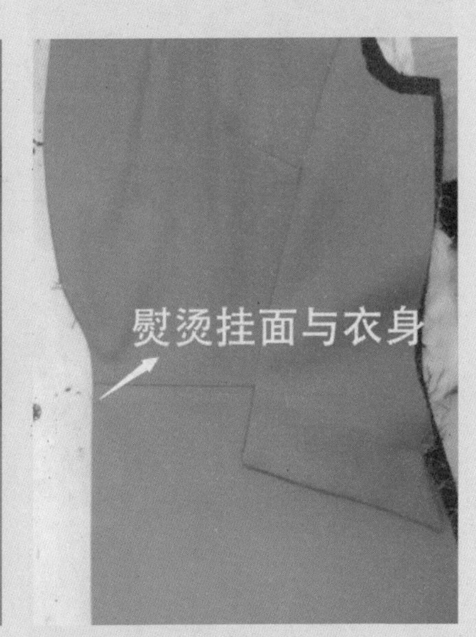

图 6-19　烫门襟止口及挂面示意图

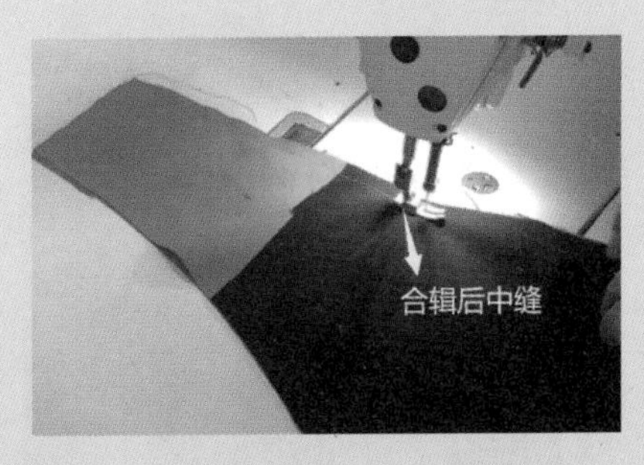

图 6-20　拼合后上片背中缝及熨烫示意图

②缝合上下后片及后侧省缝、熨烫：先拼横向直缝，后下片的中点对齐后中缝；再拼后侧刀背型省缝，注意省量的大小，要带紧下层，略松上层，保持上下层松紧、长短一致，起、落针要回针。具体如图 6-21 所示。

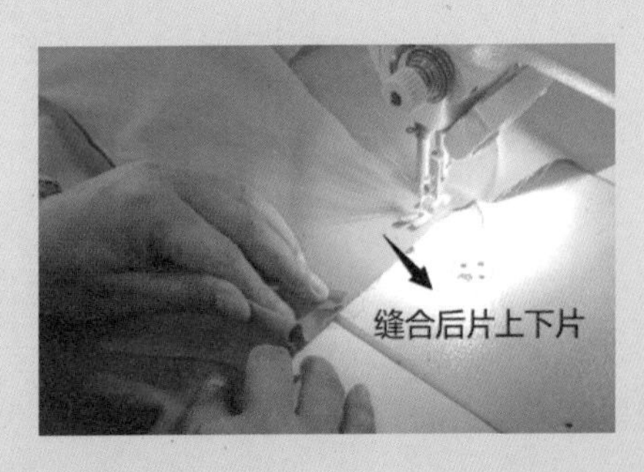

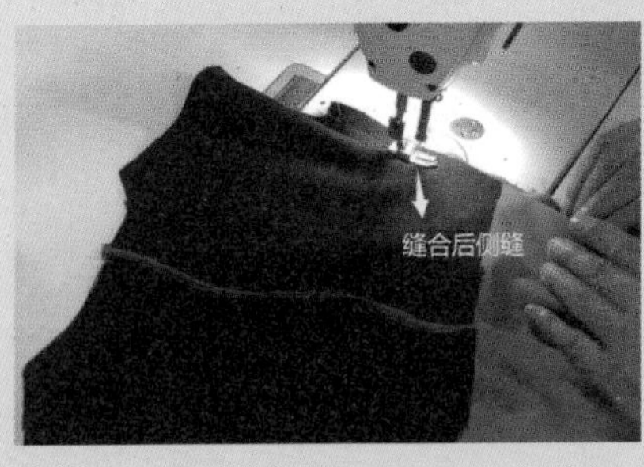

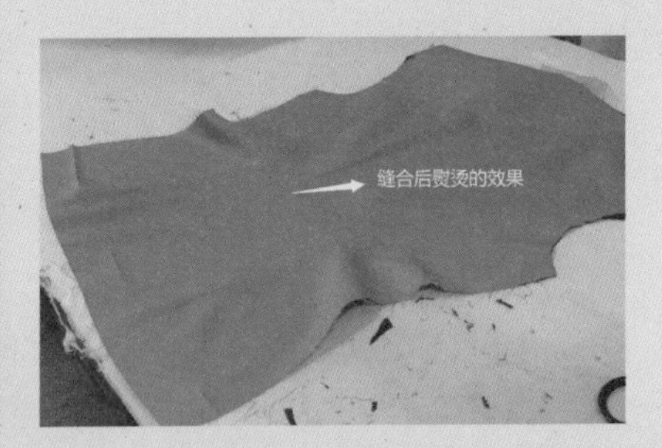

图 6-21　缝合上下后片及后侧省缝、熨烫示意图

（10）合后片里与领贴、合侧缝、合肩缝：拼合后片里与领贴，缝份倒向后片里熨烫；分别缝合面子前后侧缝，分烫；缝合里子侧缝、肩缝，合缉方法与面子相同，缝份向后坐倒 0.2 cm 余势，折烫。具体如图 6-22 所示。

（11）车下摆：缝合面里底边，先将前后片底边按线钉折转烫平、烫顺；将底边翻到反面，底边面里正面相叠，从里子与挂面拼合处开始缉，开始段约有 8 ~ 10 cm 斜缉。左右对称，其余面里止口平齐，侧缝对准合缉。具体如图 6-23 所示。

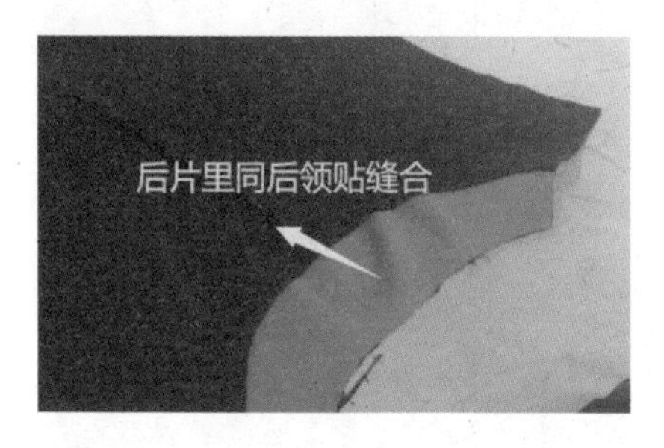

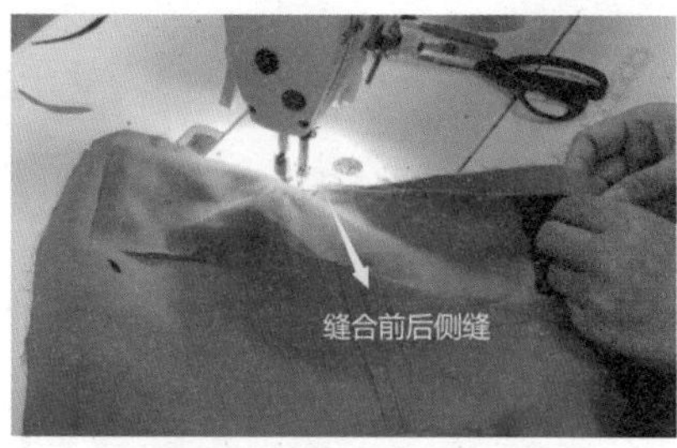

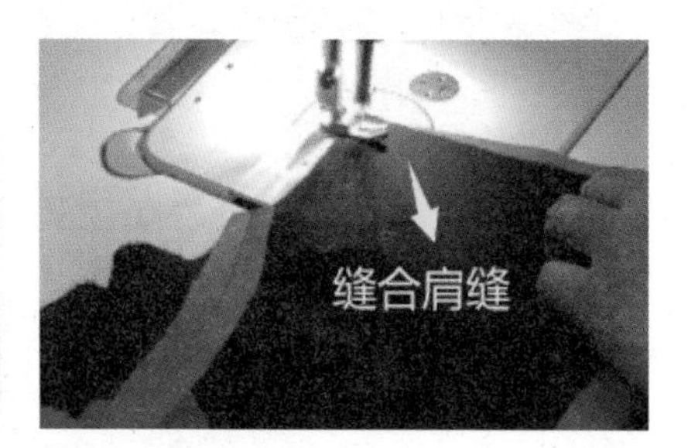

图 6-22　合后片里与领贴、合侧缝、合肩缝

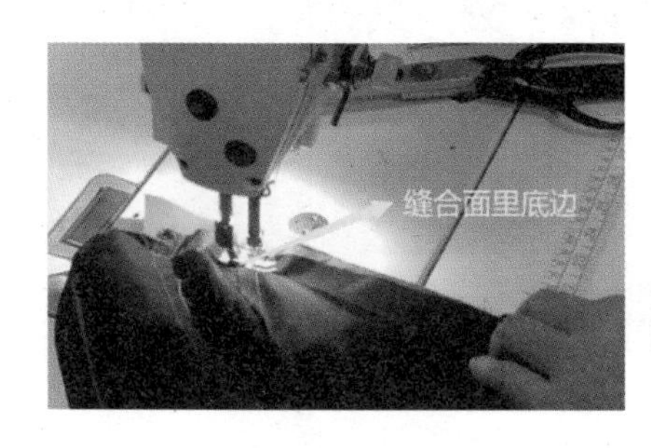

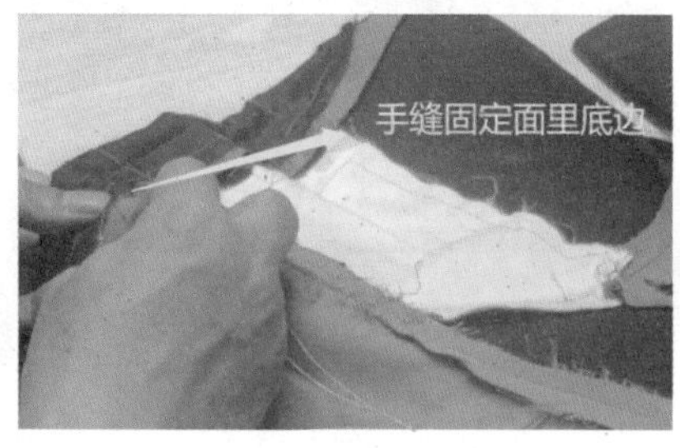

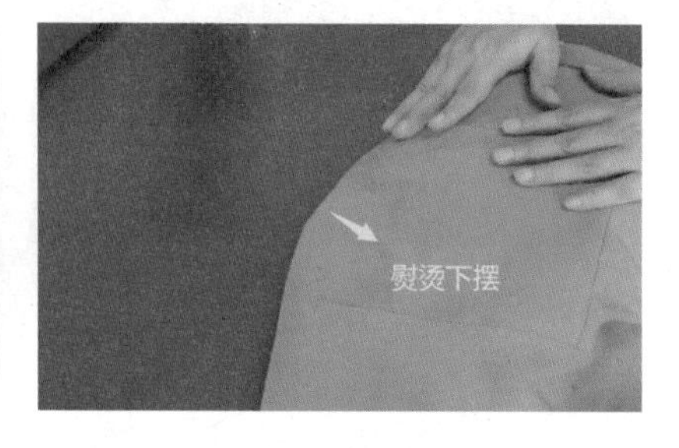

图 6-23　车下摆示意图

（12）做领。

①做领面：先在上下级领面上画出领子净样，缝合上下领面，烫分开缝，压明线。注意：如有条格或图案的面料画领净样时要对条对格且左右角对称；领面放下层，下级领和上级领正面相叠，沿净线夹缉，缝合要带紧下层，略松上层，保持上下层松紧一致，长短一致；起针和落针要车回针，并分缝烫开，在缝位两边压 0.1 明线。具体如图 6-24 所示。

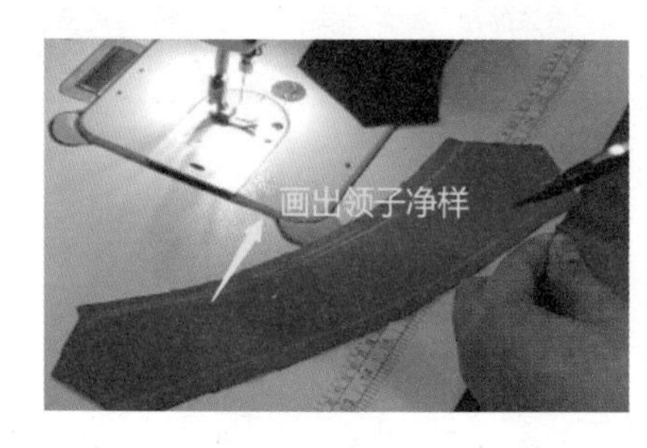

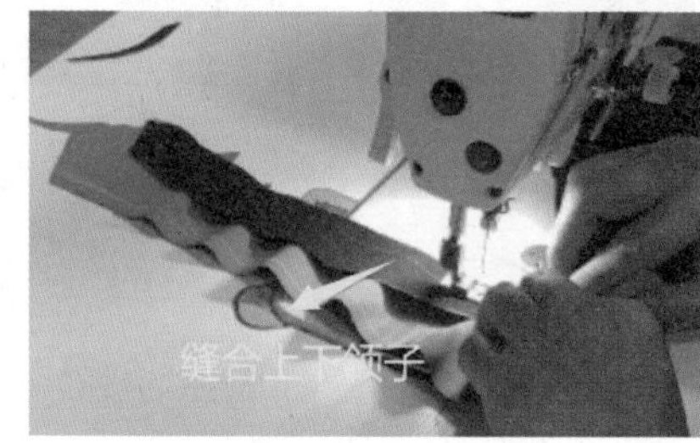

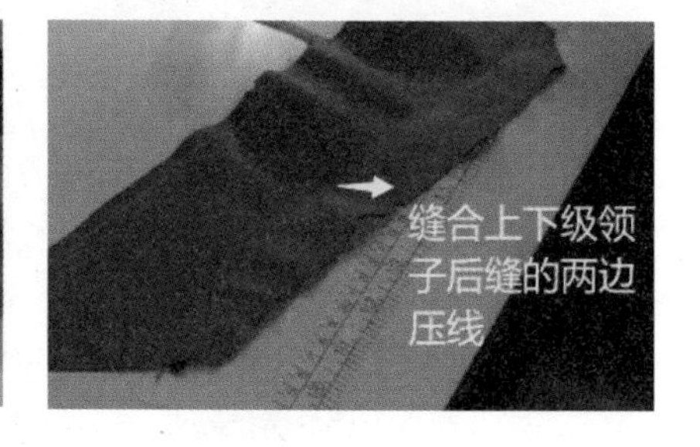

图 6-24　做领面示意图

②拼合领面领里：缝合领面及领里，领面放上层，领面、领里正面相叠，沿净线夹缉，夹缉时领里两领角适当拉紧，保持领面、领角有窝势；将缝份修剪，缝份倒向领里，在领里外止口处缉一条 0.15 cm 的止口固定线；在领子反面沿缉线扣烫缝边，折好领角，翻出；翻实后领里坐进 0.1 ~ 0.15 cm 烫平，修剪串口线与领下口线的缝头，做好装领对位标记。具体如图 6-25 所示。

（13）绱领。

①缝合领面与挂面、领里与衣身：按净线先将领面串口与挂面串口合缉，合缉时注意把握缝制技巧，即领面的领角起始点对准驳角缺嘴，挂面串口净样线应与驳角面吐出后保持一致；按净线再将领里串口与前身串口

合缉，在合缉时注意把握缝制技巧，领里的领角起始点应在驳角缺嘴处回进 0.15 cm 左右，衣身串口净样线应与驳角面吐出后保持一致。具体如图 6-26 所示。

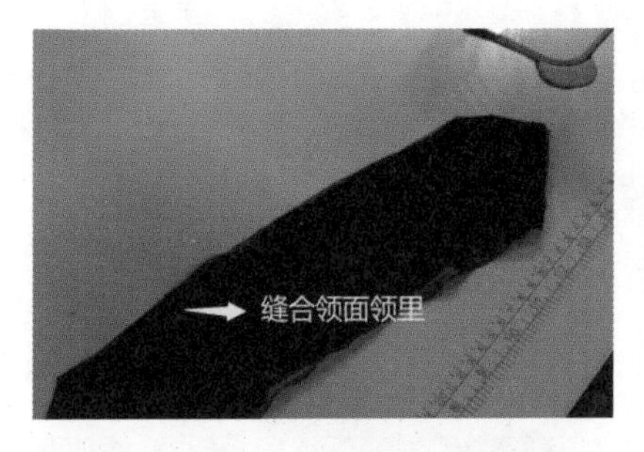

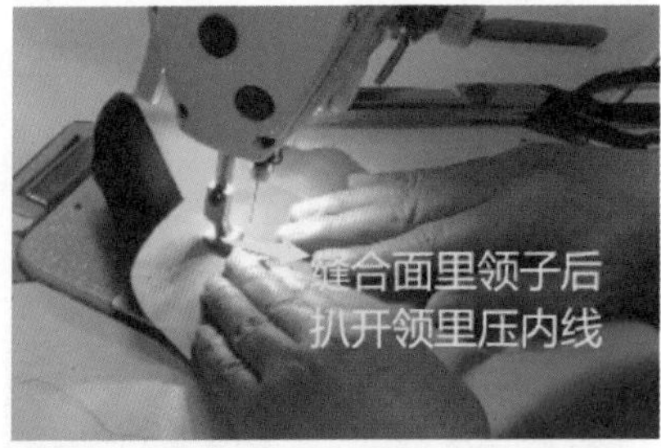

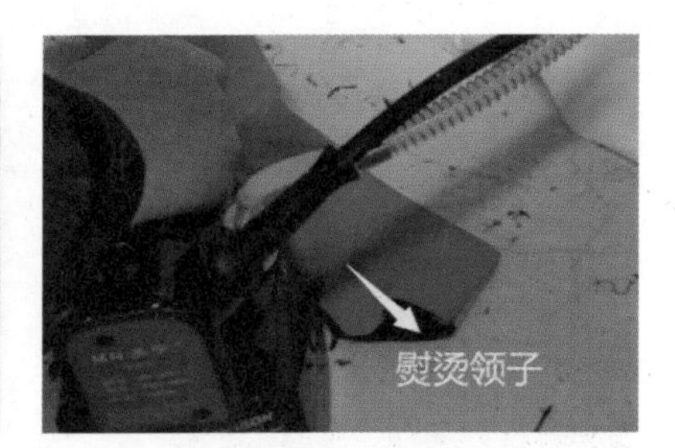

图 6-25　拼合领面领里示意图

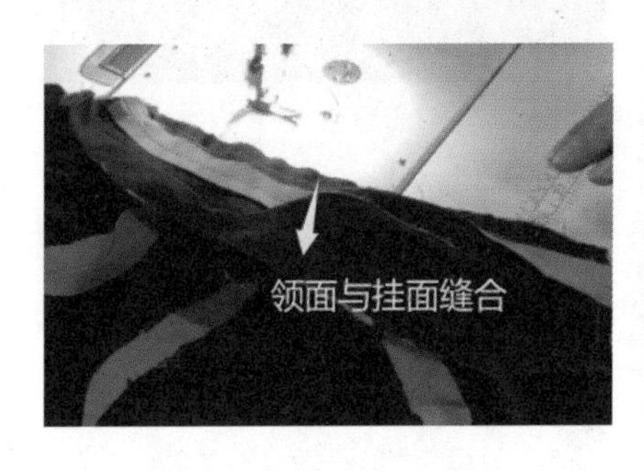

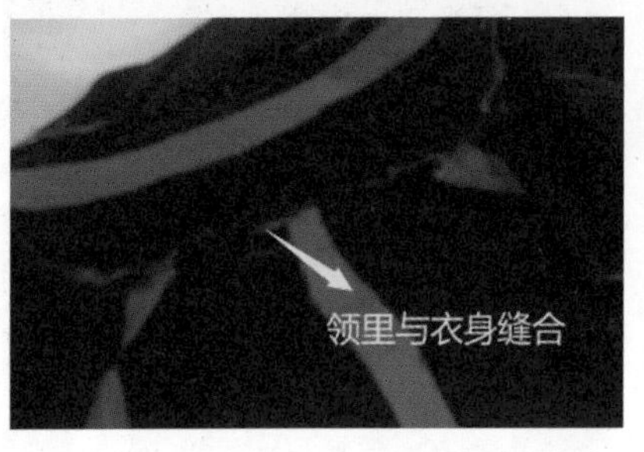

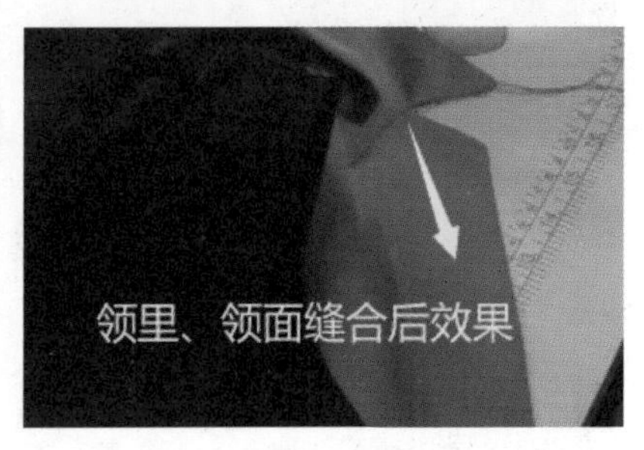

图 6-26　缝合领面与挂面、领里与衣身示意图

②熨烫领里、领面缝头并固定：将领面领里的缝头分缝烫平，用手缝或车缉固定领面领里的串口及领圈，如图 6-27 所示。

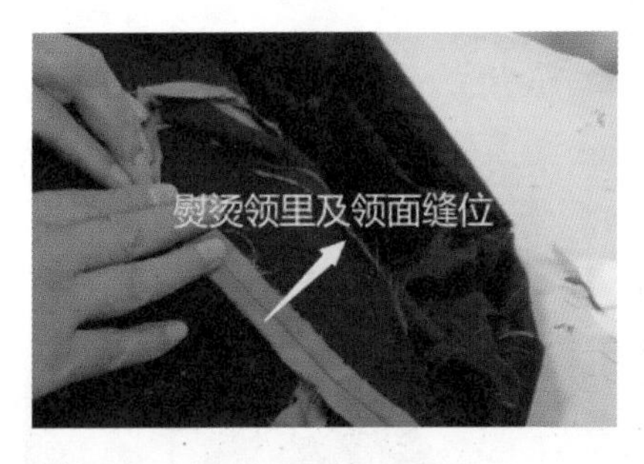

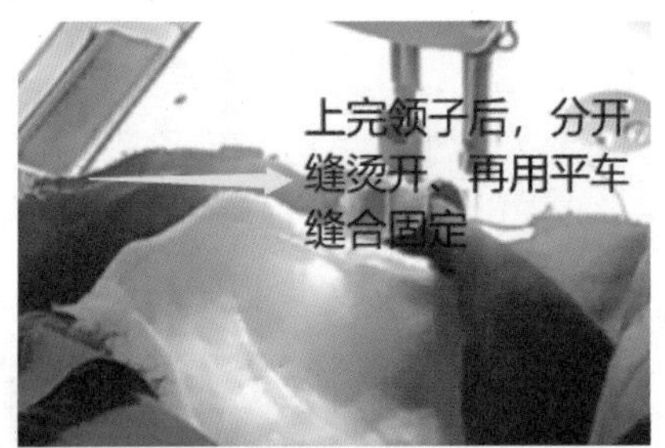

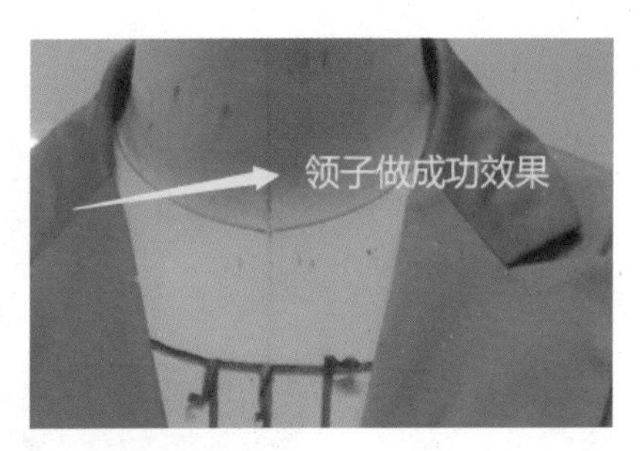

图 6-27　熨烫领里、领面缝头并固定示意图

（14）做袖。

①缝合袖衩及袖口省并分烫：熨烫袖口折边及袖衩，在大袖袖衩及袖口折边相交位置打剪口，按剪口垂直车 1 cm，并剪去多余的缝头；小袖袖衩按正常形状车好，缝位为 1 cm。具体如图 6-28 所示。

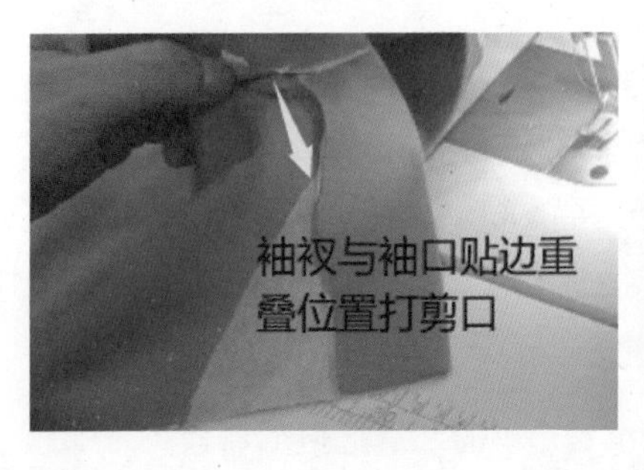

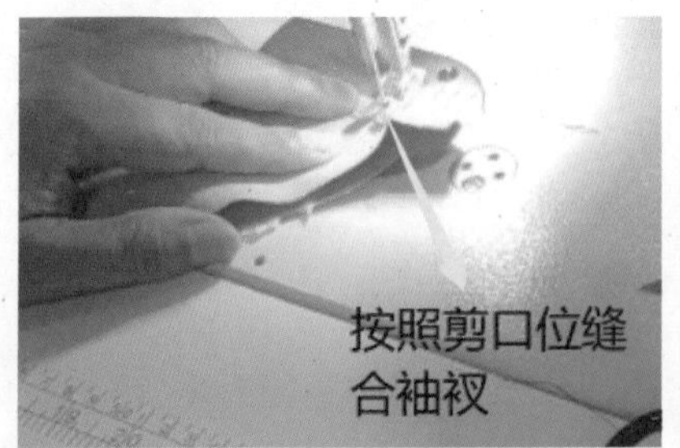

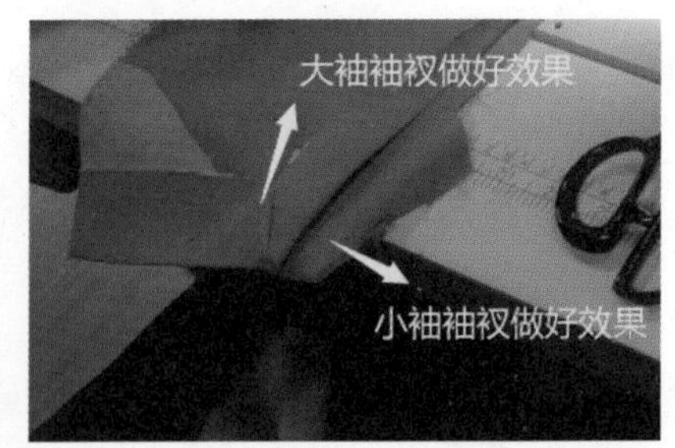

图 6-28　缝合袖衩及袖口省并分烫示意图

②缝合大小袖内缝（面、里分开）：面里袖内缝缝合，按缝份缉大小袖缝，在缝合左袖的前袖缝夹里时，中间留口 30 cm 空口，如图 6-29 所示。

③缝合面里袖口、烫袖内缝：将袖夹里塞进袖里，使其正面相叠，袖口毛缝对齐，前后袖缝对准，合缉缝份 0.8 ~ 1 cm，把面子袖口边翻上，用手工固定，注意线迹应略松，正面不露线迹，再将袖口夹里 1 cm 的坐势烫平；把面里大小袖铺平，扒开缝位调好烫斗的温度熨烫，注意缝位要平齐。具体如图 6-30 所示。

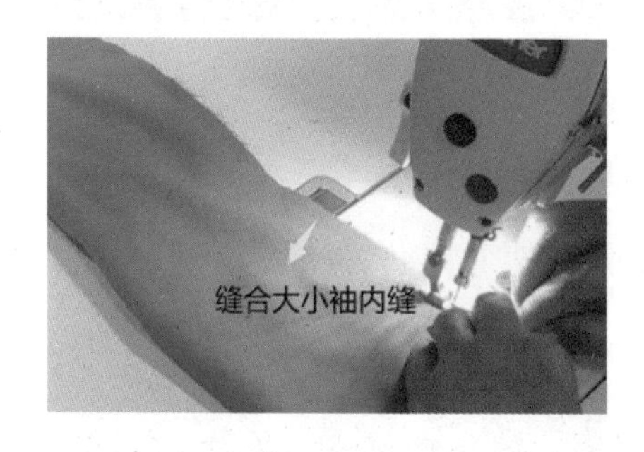

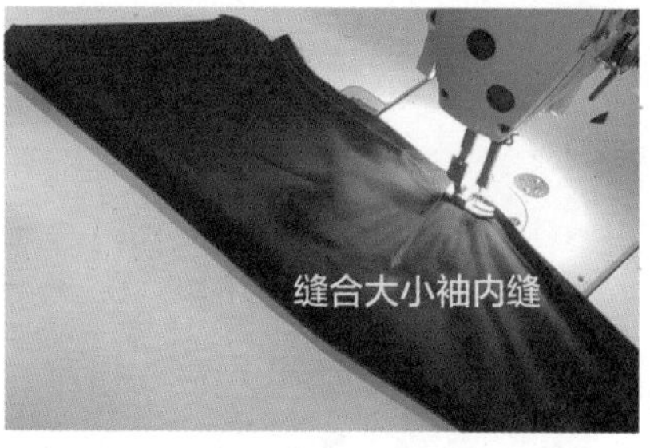

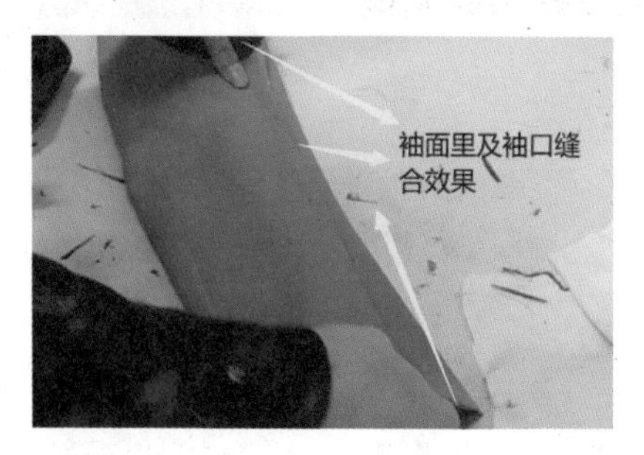

图 6-29　缝合大小袖内缝示意图

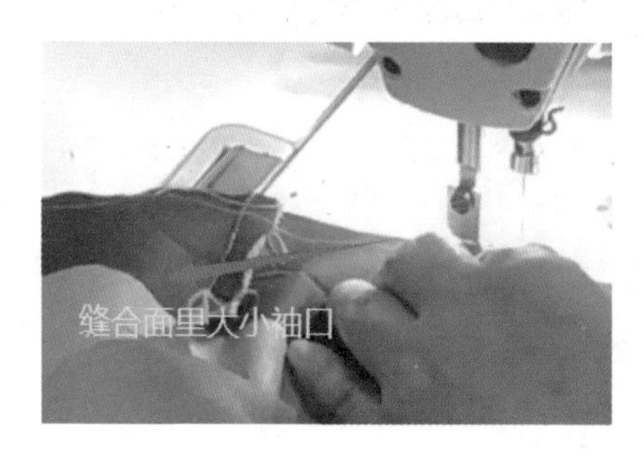

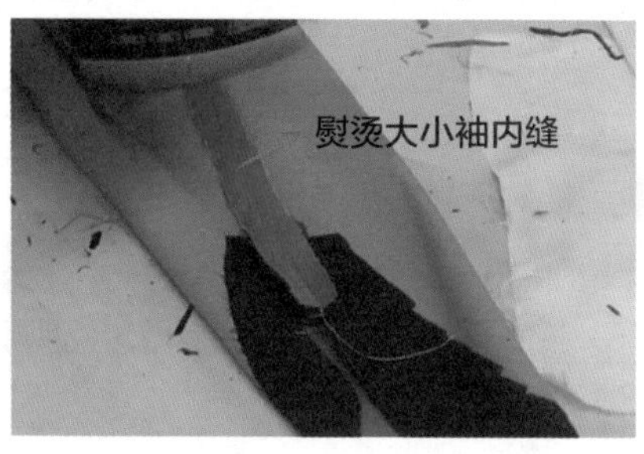

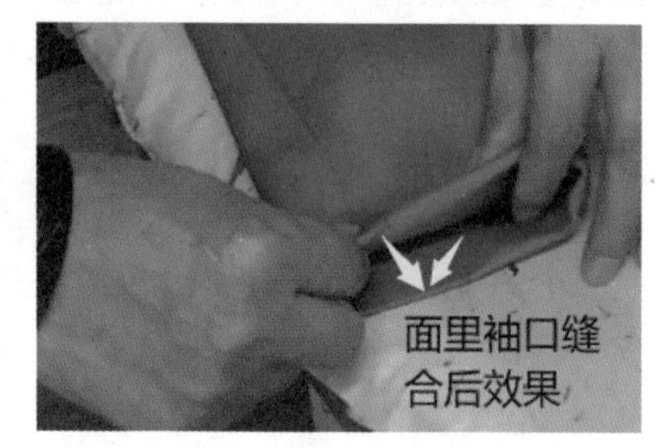

图 6-30　缝合里面袖口及熨烫袖内缝示意图

④抽袖山头吃势：面袖山车缝一道，缝头 0.6 ~ 0.7 cm，袖山里机缝一道，然后手拉吃势，吃势的多少与面料质地等因素有关，还要核对与袖窿装配的长度，一般前后袖一段略多，前袖山斜坡少于后袖山，袖山最高处少放吃势，小袖片一段横丝可不抽；抽好后将袖山放在铁凳上烫圆顺，如图 6-31 所示。

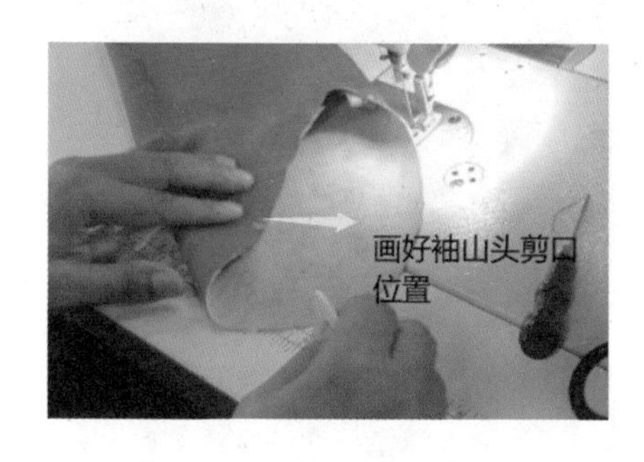

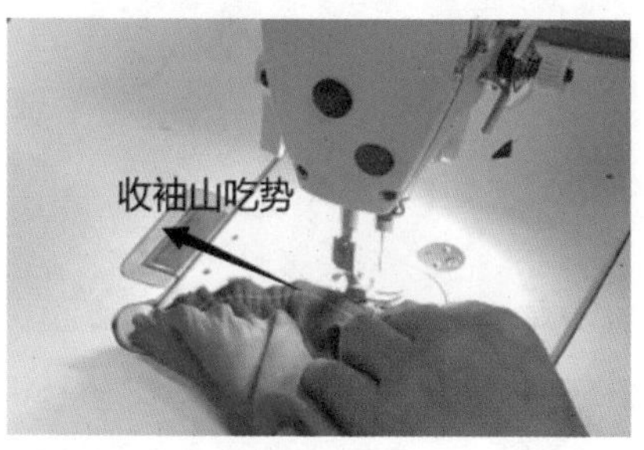

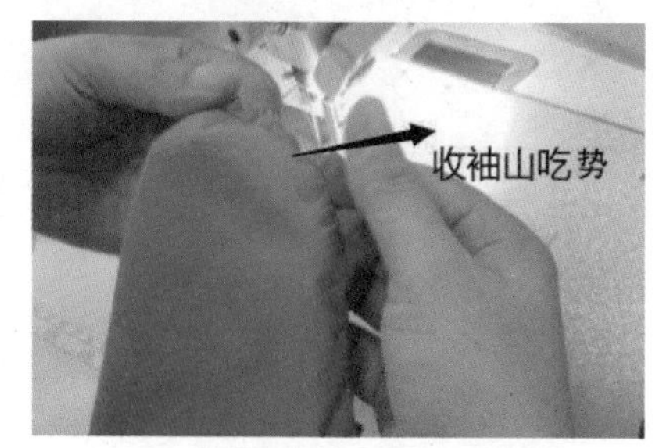

图 6-31　抽袖山头吃势示意图

（15）绱袖：将袖子放在衣身上面，按照对袖剪口进行缝制，缝位为 1 cm，在缝制的过程中要控制左右袖的吃势，左右袖吃势要保持均匀，袖子绱完成后，要注意袖走向，往前偏，如图 6-32 所示。

（16）装垫肩：做好装垫肩的标记，垫肩对折，向前偏 1 cm，为对肩标记，装配时前短后长，同时在垫肩弧形边先做好相应的记号；垫肩外口标记点对准肩缝比袖隆毛缝宽出 0.2 cm，两端处平，垫肩翘势朝上，沿装袖线外车或扎线，注意手缝时后袖窿略松，使成衣肩部窝服；垫肩里口固定，垫肩放平，弧形处与肩缝车或扎几针固定。具体如图 6-33 所示。

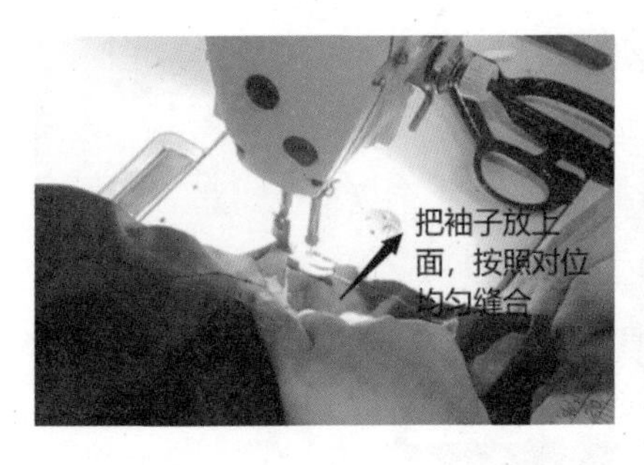

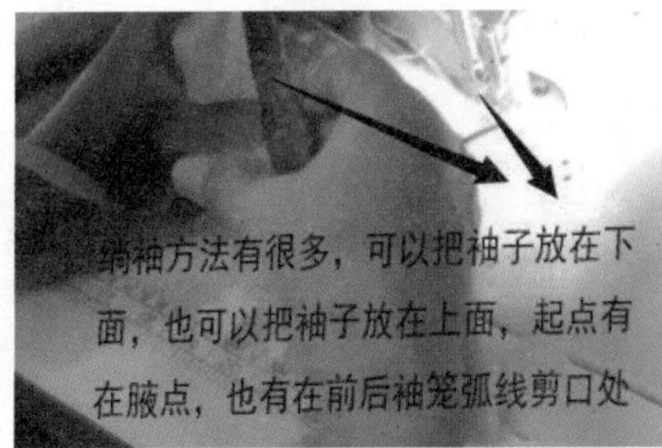

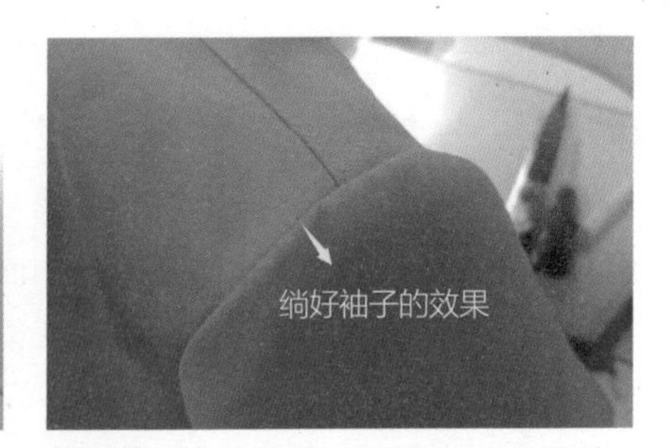

图 6-32　绱袖示意图

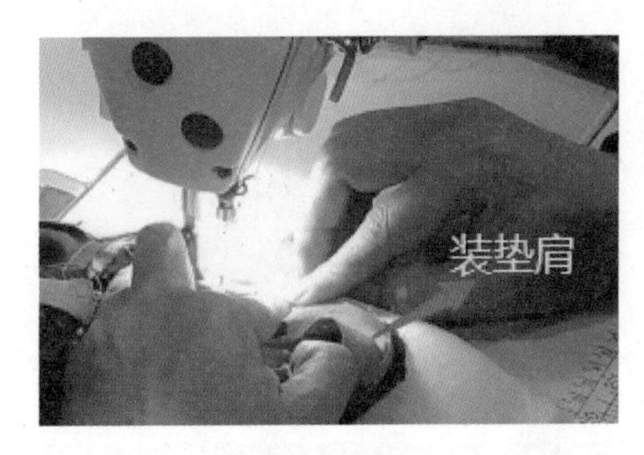

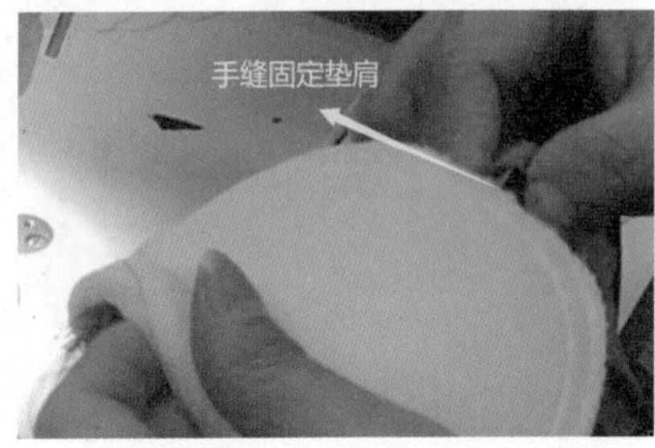

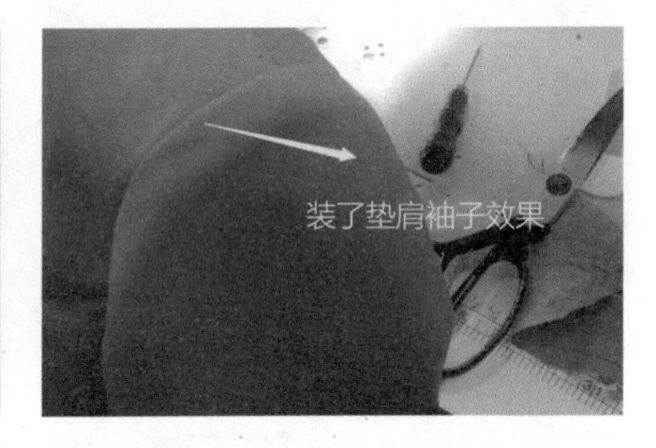

图 6-33　装垫肩示意图

（17）固定面里肩缝、腋下、下摆、袖口、锁眼、钉扣并清理线头。

（18）整烫：整烫时应适当控制好熨斗温度，充分利用好熨烫工具。按顺序整烫女西服（烫袖子→烫肩头→烫胸部→烫腰节处、衣袋及侧缝→烫后背、底边→烫肩头→烫止口→烫驳头和领子、烫西服里子），将西服穿在人台上冷却定型。

8. 女西服成品质量检验及成品展示

（1）成品规格检验：平铺测量各部位成品规格，与工艺单规格表及表 6-2 相对照，检验各部位规格尺寸是否在公差范围内，如图 6-34 所示。

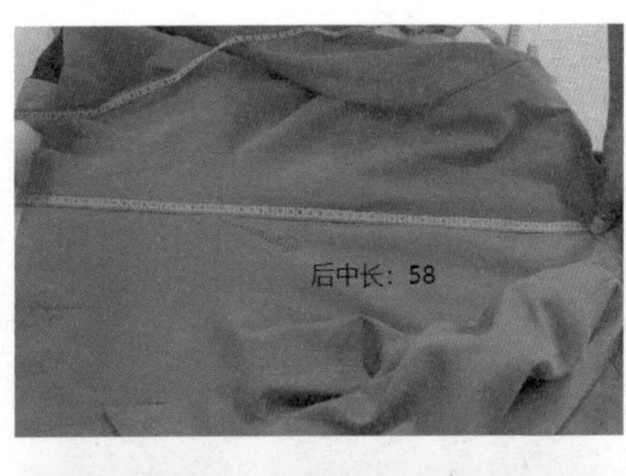

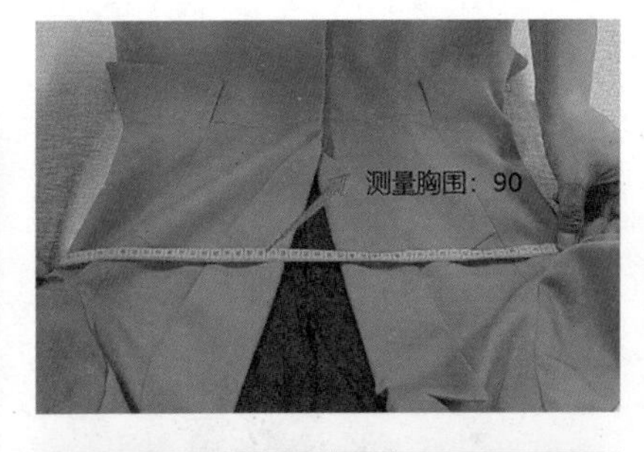

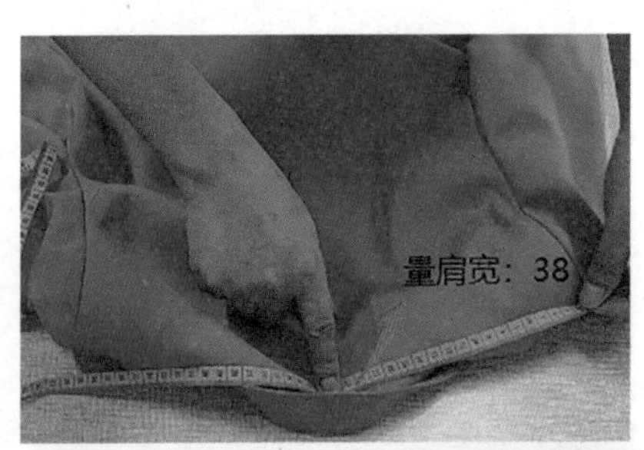

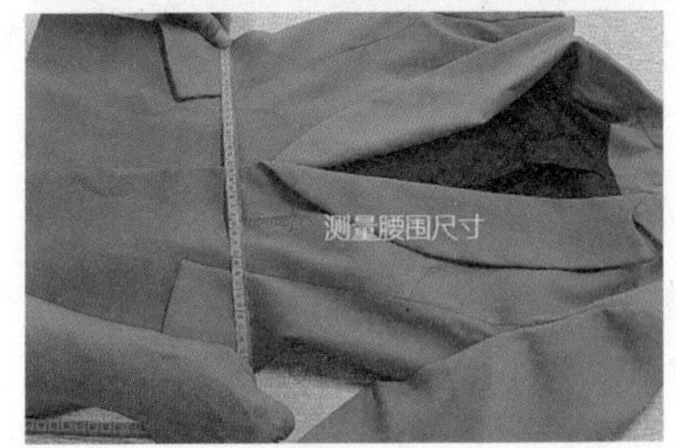

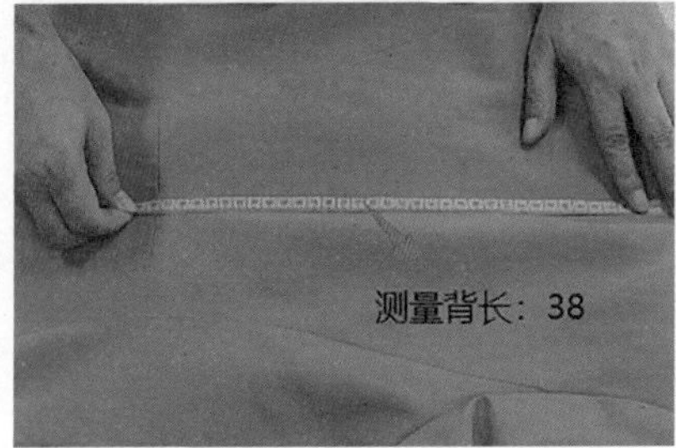

图 6-34　女西服成品测量示意图

（2）外观质量检验：如图 6-35 所示，在人台上展示女西服外套成品，对照表 6-3，从各个角度和部位观察并检验女西服外套成品的外观质量。

表 6-2 女西服成品规格公差范围参照表

序号	部位	成品测量方法	公差范围	备注
1	后中长	衣服平铺，由后领中垂直量至底边	±1.0 cm	5•4 系列（女西服）
2	胸围	扣上纽扣或拉链，前后身摊平，沿袖窿底缝水平横量（周围计算）	±2.0 cm	
3	肩宽	衣服平铺，从左肩端点顺势后领口量至右肩端点	±0.8 cm	
4	腰围	扣上纽扣或拉链，前后身摊平，沿右腰横量至左腰（周围计算）	±2.0 cm	
5	背长	把衣服平铺，从后中领口顺直量至腰部最细处	±0.6 cm	
6	袖长	由袖山最高点量至袖口边中间	±0.8 cm	

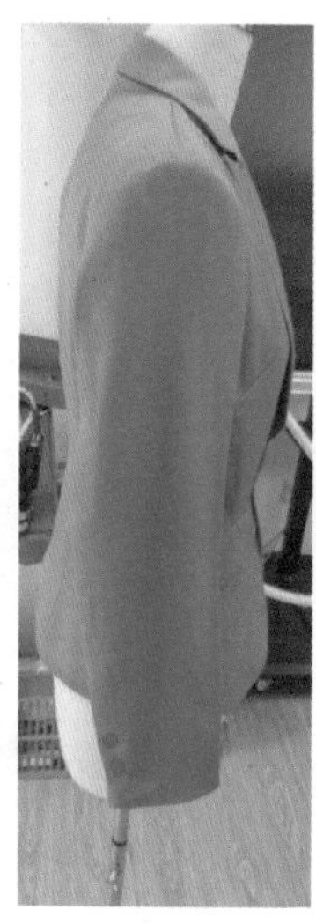
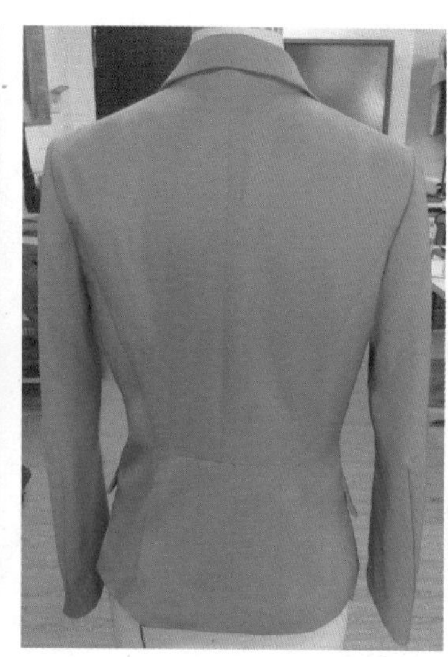

图 6-35 女西服成品展示及外观检验示意图

表 6-3 女西服外观质量检验标准参照表

序号	部位	外观质量检验标准
1	领子	领面、领座光滑平顺，驳头翻领线圆顺，外领口弧线长度合适，领子造型准确
2	袖子	袖子分割线位置合适，袖身前偏、倾斜及内旋角度合适，袖山圆顺、吃势均匀，两袖前后长短一致
3	前衣身	衣身正面干净、整洁，前后衣长平衡；胸围松量分配适度，胸立体和肩胛骨适度；腰部合体；袖窿无浮起或紧拉；无不良褶皱；两边口袋大小高低一致；胸部挺括、对称，面、里、衬服贴，省道顺直
4	肩	肩部平服，表面没有褶，肩缝顺直，左右对称
5	戗驳头	驳头服贴，无止口外露现象，驳头串口、驳口顺直，左右驳头宽窄、领嘴大小对称，领翘适宜
6	后衣身	两侧缝平服，两边省道对称，整个后身平服无褶皱，后中长尺寸符合标准
7	衣下摆	衣下摆平服，底摆不起吊、不外翻
8	里子	衣身、袖子、腋下的里布宽窄一致，不起吊，下摆面里对位

三、学习任务小结

通过本次任务的学习，同学们已经初步掌握女西服的款式和结构、工艺特点，并掌握了其打版和制作的流程、步骤及方法。通过观察女西服工艺单、成品样衣和老师的实例操作示范，加深了对女西服打版和制作的深层次理解。课后，需要大家认真完成女西服打版与制作的作业，运用安全与规范操作的方式方法，严格按工艺单要求，将作品完整制作出来。通过总结与展示，分享学习过程的点滴感悟，激发专业学习的兴趣和自信心，培养同学们主动沟通、和谐相处、乐于分享、积极进取的良好习惯。

四、课后作业

（1）每位同学选取合适尺码，根据工艺单要求，完成女西服全套样板制作并复核。

（2）每位同学准备好女西服制作的面辅材料，根据样板排料裁剪，并完成样衣缝制及成品质量检验。

（3）每组收集各成员女西服打版制作的过程和成果照片，制作成 PPT，现场展示分享，并总结及点评。

茄克衫打版与制作

教学目标

（1）专业能力：熟识茄克衫工艺单及打版与制作流程和要求；按单制作茄克衫样衣并质检。

（2）社会能力：培养爱岗敬业精神和严谨、规范、细致、耐心的优良品质；提升沟通合作能力。

（3）方法能力：掌握学习新技术的方法和评估结果的方式，培养识图、看表、绘图的能力。

学习目标

（1）知识目标：熟识茄克衫工艺单及茄克衫打版与制作流程、各步骤要求和方法。

（2）技能目标：会运用工艺单要求完整制作出茄克衫样衣并进行质量检验。

（3）素质目标：能安全和规范操作，能体现严谨、规范、细致、耐心等优良品质。

教学建议

1. 教师活动

（1）讲授茄克衫打版与制作流程、各步骤要求和方法，引导学生按单制作样衣并进行质检。

（2）树立安全和规范操作的意识，引导学生主动沟通、和谐相处、乐于分享、积极进取。

（3）教师分享作品的点评及对优秀作品的展示，让学生感受品质控制的关键之处。

2. 学生活动

选取合适尺码，按工艺单要求完整制作出茄克衫样衣并进行质量检验。

一、学习问题导入

通过前面项目的学习，同学们对打版和制作有了一定的认识。茄克衫是外套的一种，但与西装外套有较大的不同。茄克衫相对比较休闲，设计不拘一格，款式变化较大，打版与制作也更加灵活多样。仔细观察图 6-36 几款茄克衫外套，你能说出它们之间的异同点吗？希望同学们能够认真观察图片，从中找出茄克衫打版和制作的依据，尽量在脑海中形成印象，并在此基础上展开后序的学习。

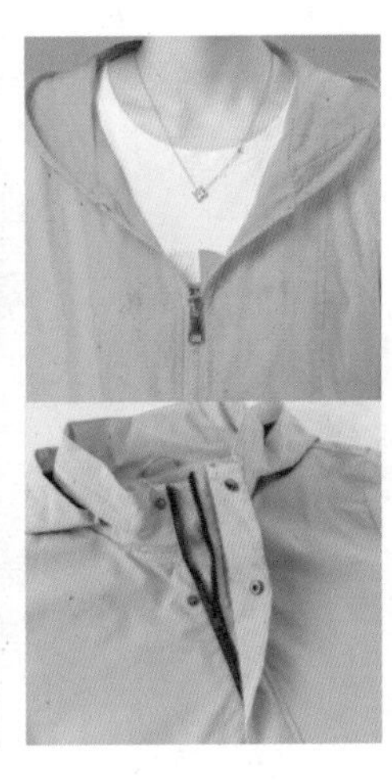

图 6-36　茄克衫外套实物图片

二、学习任务讲解

1. 产品分析

本次打版与制作的任务是一款女式茄克衫，我们首先分析并绘制这件茄克衫的工艺单，见表 6-4。

2. 茄克衫制图

（1）大身制图：定后中长→画出上下平线（前后平齐或前比后高 0.5 ~ 1 cm）→定袖笼深线及前后胸围大→画前中线及搭门线→定后领宽及后领深→定后肩点→定前领宽及前领深→定前肩点→画前后袖笼弧线→画前后侧缝线→画后片横向分割线→画前后领口弧线→画明筒→画下摆→定拉链位→定前袋位、画口袋→彩色勾出前后片轮廓，如图 6-37 所示。

（2）袖子制图：量出前后袖笼弧长 AH→根据袖肥大及前后 AH 的关系定袖山顶点→从袖山顶点垂直袖肥线画袖中线，按袖长定袖口下平线→找好辅助点画顺袖山弧线→按款式画出纵向大小袖分割线，定出大小袖袖口分配比例→画顺前后袖缝及前后片分割线→确定袖山对位点→用不同颜色线描出小袖和大袖轮廓（袖口虚线为里袖轮廓线），如图 6-38 所示。

（3）帽子制图：帽子通常分为有帽墙三片式和无帽墙两片式两种，如图 6-39 所示。

①无帽墙两片式制图：定出前后领圈弧长→平齐前领深往右平行量 3 ~ 5 cm→斜量前后领圈弧长→量出帽高 33 ~ 35 cm，帽宽 23 ~ 25 cm→画出头围弧线→画出帽檐 3 cm→定出肩颈点对位点。

②有帽墙三片式制图：确定前后领圈弧长减去 4.5 cm→平齐前领深往右平行量 4 ~ 7 cm→斜量前后领圈弧长减去 4.5 cm→量出帽高 30 ~ 33 cm，帽宽 20 ~ 22 cm→画出头围弧线→画出帽墙→画出帽檐 3 cm→确定肩颈点对位点和帽墙对位点。

表 6-4　茄克衫工艺单

服装工艺单		
品牌		正面款式图　背面款式图
款号	2022W-002	
季节	春季	
款式名称	连帽女茄克	
工位号		
交货日期		

1. 款式特征

（1）帽子：无帽墙两片式，帽沿压明线，两边有气眼装绳，帽子下口压线，前中装四合扣。

（2）前衣身：全里，四开身结构，左右各一个带袋盖挖袋，前中装拉链，外有明门筒并压明线，门筒上装四合扣，下摆装松紧。

（3）后衣身：后上身横向断开做倒褶压明线，褶裥左右打气眼内装绳子。

（4）袖子：有里平装袖，后部有纵向分割，宽松袖结构，袖口装松紧。

2. 成衣规格表（单位：cm）

号型	后中长	背长	胸围	肩宽	袖长	松紧袖口	口袋	袖肥大
160/84A	57	38	104	40	57	16	14 ~ 15	40 ~ 44

注：服装松量设计以符合款式需要为前提，未标注尺寸的部位可依款式图自行设计。

3. 工艺技术要求

（1）针距要求：平缝 14 ~ 17 针 /3 cm，面底线的张力合适。

（2）帽子：无帽墙两片式帽子，帽檐 3.5 cm，帽子下口符合领圈；帽檐压 2 ~ 2.5 cm 宽度线，帽中压明线，气眼在压线内，串好绳子。

（3）袖子：两片袖，宽松袖结构，袖口装松紧。

（4）前衣片：左右各一带袋盖的挖袋；袋盖压明线，前中装拉链，拉链要平整，明襟压线，里面的毛边不能露出，下摆装松紧。

（5）后衣片：后上片断开，压 4 cm 宽的明线，在靠近袖笼打气眼并串好绳子，下摆装松紧。

（6）夹里：全夹里，里子倒缝。

（7）成品：尺寸吻合，衣身宽松，帽子合适，拼缝顺直，面里服帖，左右对称，成品无污渍、无线头，熨烫无极光、不泛黄。

4. 面料、辅料说明

面料	
成分	棉 60%、涤 40%
纱支	100/2*94/2
克重	220 g/m
幅宽	146 ~ 148 cm
织物组织	斜纹

辅料	
里料	无弹梭织里布：150 cm
有纺粘衬	100 cm
纽扣	大身 3 粒四合扣、帽子 2 粒
松紧	2 m
绳子	2 根，一根 1m，一根 60 cm

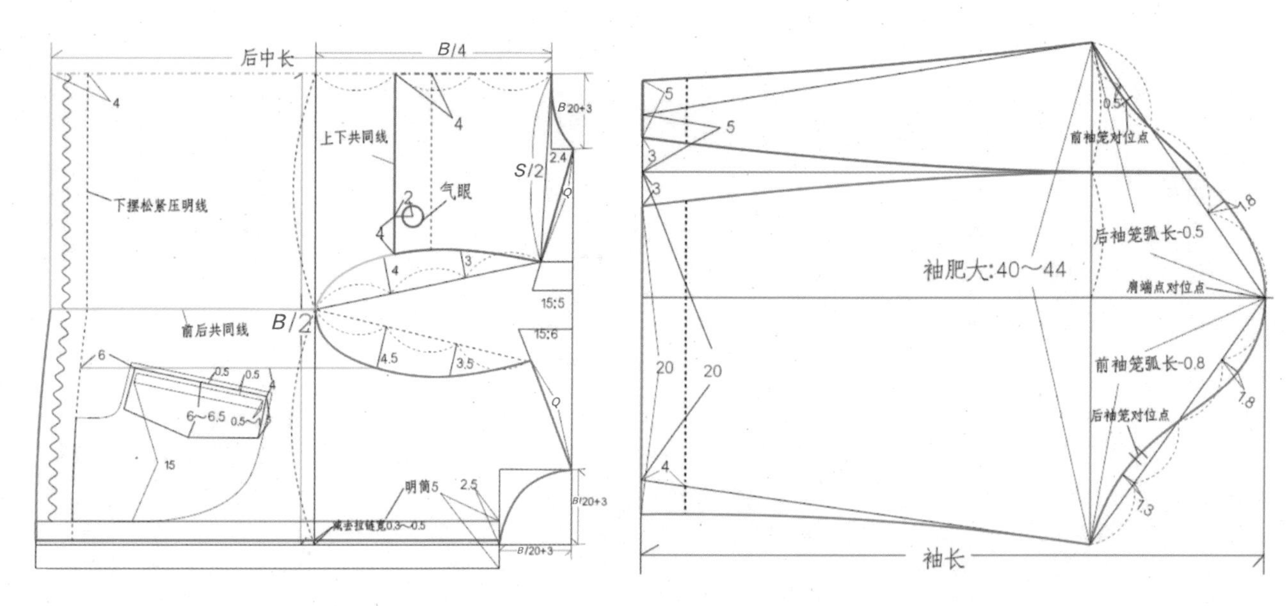

图 6-37　茄克衫大身制图示意图　　　　图 6-38　茄克衫袖子制图示意图

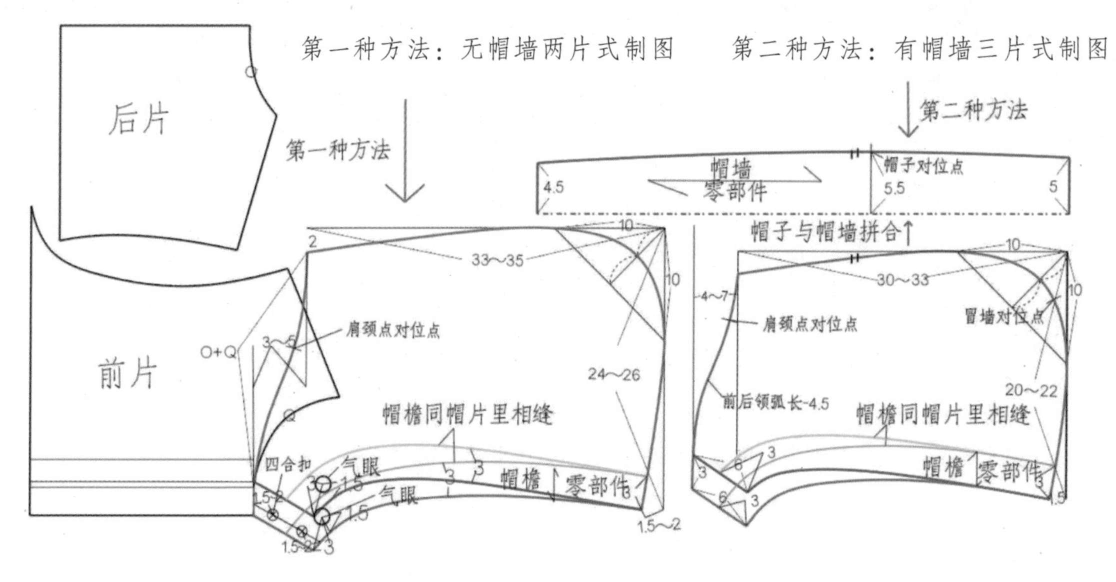

图 6-39　茄克衫帽子制图示意图

（4）里子及其他零部件制图：在图 6-37 茄克衫大身制图的基础上确定后领贴线、挂面线、袋口线、袋盖及大小袋布，勾出后领贴、后片里、前片里、挂面、门襟明筒、下摆贴边、袋盖及大小袋布轮廓→在图 6-38 茄克衫袖子制图的基础上勾出大、小袖里轮廓→在图 6-39 茄克衫帽子制图的基础上勾出大、小帽里轮廓→按袋口大画出袋贴形状，勾出轮廓，如图 6-40 所示。

3. 茄克衫样板制作与复核

（1）裁剪样板：本例采用无帽墙两片式帽子，黄色线表示净样，黑色外圈线表示毛样。

①面料样板：如图 6-41 所示，本款茄克衫共 15 个面布样板，分别是前片、挂面、大袖片、小袖片、袋贴各 2 片，后上片、后下片、后领贴、明筒、下摆贴边、大帽片、小帽片、大帽檐、小帽檐各 1 片，袋盖 4 片，均采用统一面布。

②里料样板：如图 6-42 所示，本款茄克衫共 8 个里布样板，分别是前片里、大袖片里、小袖片里、大袋布、小袋布各 2 片，后片里、大帽片里、小帽片里各 1 片，均采用统一里布。

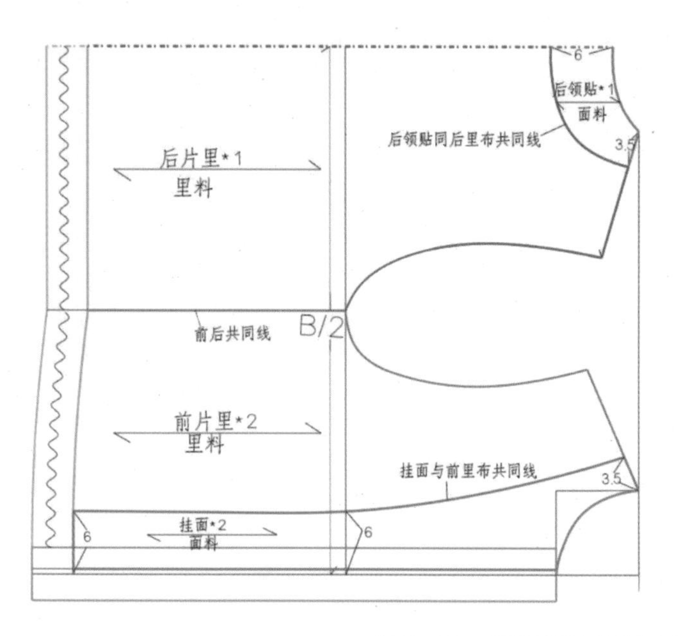

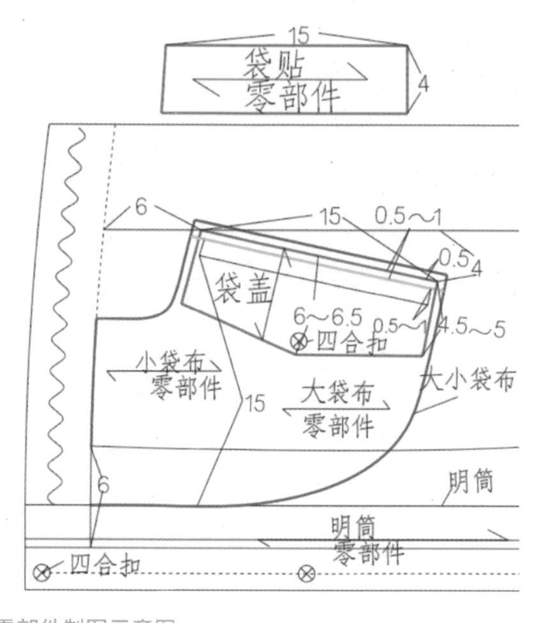

图 6-40　茄克衫里子及其他零部件制图示意图

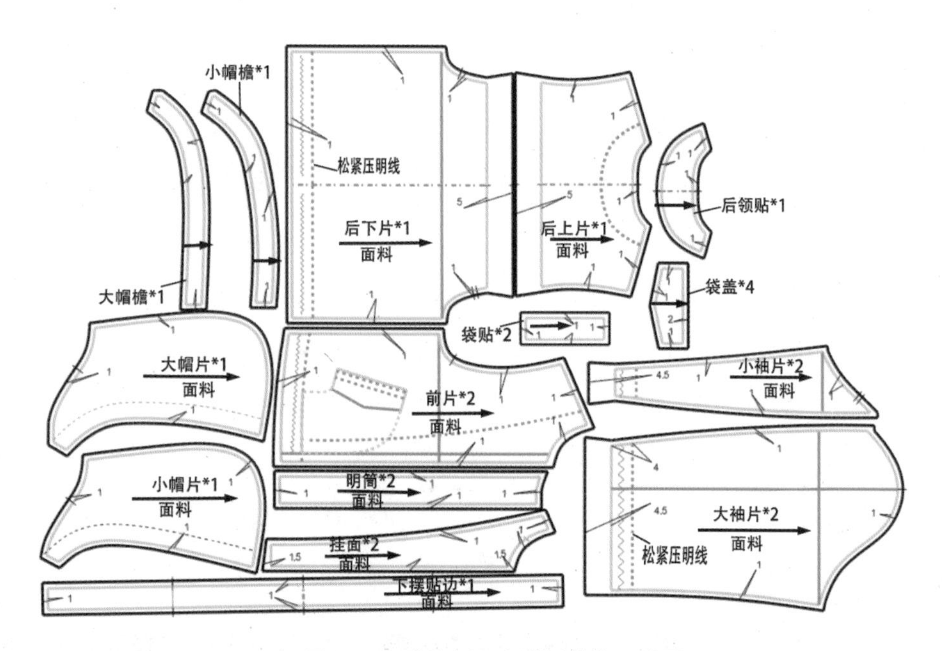

图 6-41　茄克衫面布样板放缝示意图

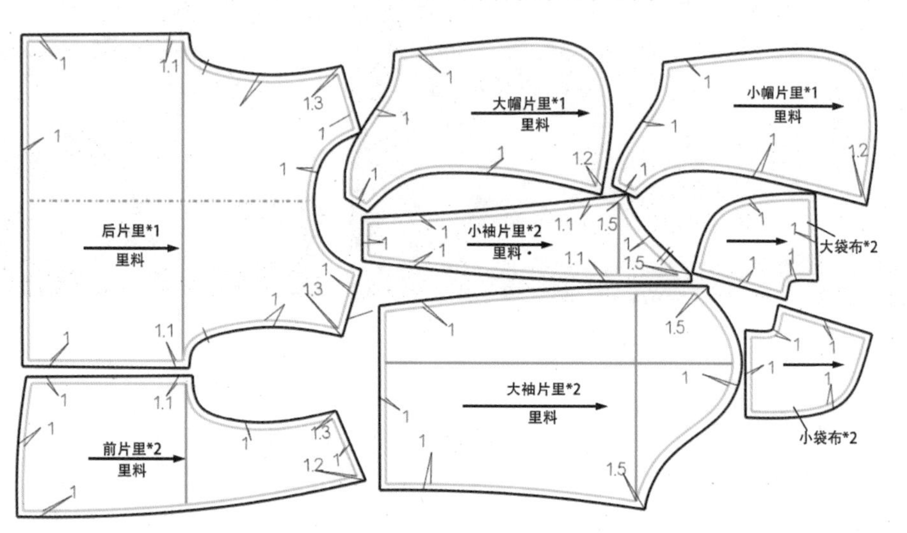

图 6-42　茄克衫里布样板放缝示意图

③衬料样板：本款茄克衫共 8 个衬料样板，分别是下摆贴边衬、明筒衬、大帽檐衬、小帽檐衬各 1 片，前片衬、挂面衬、袋盖衬、袋贴衬各 2 片。图 6-43 阴影部分表示衬料样板。

（2）工艺样板：袋盖、后领贴、明筒、挂面各 1 个画线净样板；后上片气眼、大帽檐气眼、小帽檐气眼各 1 个定位工艺样板，如图 6-44 所示。

（3）样板复核：仔细复核样板数量、质量，包括标记、文字符号、规格尺寸及线条等。

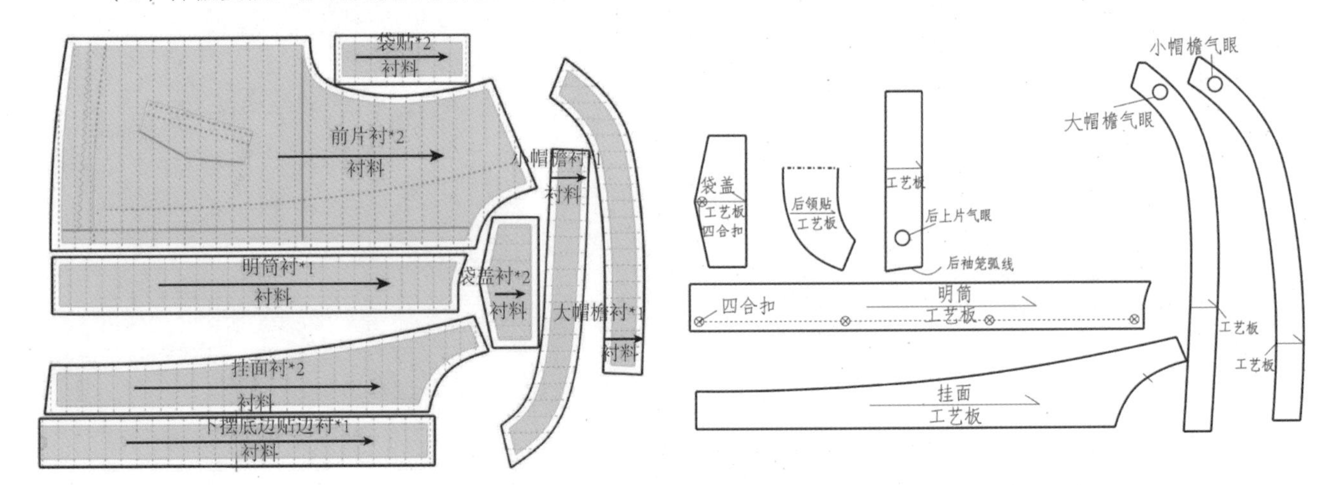

图 6-43　茄克衫衬料样板示意图　　　　图 6-44　茄克衫工艺样板示意图

4. 茄克衫备料

（1）面布：棉 60%、涤 40% 斜纹布，幅宽 145 cm，用料长度约 150 cm。

（2）里布：无弹梭织里布，幅宽 145 cm，用料长度约 120 cm。

（3）衬料：有纺粘衬约 100 cm。

（4）其他辅料：四合扣大身 3 粒、帽子 2 粒；装饰绳子 2 根；气眼片 4 副；开尾明拉链 1 条；松紧带 1.5 米；缝纫线若干。

5. 茄克衫排料裁剪

单件茄克衫制作可采用上下对折双层铺布方式排料，如图 6-45 所示。

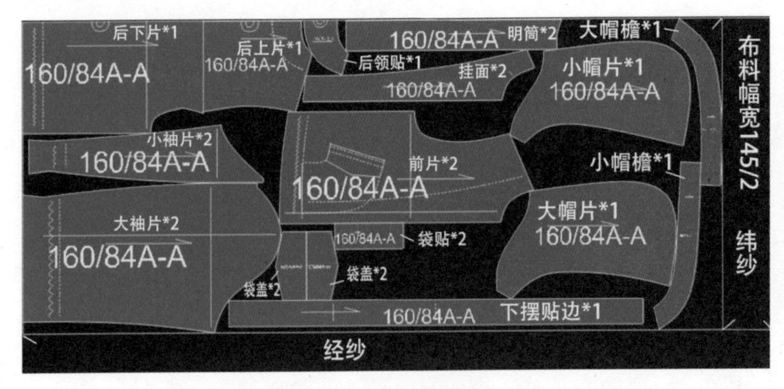

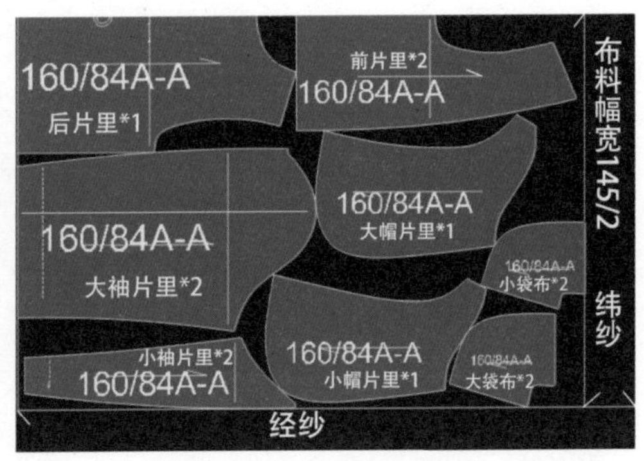

图 6-45　茄克衫面布、里布排料示意图

6. 茄克衫工艺流程分析

检查裁片→粘衬→做前身挖袋→做后身（拼合后上下片、打气眼穿绳、压明线）→拼合大身里→合肩缝→做袖→绱袖→合袖内缝及侧缝→做装袖口松紧→做装下摆松紧→绱前中拉链及明筒→做帽子→装帽子→钉四合扣→清剪线头并整烫→ QC（质检）。

7. 茄克衫样衣缝制

（1）检查裁片、粘衬：如图 6-46 所示，用粘合机或烫斗粘衬，包括明筒、袋盖、挂面、大小帽檐、前身、前袋唇等。

（2）做前身挖袋。

①做袋盖：袋盖按照实样板画好，按照画好的线迹偏 0.1 cm 车一道线，略微带紧袋盖里，使袋盖自然服帖，车好袋盖后翻出并修剪止口，在袋盖上压 0.15 的明线，如图 6-47 所示。

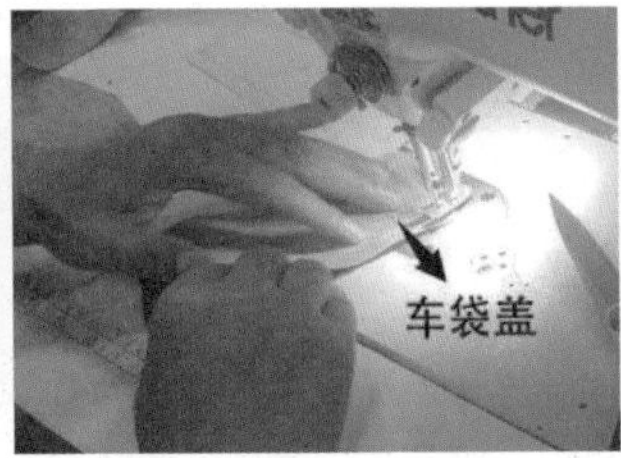

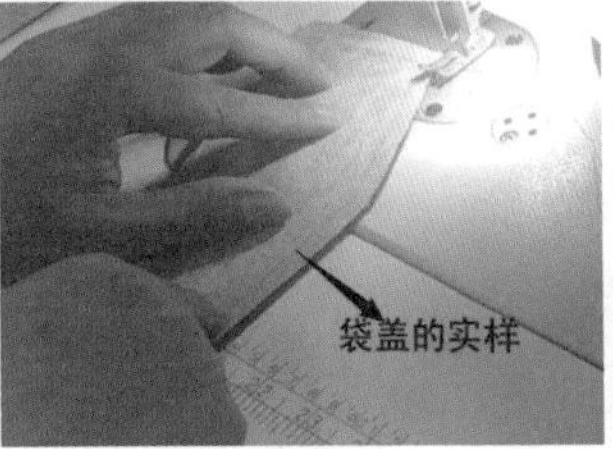

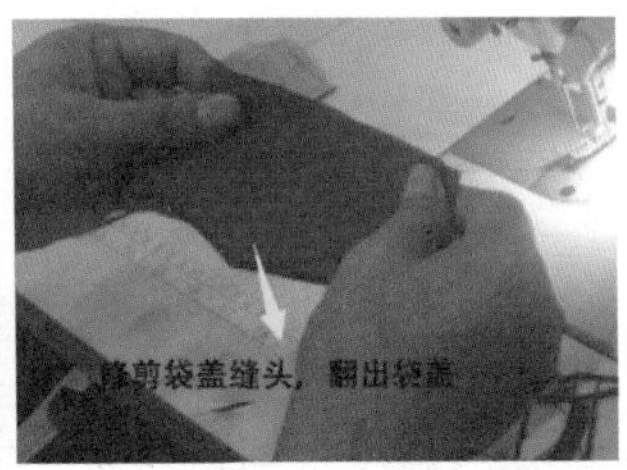

图 6-46　烫衬示意图

图 6-47　做袋盖示意图

②开挖袋、固定袋盖：开袋前先把口袋的位置画好，口袋的宽度也画好，再把袋盖同开袋比较，看看袋盖是否符合要求。先把袋贴车在袋布上，根据口袋的形状，把袋贴反过来按照挖袋的位置车第一道线，再把带盖比齐口袋位置，在袋盖正面车一道线，车来回针；开袋两端剪三角，不得剪过线，方正不起毛；翻正后兜缉大小袋布底，袋盖正面压线固定。具体如图 6-48 所示。

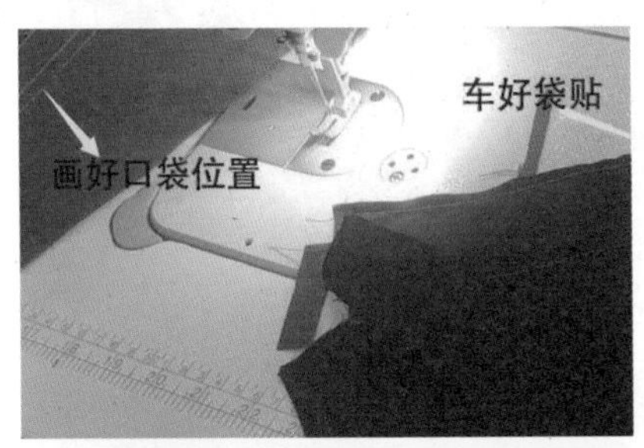

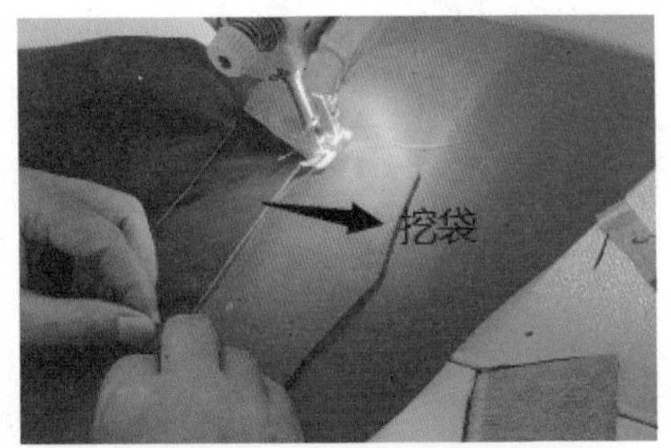

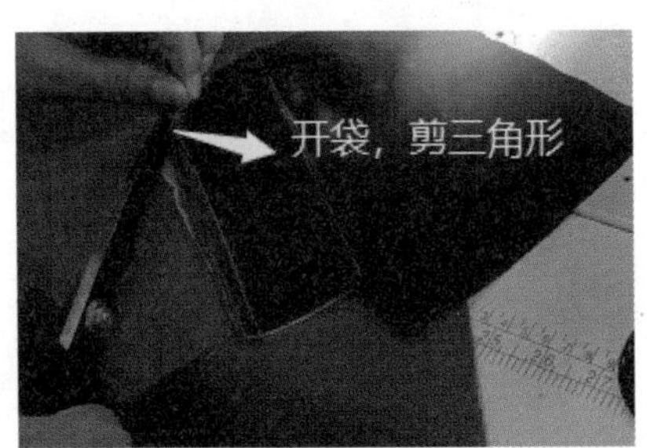

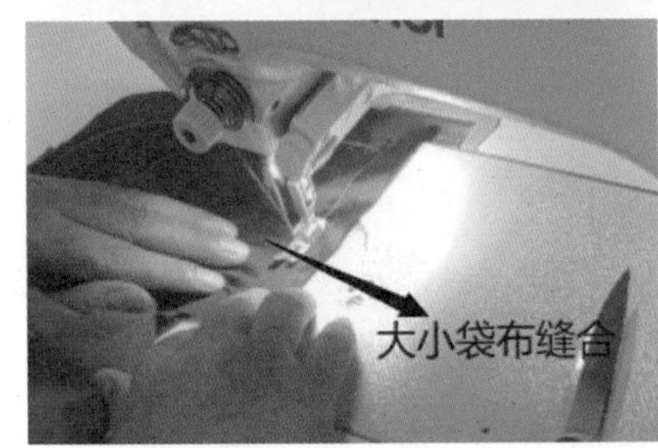

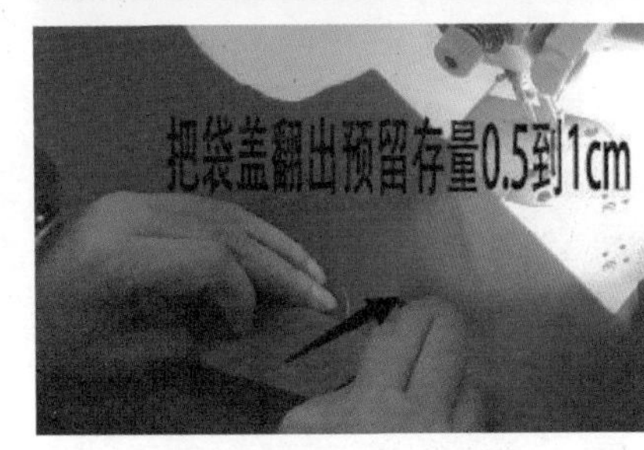

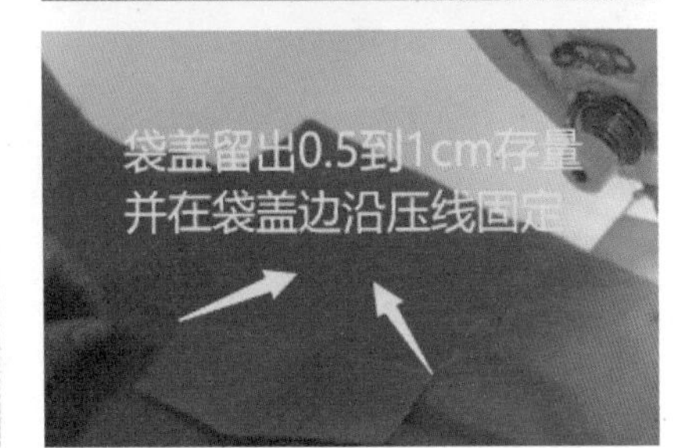

图 6-48　开挖袋、固定袋盖示意图

（3）做后身：拼合后上片与后下片→画出宽度为 4 cm 的压线位置，点好左右两边气眼位置，打好气眼后穿上带子→按画线位置在后片上压明线，线迹要均匀，如图 6-49 所示。

（4）拼合大身里：分别拼合挂面与前里、后领贴与后片里。挂面与前里缝合要略带紧挂面松里布；后领贴与里布缝合，要略带紧后领贴松后里。具体如图 6-50 所示。

（5）合肩缝：分别缝合面里肩缝，缝合时要带紧下层，松上层；熨烫肩缝要注意烫斗温度，面布分缝烫开，里布倒缝烫。具体如图 6-51 所示。

图 6-49　做后身示意图

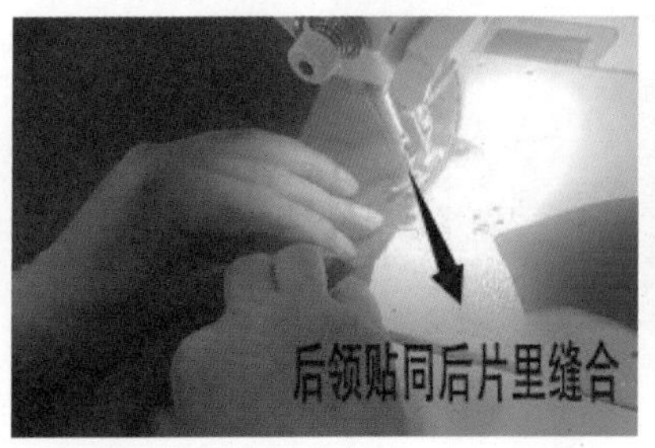

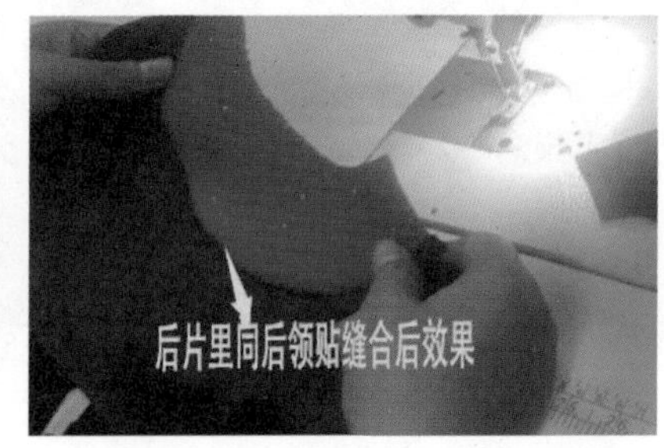

图 6-50　拼合大身里示意图

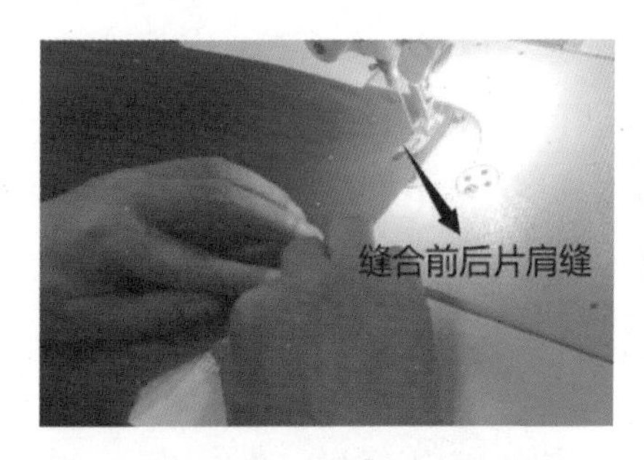

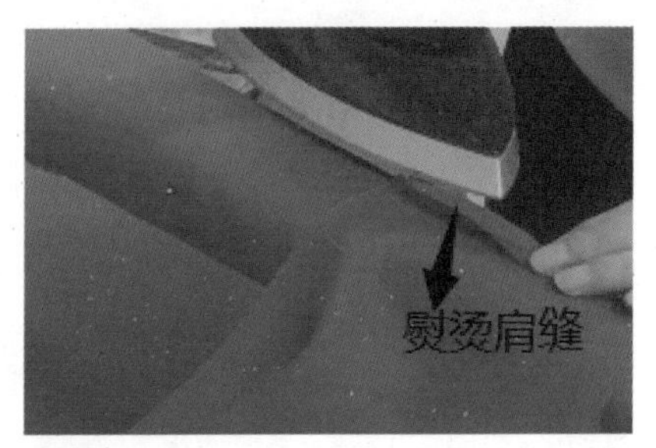

图 6-51　合肩缝示意图

（6）做袖：分别缝合面里大小袖外缝，按缝位缝合，松紧一致。车完后缝份倒向大袖片，在面布大袖的正面压 0.2 cm 明线，压线不能起涟形；里袖缝好后倒缝烫。具体如图 6-52 所示。

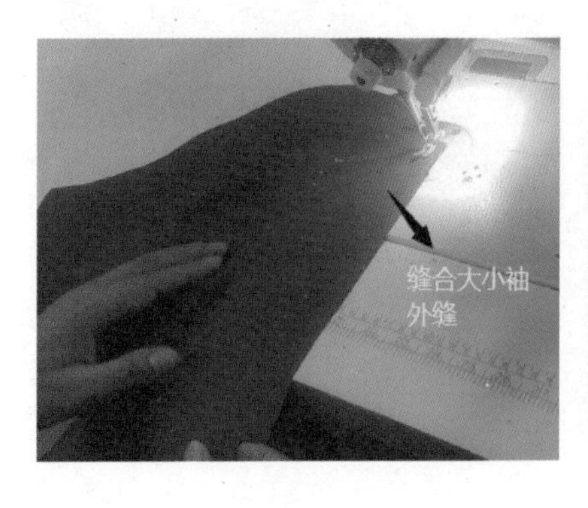

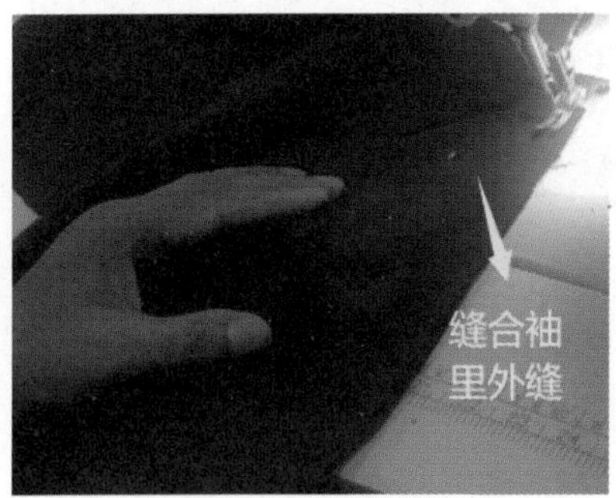

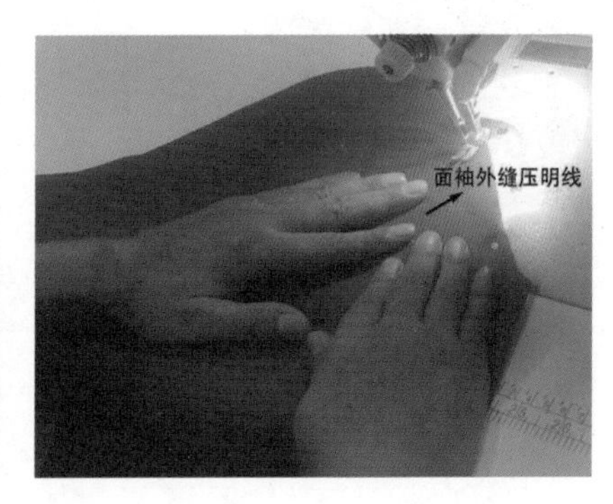

图 6-52　做袖示意图

（7）绱袖：面里袖分别与衣身袖窿弧线缝合，缝位为 1 cm，注意袖子与袖窿的剪口吻合，松紧适宜，宽窄一致，袖山头吃势以及起落回针，如图 6-53 所示。

（8）合袖内缝、侧缝：分别缝合面里袖内缝及侧缝，缝位 1 cm，松紧长短一致，缝合时带紧下层推送上层，面里侧缝要对位，起落针车来回针；面布分烫，里布倒烫。具体如图 6-54 所示。

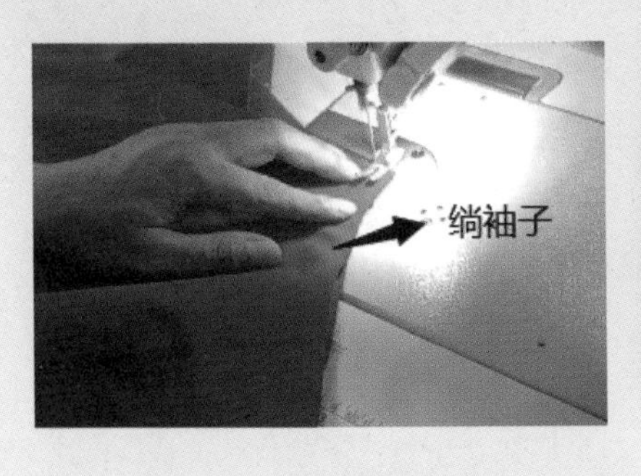

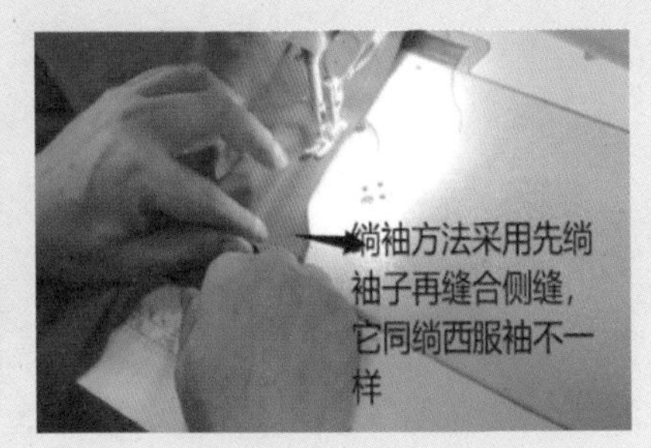

图 6-53　合绱袖示意图

图 6-54　合袖内缝及侧缝示意图

（9）做装袖口松紧：装袖口松紧带及面里袖口缝合。先剪好松紧带，长度为袖口的 60% ~ 70%；把松紧两头固定，按照袖口的大小，拉大松紧长度，并使松紧靠紧袖口边，车第一道线；第二道线在第一道线的基础上控制好宽度大小，保持松紧适度；车好松紧后，面里袖口要缝合，控制里布袖口不扭，伸手方便。具体如图 6-55 所示。

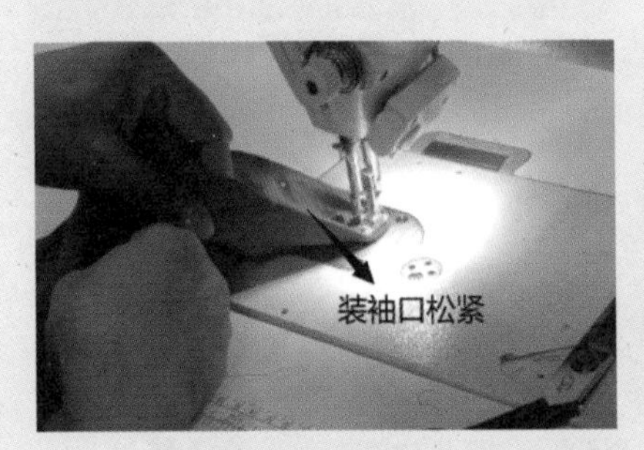

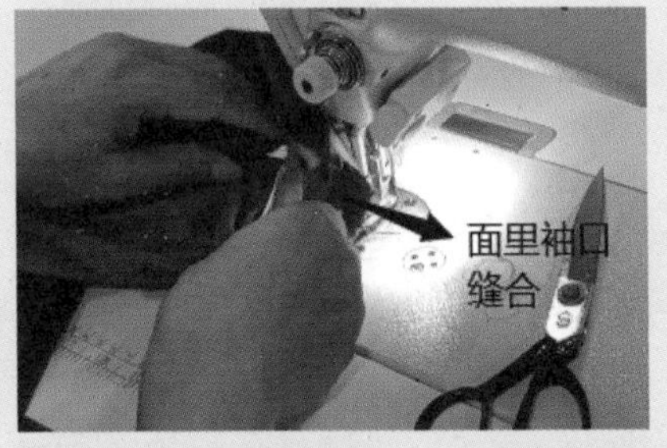

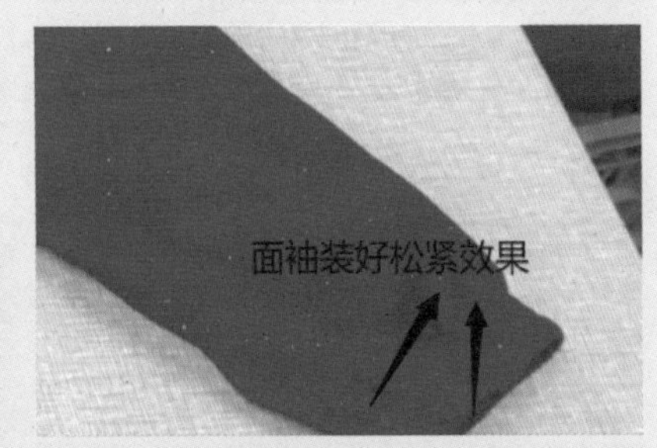

图 6-55　做装袖口松紧示意图

（10）做装下摆松紧：拼合下摆贴边与衣身里，剪口位置对齐；面里下摆缝合，剪口对齐，缝位宽窄一致，长短一致；按照下摆的长度 60% ~ 70% 剪好松紧，把两头的松紧固定，松紧靠近下摆边缘拉开松紧车第一道线，接着车第二道线、第三道线及第四道线。具体如图 6-56 所示。

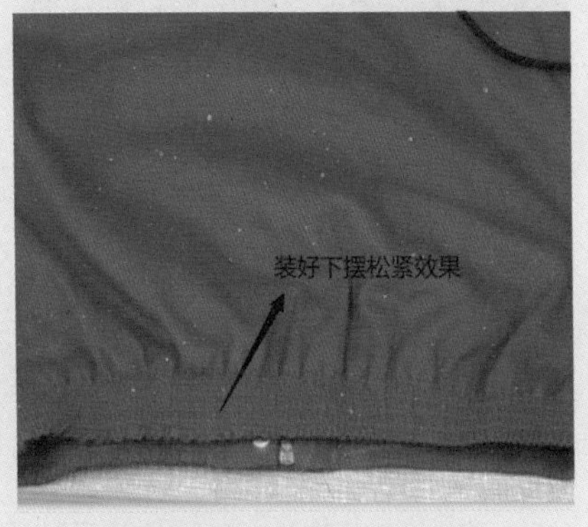

图 6-56　做装下摆松紧示意图

（11）绱前中拉链及明筒：如图 6-57 所示。

①绱前中拉链：把拉链拉开，分别固定在左、右衣片上。拉链上口折转，缉线离开拉链齿 0.3 cm 左右，太靠近链齿会影响拉动，缉线时要注意拉链与衣片松紧一致，拉链高低、左右一致，有条格的面料如左右不一致弊病会很明显；将挂面与衣片正面相叠，紧靠衣片拉链缉线的里侧，缉缝固定挂面；把挂面翻进，正面缉止口 0.1 cm 左右。

②做装明筒：先按明筒净板画线，按线对合缉缝明筒外口，翻正后在明筒上压 0.3 ~ 0.5 cm 的明线；烫好后把明筒车缝在衣身画好的位置上，修剪多余缝份止口，正面压 0.5 cm 明线。

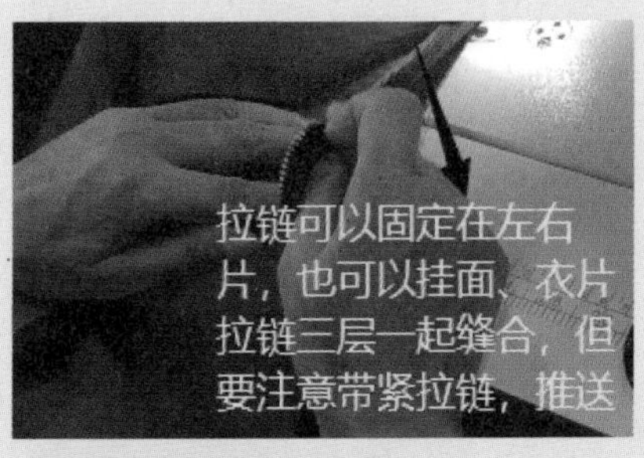

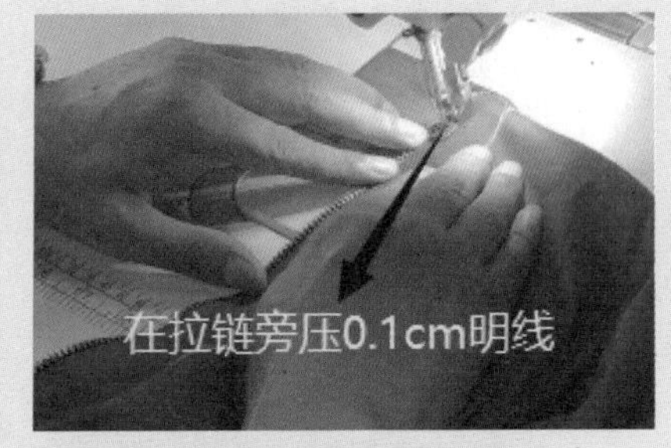

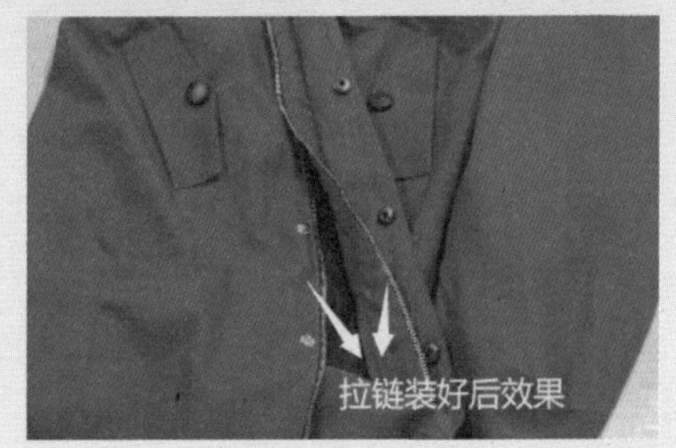

图 6-57　绱前中拉链及明筒示意图

（12）做帽子。

①做帽面、做帽里：分别拼合面里两片帽、两片帽檐的后中缝→大小帽里与大小帽檐拼合，注意按照帽子的形状缝合，缝位宽窄一致，松紧一致，起针及结束针车来回针，如图 6-58 所示。

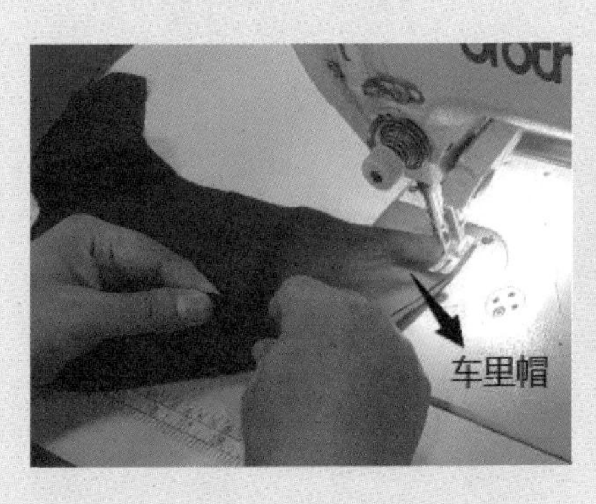

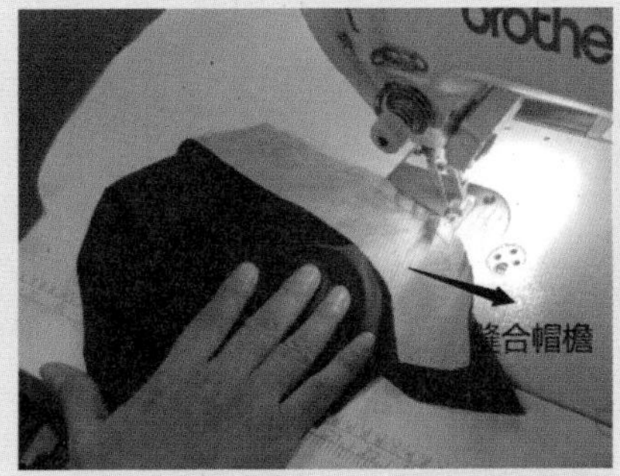

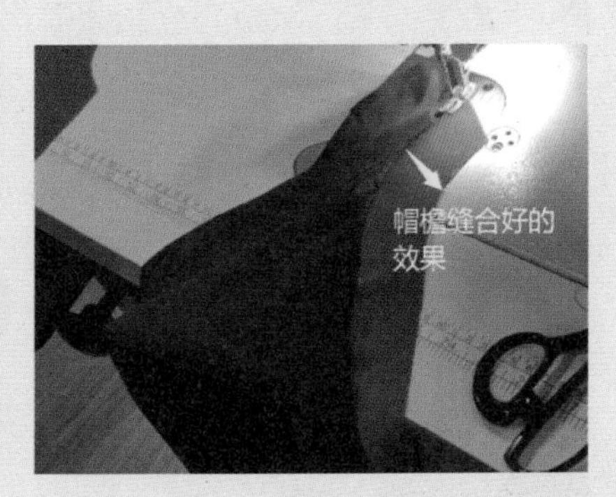

图 6-58　做帽面、做帽里示意图

②拼合面里帽：面帽与里帽的拼合先要检查面里帽的大小、形状是否一致，面帽与帽檐缝合时宽窄、长短应一致，松紧适宜，车好后翻过来压内线，以防止口外露，如图 6-59 所示。

③熨烫面里帽、打气眼：调好烫斗温度从里到外熨烫帽子。熨烫时把帽铺平，止口不外露；打帽子气眼要先根据款式图画出帽子气眼的位置，装好模具，剪一个小口，把帽子套在模上，放好气片，调好模具高度，按下电源准确打气眼；穿好绳子后按明线位压明线。具体如图 6-60 所示。

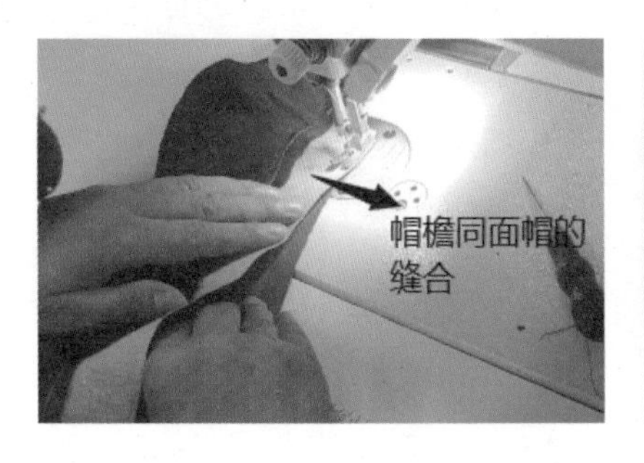

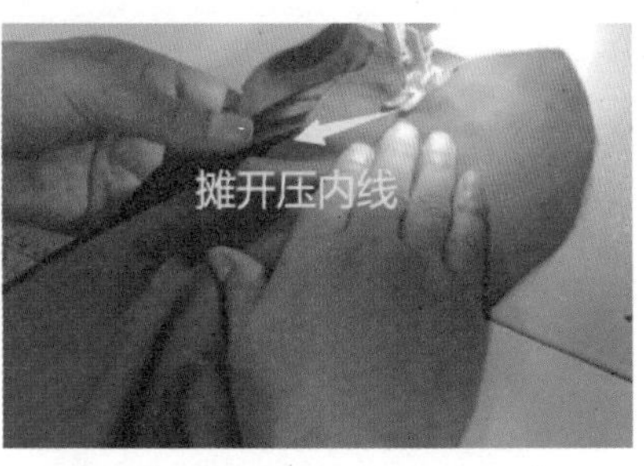

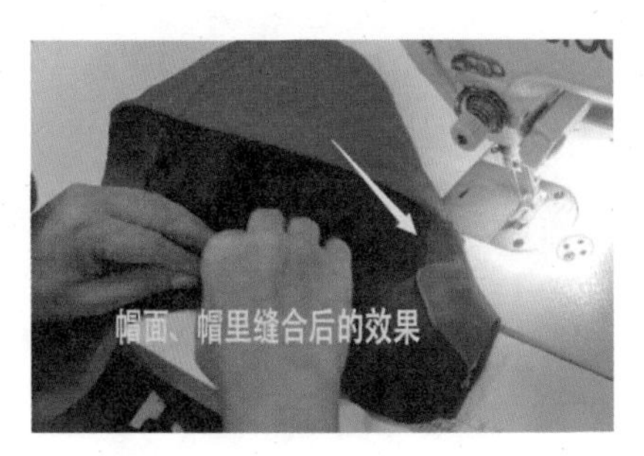

图 6-59　拼合面里帽示意图

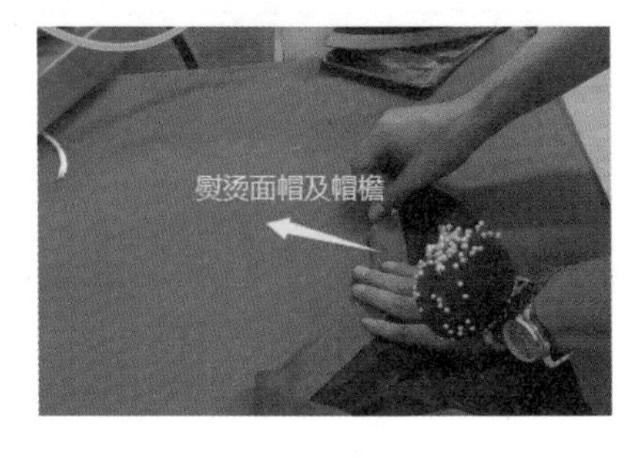

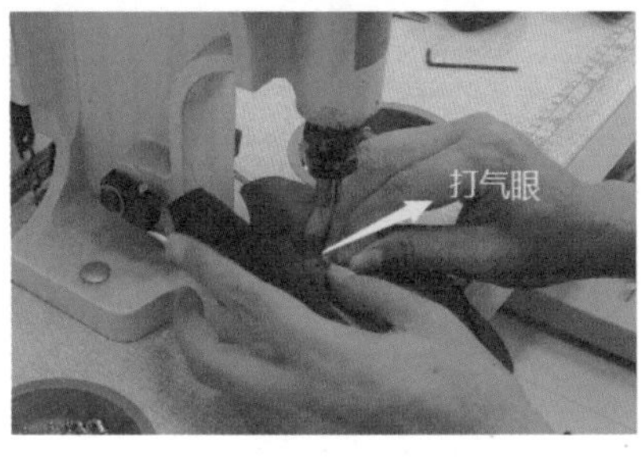

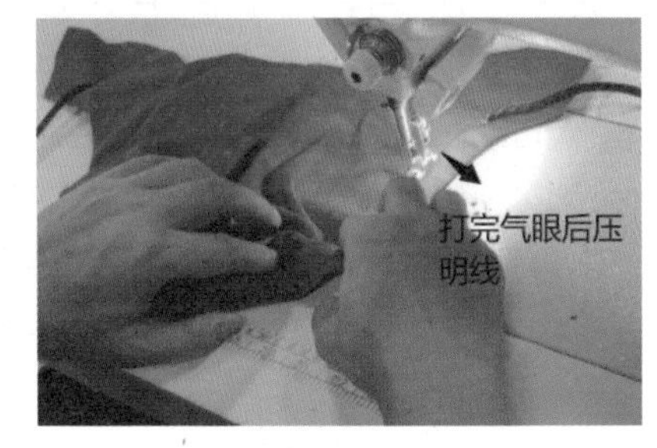

图 6-60　熨烫面里帽及打气眼示意图

（13）装帽子：熨烫好前中拉链和明筒，修剪好领圈弧线，准备上帽子，在装帽子前一定比较帽子和领圈弧线是否一样长；先把帽子里同里布、挂面等缝合，松紧适宜，长短一致，缝位一致，剪口要对齐；车完帽子面，接着车帽子里，帽子面同衣身正面一起缝合，缝位大小、长短也一致，并充分压住面帽。具体如图 6-61 所示。

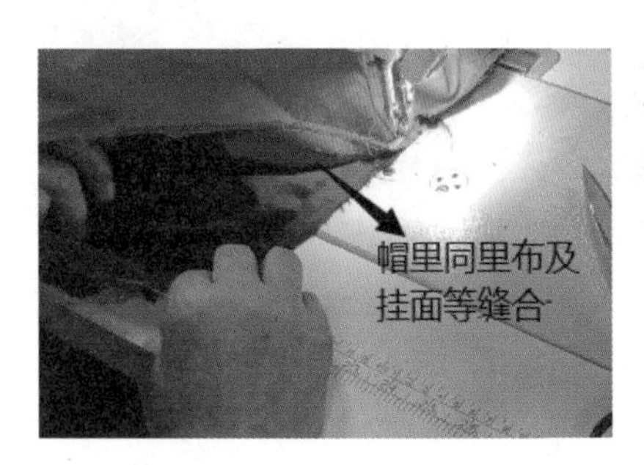

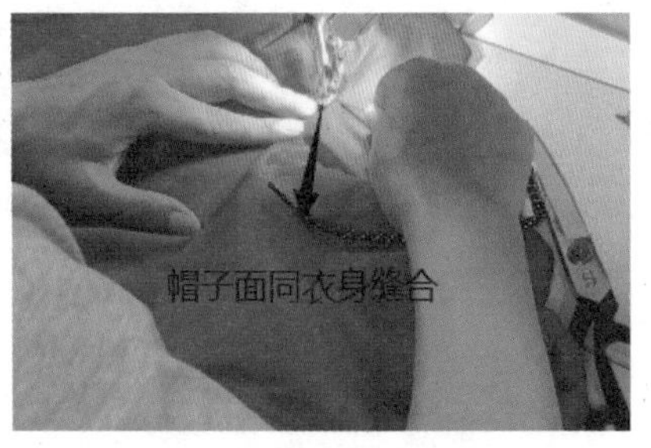

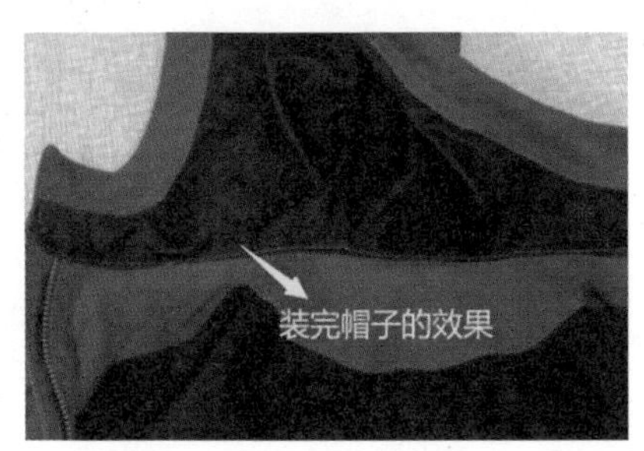

图 6-61　装帽子示意图

（14）钉四合扣：根据款式特点，前明筒、衣身、袋盖上钉四个四合扣，四合扣分为公母扣之分，先装好模具，调试好模具高度，每台机器安装模具都不一样，一台装母扣，一台装公扣，在装公扣之前要打孔，打孔后才可以钉扣，钉扣时一定要按照点好的位置进行钉扣，要注意手的安全。具体如图 6-62 所示。

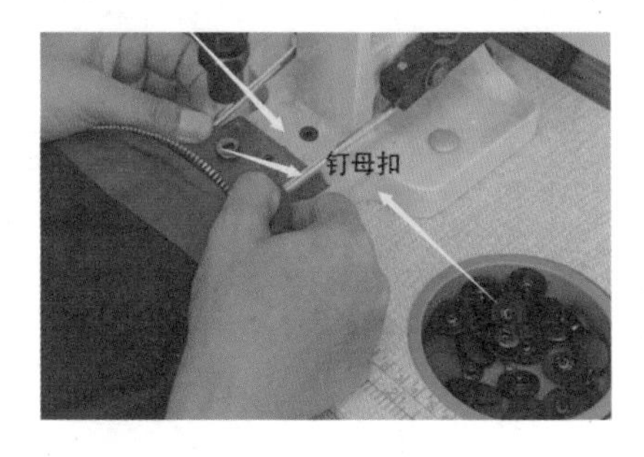

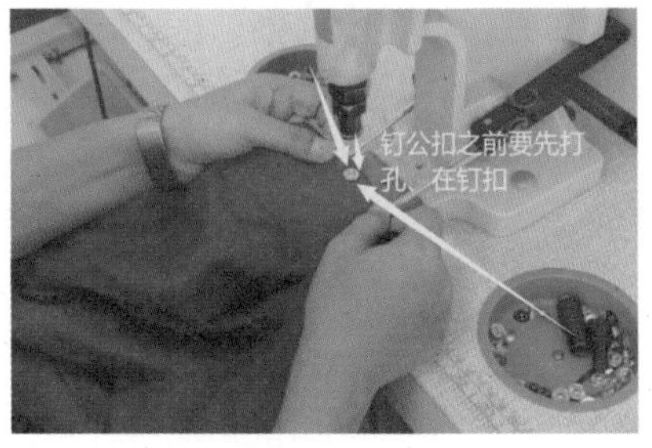

图 6-62　钉四合扣示意图

（15）清剪线头并整烫：把各部位线头清理干净再整烫，熨烫时应适当控制好熨斗的温度，充分利用好熨烫工具。按顺序整烫茄克衫（衣身→袋盖、衣袋及侧缝→拉链→明筒→烫后背、底边→袖子→帽子→里子），将茄克穿在人台上冷却定型。

8. 茄克衫成品质量检验

（1）成品规格检验：平铺测量各部位成品规格，与工艺单规格表及表 6-5 相对照，检验各部位规格尺寸是否在公差范围内，如图 6-63 所示。

（2）外观质量检验：在人台上展示茄克衫成品，对照表 6-6，从各个角度和部位观察并检验茄克衫成品的外观质量，如图 6-64 所示。

表 6-5　茄克衫成品规格公差范围参照表

序号	部位	成品测量方式	公差范围	备注
1	后中长	衣服平铺，由后领中垂直量至松紧底边	±1.0 cm	5•4 系列（茄克衫）
2	胸围	衣服平铺拉好拉链，沿袖窿底缝水平横量（周围计算）	±2.0 cm	
3	肩宽	衣服翻至反面平铺，从左肩端顺沿后领中量至右肩端	±0.8 cm	
4	袖长	由袖山最高点量至袖口边中间	±0.8 cm	

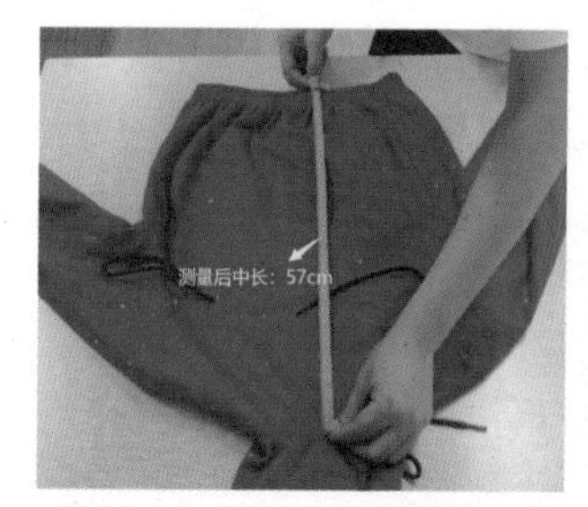

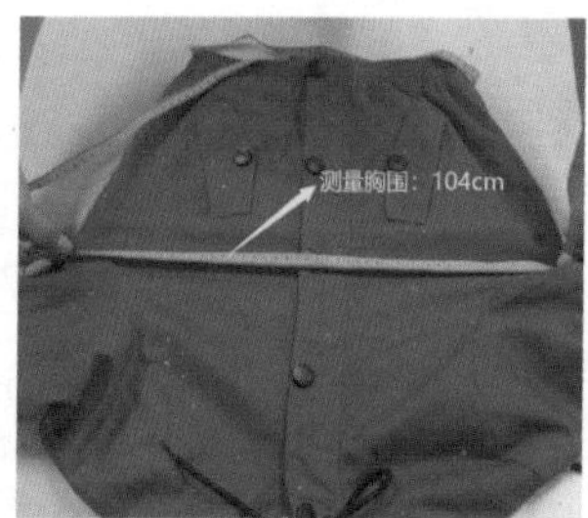

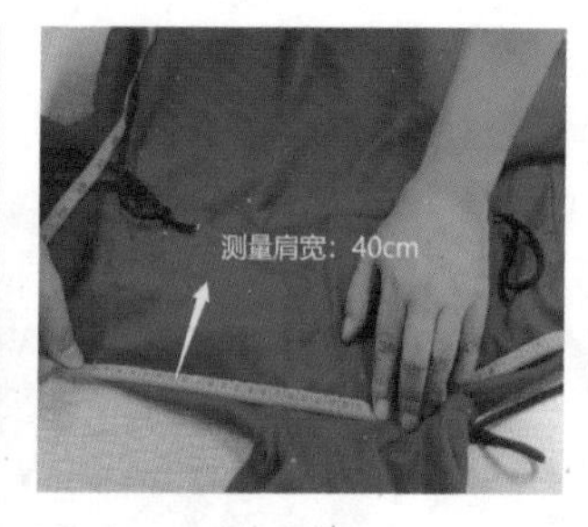

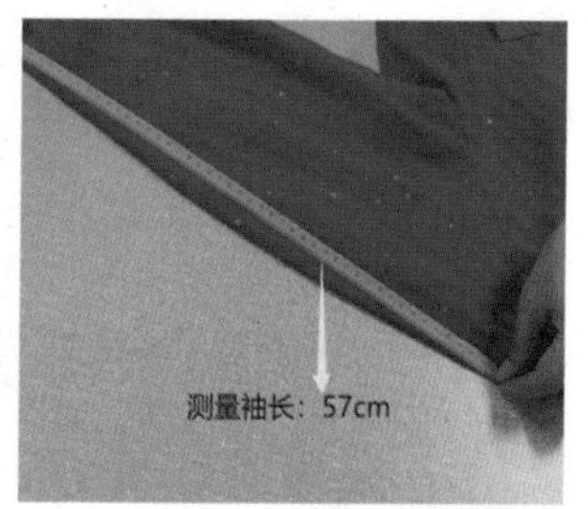

图 6-63　茄克衫成品测量示意图

表 6-6　茄克衫外观质量检验标准参照表

序号	部位	外观质量检验标准
1	帽子	帽子大小合适，缝位均匀，气眼位置合适，面帽无极光，面里止口无外露
2	袖子	袖山圆顺，袖外缝压线均匀，面里袖大小适宜，袖底缝对位，面袖无极光，袖口松紧适宜，大小合适
3	前衣身	衣身正面干净、整洁，前后衣长平衡；胸围松量合适，袖窿无浮起或紧拉，无不良褶皱；两边口袋及袋盖对称，大小一致；前中拉链平整无涟形，前中明筒大小合适，四合扣位置适宜
4	后衣身	侧缝平服，上下片缝合均匀，气眼位置适宜，压线均匀
5	衣下摆	松紧适宜，无明显褶皱
6	里子	衣身、袖子、腋下的里布宽窄一致，不起吊，下摆面里对位

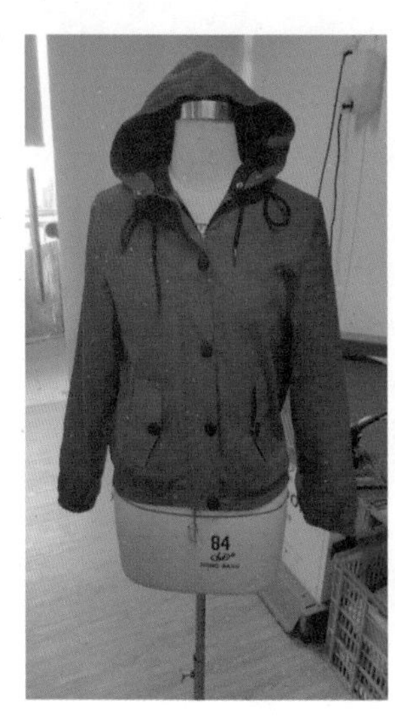
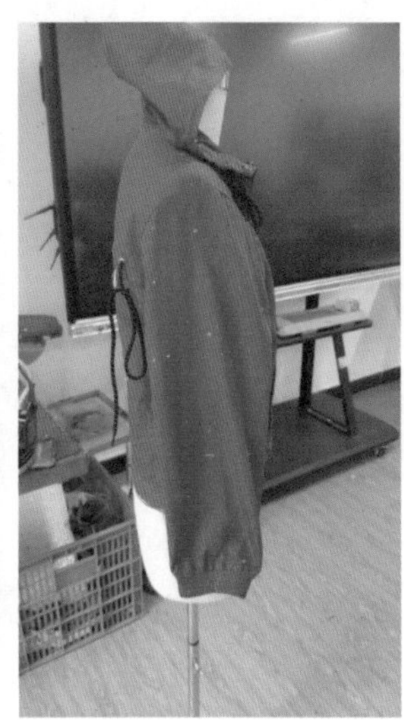
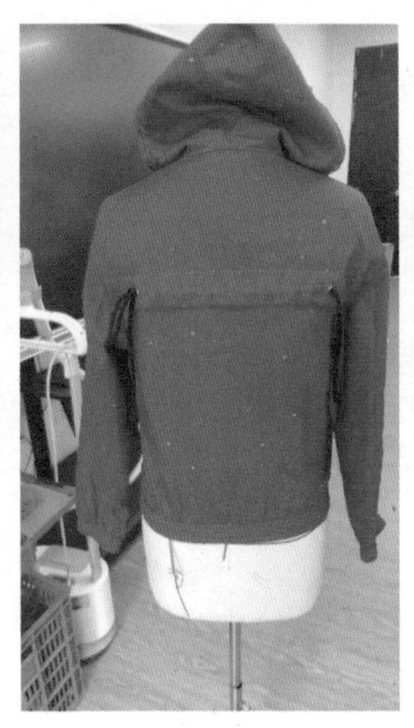
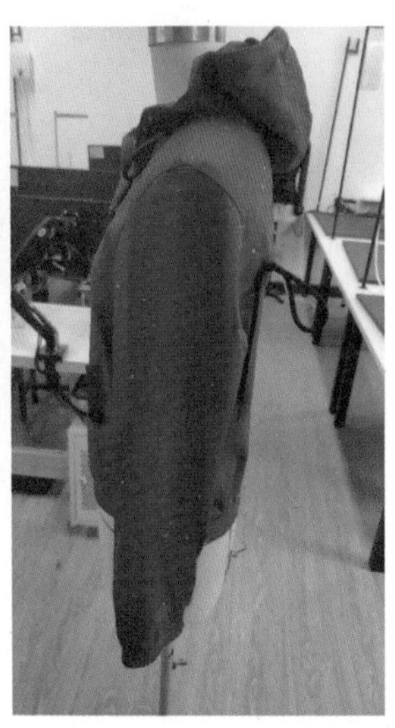

图 6-64　茄克衫成品展示及外观检验示意图

三、学习任务小结

通过本次任务的学习，同学们已经初步掌握茄克衫的款式和结构、工艺特点，并掌握其打版和制作的流程、步骤及方法。通过观察工艺单、茄克衫成品样衣和老师的实例操作示范，加深了对茄克衫打版和制作的深层次理解。课后，需要大家认真完成茄克衫打版与制作的作业，运用安全与规范操作的方式方法，严格按工艺单要求，将作品完整制作出来，体现严谨、规范、细致、耐心等优良品质，提升自身综合职业能力。

四、课后作业

（1）每位同学选取合适尺码，根据工艺单要求，完成茄克衫全套样板制作并复核。

（2）每位同学准备好茄克衫制作的面辅材料，根据样板排料裁剪，完成样衣缝制及成品质量检验。

（3）每组收集茄克衫打版制作的过程及成果照片，制作成 PPT 现场展示分享，并总结及点评。

参考文献

[1] 刘瑞璞 . 服装纸样设计原理与应用 . 女装篇 [M]. 北京：中国纺织出版社，2008.

[2] 鲍卫君 . 服装制作工艺 . 成衣篇 [M].2 版 . 北京：中国纺织出版社 ,2009.

[3] 高慧兰 . 外套设计与制作 [M]. 广州：广东科技出版社 ,2016.

[4] Boutique-sha. 裁缝圣经 [M]. 方嘉铃，连雪伶，庄琇云，等译 . 新北，台湾：雅书堂文化事业有限公司 ,2016.

[5] （日）文化服装学院 . 文化服饰大全 . 服饰造型讲座②（裙子 · 裤子）[M]. 张祖芳，等译 . 上海：东华大学出版社 ,2011.

[6] （日）文化服装学院 . 文化服饰大全 . 服饰造型讲座③（女衬衫 · 连衣裙）[M]. 张祖芳，等译 . 上海：东华大学出版社 ,2011.